GESTÃO AMBIENTAL DE ÁREAS DEGRADADAS

Leia também:

Antonio J. Teixeira Guerra

Coletânea de Textos Geográficos de Antonio Teixeira Guerra
Novo Dicionário Geológico-Geomorfológico

Antonio J. Teixeira Guerra & Sandra B. Cunha

Geomorfologia e Meio Ambiente
Geomorfologia: Uma Atualização de Bases e Conceitos
Impactos Ambientais Urbanos no Brasil

Antonio J. Teixeira Guerra, Antonio S. Silva
& Rosângela Garrido M. Botelho

Erosão e Conservação dos Solos

Sandra B. Cunha & Antonio J. Teixeira Guerra

Avaliação e Perícia Ambiental
Geomorfologia — Exercícios, Técnicas e Aplicações
Geomorfologia do Brasil
A Questão Ambiental: Diferentes Abordagens

Antonio Carlos Vitte & Antonio J. Teixeira Guerra

Reflexões sobre a Geografia Física no Brasil

Gustavo Henrique de Sousa Araujo
Josimar Ribeiro de Almeida
Antonio José Teixeira Guerra

GESTÃO AMBIENTAL DE ÁREAS DEGRADADAS

2ª EDIÇÃO

BERTRAND BRASIL

Capa: Leonardo Carvalho, utilizando fotos da Deflor Bioengenharia

Editoração: DFL

2007
Impresso no Brasil
Printed in Brazil

CIP-Brasil. Catalogação-na-fonte
Sindicato Nacional dos Editores de Livros, RJ.

A689g
2ª ed.

Araujo, Gustavo Henrique de Sousa
Gestão ambiental de áreas degradadas/ Gustavo Henrique de Sousa Araujo, Josimar Ribeiro de Almeida, Antonio José Teixeira Guerra. – 2ª ed. – Rio de Janeiro: Bertrand Brasil, 2007.
320p.

Inclui bibliografia
ISBN 978-85-286-1095-6

1. Degradação ambiental. 2. Política ambiental. 3. Proteção ambiental. I. Almeida, Josimar Ribeiro de, 1950-. II. Guerra, Antonio José Teixeira. III. Título.

05-0059

CDD – 363.7
CDU – 504

Dedicatórias

Ao meu pai, Alazir Gontijo de Araujo (*in memoriam*), à minha mãe, Vanda Brandão de Sousa Araujo, à minha esposa, Karla, e aos meus filhos, Renato e Ana Clara.

Aos meus pais, João de Almeida e Wanda Ribeiro, e às minhas filhas Marina e Juliana.

Aos meus pais, Antonio T. Guerra e Ignez T. Guerra, e aos meus filhos Tatiana, André e Patrícia.

DEDICATÓRIAS

SUMÁRIO

APRESENTAÇÃO

Gestão Ambiental de Áreas Degradadas vem preencher uma lacuna, na literatura nacional, relacionada a esse tema. O livro foi escrito por três profissionais das Ciências da Terra — agrônomo, biólogo e geógrafo —, onde cada um de nós procurou não só destacar sua visão sobre a *gestão ambiental de áreas degradadas*, mas também como a ação conjunta de profissionais com diferentes abordagens sobre a questão ambiental pode dar uma contribuição efetiva, duradoura e integrada nesse campo de conhecimento técnico e científico.

Nesse sentido, o livro procura abordar as várias formas pelas quais a *gestão ambiental de áreas degradadas* deve ser orientada. Por isso, o tema é dividido em dez capítulos: 1. Degradação ambiental; 2. O papel da Geomorfologia no diagnóstico de áreas degradadas; 3. Ambiente urbano e industrial; 4. Erosão superficial e movimentos de massa; 5. Função da vegetação na estabilidade de encostas; 6. Introdução à Bioengenharia; 7. Princípios da estabilização biotécnica; 8. Componentes vegetativos e outras considerações; 9. Técnicas e métodos de Bioengenharia; e 10. Novos desenvolvimentos e futuras orientações na estabilização biotécnica.

Os autores também tiveram a preocupação de fornecer aos leitores de *Gestão Ambiental de Áreas Degradadas* uma vasta Bibliografia nacional e internacional, e para aqueles que quiserem verticalizar algum dos temas aqui abordados.

Uma gama variada de ilustrações e de tabelas é também apresentada no livro, com o intuito de fornecer ao leitor dados e exemplos relacionados a um tema de grande importância no país.

O Índice Remissivo também tem o objetivo de facilitar a busca, por parte do leitor, de algum tema específico, que pode ser encontrado em uma ou mais de uma seção desta obra.

Finalmente, os autores se colocam à disposição dos leitores por meio dos seus e-mails, caso queiram tirar alguma dúvida ou "conversar" sobre algum dos temas abordados.

Os Autores

CAPÍTULO 1

DEGRADAÇÃO AMBIENTAL

1.1. CONCEITOS

1.1.1. TERRA

No sentido usado pelo Grupo de Trabalho Interdepartamental em Planejamento do Uso da Terra da FAO, *terra* é uma área delineável da superfície sólida da Terra, cujas características incluem todos os atributos da biosfera, verticalmente acima ou abaixo dessa superfície, incluindo aquelas da atmosfera mais baixa (bacia aérea), o solo e a geologia, a hidrologia (inclusive lagos, rios, pântanos e mangues), a população vegetal e animal, o modelo de assentamento humano e os resultados físicos da atividade humana do passado e de presente (terraceamento, armazenamento de água ou estruturas de drenagem, estradas etc.).

Nesta abordagem holística, uma unidade de terra tem tanto um componente vertical — desde o clima atmosférico até os aqüíferos confinados no substrato mais profundo — quanto um elemento horizontal — uma seqüência identificável de solo, terreno e elementos de uso da terra e hidrológicos ("paisagem" ou "unidade de terra").

1.1.2. ÁREAS ÁRIDAS, SEMI-ÁRIDAS E SUBÚMIDAS

A classificação da Nota Técnica 7 da UNESCO define as várias regiões através da combinação de duas variáveis climáticas: aridez bioclimática e regime de temperatura. O grau de aridez bioclimática é estabelecido pela relação P/Etp (média da precipitação total anual/evapotranspiração potencial).

Essa relação apenas fornece uma idéia da aridez ou umidade do clima sem levar em consideração o potencial agrícola ou de pastoreio da região, o qual depende mais do tamanho do período do ano em que o suprimento de água, proveniente da precipitação e do armazenamento no solo, seja suficiente para o crescimento das culturas ou da vegetação. A partir disso, a FAO em seus estudos sobre as Zonas Agroecológicas desenvolveu o conceito de Comprimento do Período de Crescimento (LGP — *Length of Growing Period*) (Tabela 1.1).

Tabela 1.1 — Classificação das diferentes áreas de acordo com o Comprimento do Período de Crescimento (CPC)

CPC	Classificação
< 1 dia	Hiperáridas (deserto)
< 75 dias	Áridas
> 75 – < 120 dias	Semi-áridas (secas)
> 120 – < 180 dias	Semi-áridas (úmidas)

Fonte: FAO (1984).

Um Período de Crescimento de Referência se inicia logo que a precipitação exceda metade da evapotranspiração potencial (Etp). Pode ser interrompido por um período com baixa temperatura, durante o qual o crescimento não é possível, e termina quando a precipitação cai abaixo da metade da Etp, mais o período necessário para evapotranspirar 100mm de água (que se assume que esteja armazenada no solo pelo excesso de chuva), ou menos, se a precipitação não exceder esse limite durante o Período de Crescimento.

1.1.3. Desertificação

A desertificação é definida como "A degradação de terras em áreas áridas, semi-áridas e subúmidas secas, resultante de vários fatores, incluindo variações climáticas e atividades humanas". (Capítulo 12 da Agenda 21 do UNCED — *United Nations Conference on Environment and Development.*)

1.1.4. Degradação Ambiental

A degradação das terras envolve a redução dos potenciais recursos renováveis por uma combinação de processos agindo sobre a terra.

Tal redução, levando ao abandono ou "desertificação" da terra (como, por exemplo, partes do Saara que eram habitadas até 6.000 anos), pode ser por processos naturais, tais como o ressecamento do clima atmosférico, processos naturais de erosão, alguns outros de formação do solo ou uma invasão natural de plantas ou animais nocivos. Pode também ocorrer por ações antrópicas diretamente sobre o terreno ou indiretamente em razão das mudanças climáticas adversas induzidas pelo homem.

1.2. Visão Geral

O solo, como a água, é um recurso vital para a humanidade, mas geralmente esse recurso é mal avaliado. Somente 11% da área mundial não apresentam limitações para uso agrícola; em 28% o clima é muito seco, e em 10% é muito úmido; em 23% o solo apresenta desequilíbrios químicos críticos e em 22% é muito raso; os 6% restantes estão permanentemente congelados (FAO, 1980).

Existem diferentes formas de degradação relacionadas aos vários componentes verticais de uma unidade de terra: atmosfera, vegetação, solo, geologia e hidrologia.

A degradação ambiental pode ser proveniente, por exemplo, das condições atmosféricas adversas que vêm sendo induzidas pelo homem, provocando a mudança do clima global. Ou pode ser da própria cobertura vegetal e da população animal (densidade e diversidade), por meio da ação direta do homem e agravada por períodos de seca, de natureza mais ou menos cíclica (Sahel, sudeste da África e nordeste do Brasil). No entanto, esse tipo de degradação já se mostrou reversível em poucos anos após o retorno das chuvas e do isolamento da área, frente à ocupação animal e humana. Entretanto, essa reversibilidade pode não se estender a toda biodiversidade existente anteriormente.

Dessa forma, a degradação das condições do solo é muito mais séria, no sentido de que não é facilmente reversível, uma vez que processos de formação e regeneração do solo são muito lentos.

O processo de crescimento da produção de alimentos no mundo nem sempre foi compatível com o ambiente. Muitos dos impactos ambientais negativos, resultantes da atividade agrícola, estão ligados tanto à perda do *habitat* natural quanto ao uso (ou mau uso) de pesticidas e fertilizantes. Apesar disso, a degradação do solo tem sido também um fator com implicações na produção de alimentos.

Por volta de 1990, práticas agrícolas inadequadas contribuíram para a degradação de 562 milhões de hectares, aproximadamente 38% dos 1,5 bilhão de hectares de terras agricultáveis no mundo todo (Oldeman, 1994) (Figura 1.1). Algumas dessas terras só estavam levemente degradadas, mas uma quantidade apreciável estava severamente prejudicada, o bastante para

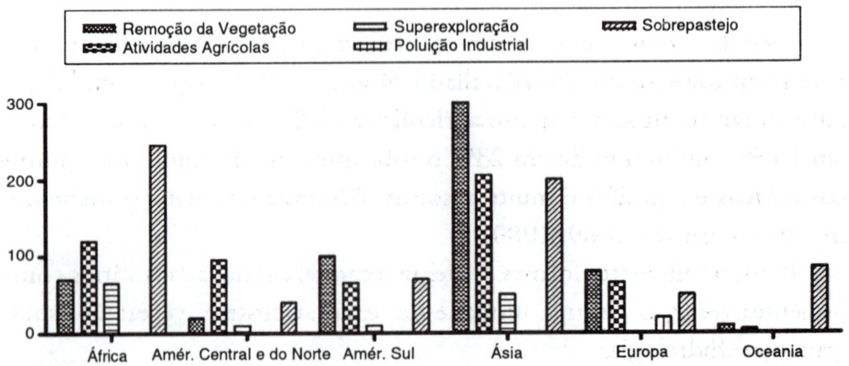

Figura 1.1 — Degradação do solo por ação antrópica, por região e por causa, de 1945 ao final dos anos 80 (em milhões de hectares).
Fonte: World Resources 1992-93, Oxford University Press, Nova York, 1993.

danificar sua capacidade produtiva ou para se obter uma produção. Desde então, as perdas continuaram a crescer ano a ano, com 5 a 6 milhões de hectares apresentando degradação severa todos os anos (UNEP, 1997).

A degradação se apresenta de diversas formas, sendo a mais conhecida a erosão do solo. Grande parte da erosão — aproximadamente 2/3 — decorre da água que lava a camada superficial do solo, enquanto 1/3 é causado pela erosão eólica (WRI *et al.*, 1992). Uma análise da erosão do solo global estima que, dependendo da região, a perda da camada superficial é dezesseis a trezentas vezes mais rápida da que pode ser substituída (Barrow, 1991). Os processos de formação do solo são lentos, necessitando de duzentos a mil anos para formar 2,5cm de solo, e isso sob condições agrícolas normais (Kendall e Pimentel, 1994).

As terras cultivadas podem ser degradadas de diversas outras formas além da erosão. A degradação física das práticas agrícolas (mecanização) pode levar à compactação e selagem do solo. O cultivo sucessivo sem períodos de pousio suficientes ou sem a reposição de nutrientes com culturas de cobertura, esterco ou fertilizantes pode esgotar os nutrientes do solo. Além disso, a aplicação exagerada de produtos químicos agrícolas pode matar os organismos benéficos do solo (WRI *et al.*, 1992).

O manejo hídrico mal realizado em terras agrícolas irrigadas é uma das causas principais da degradação de terras agricultáveis. A drenagem inadequada pode levar ao encharcamento do solo (devido à subida do lençol freático) ou à salinização, na qual os níveis de sais no solo chegam à toxicidade. Com 10% a 15% de toda a terra irrigada sofrendo algum grau de encharcamento e salinização, esses dois problemas representam uma ameaça significativa à capacidade produtiva do mundo (Alexandratos, 1995).

Geralmente, quando o clima e as atividades humanas se combinam tornando um solo anteriormente sadio em área devastada, a degradação aparentemente é irreversível. Entretanto, muitas formas de degradação podem ser remediadas pela reconstrução cuidadosa da saúde do solo (Scherr e Yadav, 1996).

O quanto o dano às terras aráveis do mundo já afetou o suprimento global de alimentos? Devido ao fato de a produção total global de alimentos estar continuando a crescer ao longo dos anos, mesmo em face da significativa degradação do solo, tenta-se avaliar o declínio dos solos como um problema menor. Entretanto, o uso crescente de fertilizantes, a extensão das terras irrigadas e a alta densidade de plantio têm mascarado os efeitos da degradação do solo até os dias de hoje. Perdas de produtividade substanciais já ocorreram em certas regiões, apesar de alguns estudos tentarem quantificar essas perdas. Crosson (1994) estimou que a degradação do solo entre 1945 e 1990 diminuiu a produção de alimentos no mundo em torno de 17%. Estudos regionais têm identificado também essas perdas. Na África, as perdas na produção provenientes somente da erosão do solo são estimadas em mais de 8% (Lal, 1995). Dados de diferentes pesquisas indicam que o declínio na produtividade resultante da degradação dos solos pode ultrapassar 20% em um determinado número de países da Ásia e do Oriente Médio (Scherr e Yadav, 1996).

Prevê-se uma piora nessas perdas à medida que a degradação continue. Embora a colheita global possa não refleti-las imediatamente, elas podem ser consideráveis em algumas áreas, especialmente onde a degradação é severa e progride rapidamente. Por exemplo, espera-se que a erosão do solo comprometa seriamente a produção no sudeste da Nigéria, Haiti e na base das montanhas do Himalaia, bem como em algumas partes do sul da China, Sudeste Asiático e América Central. A expectativa é a de que a salinização se torne uma ameaça bem mais séria nos sistemas de irrigação das bacias dos rios Indo, Tigre e Eufrates, bem como no nordeste da Tailândia e China, no Delta do Nilo, no norte do México e nos planaltos andinos. A exaustão de nutrientes será, provavelmente, um problema sério em várias regiões da África e em uma variedade de outros locais, desde Mianmar até à bacia do Caribe (Scherr e Yadav, 1997).

Contudo, nem todas as notícias sobre a degradação de solos são ruins. Práticas agrícolas mais amistosas, que minimizam as operações de preparo do solo e reduzem seu potencial erosivo, estão se espalhando em diversos países, como Marrocos, Filipinas e Tailândia, e se expandindo regionalmente em partes da África subsaariana e da América do Sul. Esses métodos incluem plantio em contorno, terraceamento, barreiras vegetativas e práticas de uso da terra melhores ao nível de fazenda e paisagem. Também estão se ampliando melhores práticas de gestão da água de irrigação, o que controla a salinização e diminui a quantidade de água necessária por hectare (Scherr e Yadav, 1997).

Os profissionais envolvidos estão começando a perceber que a erosão e as questões associadas não são apenas problemas locais, mas ameaças a bacias hidrográficas inteiras; como tal, podem ser gerenciadas mais efetivamente quando abordadas dessa forma. Até bem recentemente, a maioria dos pesquisadores estudava a degradação praticamente ao nível de fazenda e não conseguia enxergar a situação integralmente. Hoje em dia, o retrato da situação integral está disponível, literalmente, nos Sistemas de Informação Geográfica (SIG). Esses bancos de dados integram grandes quantidades de informação — altitudes, práticas de cultivo, precipitação, declividade, modelos de drenagem e outros fatores — e possibilitam a construção de mapas que descrevem uma bacia hidrográfica ou região agrícola, de uma maneira que era impossível de ser vista.

Onde essa tecnologia estiver disponível, tais informações podem ajudar os proprietários de terra a gerenciar suas práticas de manejo do solo por meio da identificação das áreas que são mais indicadas à agricultura, bem como aquelas que têm mais tendências à deterioração. Pesquisadores de Honduras, por exemplo, usaram um Sistema de Informação Geográfica para mapear a área montanhosa de Yoro, onde existe uma grande demanda à expansão das áreas cultivadas. Conforme era esperado, os solos mais ricos e de alta produtividade ocorrem nos vales, mas os mapas tornaram claro que também existem solos de alta qualidade em algumas encostas.

Os proprietários e gestores podem usar essa informação para determinar quais as áreas capazes de uma produção substancial com o menor dano ambiental. Também não devem ser negligenciadas outras técnicas importantes para melhorar a saúde do solo, incluindo o aumento do teor de matéria orgânica e da ciclagem de nutrientes, bem como da conservação do solo através do uso de práticas de manejo biológicas, tais como adubação verde, culturas de cobertura, consorciamento de culturas, sistemas agroflorestais (SAFs) e rotação de culturas.

1.3. Tipologia

O conceito de degradação de terras "se refere à deterioração ou perda total da capacidade dos solos para uso presente e futuro" (FAO, 1980). Tais perdas ocorrem principalmente por causa das principais formas de erosão (pelo vento e pela água) e das deteriorações química e física. Essa tipologia, conforme estabelecida pelo projeto Avaliação Global da Degradação dos Solos (GLASOD — *Global Assessment of Soil Degradation*) (ISRIC/UNEP, 1991), é abordada neste livro.

1.3.1. Erosão

A forma mais comum de erosão é a perda da camada superficial do solo pela ação da água e/ou do vento. O escoamento superficial da água carrega a camada superior do solo; isso ocorre sob a maioria das condições físicas e climáticas. O deslocamento de partículas da camada superior pela ação do vento é mais comum nos climas árido e semi-árido do que sob condições mais úmidas. A perda dessa camada de solo reduz a fertilidade porque: (a) conforme o solo se torna mais denso e fino, fica menos penetrável às raízes e pode se tornar superficial demais a elas; (b) reduz-se a capacidade de o solo reter água e torná-la disponível às plantas, e (c) os nutrientes para as plantas são lavados com as partículas de solo erodidas.

Uma forma mais extrema de erosão é a deformação do terreno. A água pode causar a formação de ravinas (isto é, pequenos sulcos que ainda podem ser remediados) e voçorocas (canais mais profundos que podem ser cortados por fluxos de água maiores e difíceis ou impossíveis de serem remediados) e também causar a destruição das margens de rios e movimentos de massa (deslizamentos de terra). A ação do vento pode criar grandes buracos e dunas. Finalmente, a cobertura da superfície da terra pelas partículas carregadas pelo vento também é reconhecida como uma forma específica de degradação.

Os riscos de erosão dependem tanto das condições naturais quanto dos modelos de uso da terra. O clima (especialmente a intensidade da chuva), as características das encostas, a cobertura vegetal e a natureza do solo também são importantes. Com respeito ao uso da terra, qualquer atividade humana que exija a remoção da cobertura vegetal protetora (florestas, arbustos, forragens etc.) promove a erosão, o mesmo ocorrendo com medidas impróprias, como arar morro acima.

1.3.2. Deterioração Química

A deterioração química pode consistir em:

(a) Perda de nutrientes do solo (principalmente nitrogênio, fósforo e potássio) ou matéria orgânica. Em parte, os nutrientes se perdem através da erosão: "nos trópicos úmidos, muitos nutrientes são lavados durante as tempestades intensas, especialmente em terras não protegidas"; além disso, podem ser "esgotados pelas próprias culturas, particularmente se estas forem cultivadas na mesma terra ano após ano" (FAO, 1983). O esgotamento é comum onde "a agricultura é praticada em solos pobres ou moderadamente férteis, sem a aplicação suficiente de esterco ou fertilizante" (ISRIC/ UNEP, 1991).

(b) Salinização ou a concentração de sais na camada superior do solo, que pode ocorrer por causa de: (i) manejo mal realizado da irrigação ou alta concentração de sais na água de irrigação ou atenção indevida à drenagem, levando facilmente à rápida salinização dos solos, especialmente em regiões áridas onde as altas taxas de evaporação estimulam o processo; (ii) invasão da água do mar ou águas subterrâneas salinas em reservas de água de boa qualidade (tais problemas afetarão cada vez mais as áreas costeiras do mundo, que atualmente se estima seja a moradia de 2/3 da população mundial); ou (iii) atividades humanas que elevam a evaporação em solos com material salino ou com lençol freático salino (ISRIC/ UNEP, 1991). A salinização tem "um efeito deletério na produtividade do solo e das culturas" (FAO, 1994); em casos extremos, "o dano da salinização é tão grande, que é tecnicamente impossível ou totalmente inviável economicamente reverter o processo" (FAO, 1983).

(c) Acidificação, que tanto pode ocorrer por causa da aplicação excessiva de fertilizantes ácidos, como por causa da drenagem em determinados tipos de solo.

(d) Poluição de diversas origens (acumulação de lixo, uso excessivo de pesticidas ou fertilizantes, derramamento de óleo etc.) pode reduzir drasticamente o potencial agrícola das terras.

1.3.3. Deterioração Física

São três os tipos de deterioração física conhecidos:

(a) Compactação do solo, freqüentemente resultante do uso de máquinas pesadas em solos instáveis ou do pisoteio de gado; selamento e encrostamento, geralmente causados pelo impacto das gotas de chuva. Essas condições tornam o preparo da terra mais oneroso e impedem a emergência das mudas. Além disso, por dificultarem a infiltração da água, elas causam um maior escoamento superficial e, conseqüentemente, erosão hídrica.

(b) Elevação do lençol freático até a zona radicular das plantas, causada pela entrada excessiva de água em relação à capacidade de drenagem do solo. É típico de áreas irrigadas, mas também pode ocorrer devido a enchentes. Também aumenta a salinidade. Como acontece com a salinização, suas causas são em parte físicas e em parte relacionadas a práticas agrícolas, particularmente a irrigação inapropriada.

(c) Subsidência (isto é, o rebaixamento da superfície da terra) de solos orgânicos, que pode ser causada pela drenagem ou oxidação.

1.3.4. Desertificação

Em 1949, o cientista Aubreville observou que a degradação ambiental parecia estar se prolongando para o norte, das zonas mais áridas do Saara para as regiões semi-áridas e subúmidas do norte da África. O termo que Aubreville cunhou para esse processo foi *desertificação.* As secas devastadoras de 1968-1973 no Sahel e o aparente avanço acelerado do Deserto do Saara em direção ao sul levaram a uma extensa discussão internacional do problema e à criação da Conferência sobre Desertificação das Nações Unidas (UNCOD).

A UNCOD, em seu encontro em Nairóbi, Quênia, em 1977, definiu desertificação como "a redução ou destruição do potencial biológico da terra, resultando, finalmente, no aparecimento de condições desérticas"

(UNEP, 1978). Vários grupos de pesquisa e instituições científicas não concordaram com essa definição. Além disso, oscilações cíclicas da produtividade da vegetação relacionadas a flutuações climáticas foram observadas por meio de dados enviados por satélite. Portanto, havia a necessidade de diferenciar a desertificação dessas oscilações climáticas cíclicas. Em 1992, a UNCOD escolheu a seguinte definição para desertificação: "É a degradação ambiental em áreas áridas, semi-áridas e subúmidas secas, resultante principalmente do impacto humano adverso" (UNEP, 1992).

O termo *desertificação* tem alguns aspectos inoportunos. Ele não fornece informações sobre a natureza da degradação, nem sobre a natureza das ações corretivas possíveis. Expressa mal o problema: "O conceito de desertos que se expandem e dunas de areia que avançam se tornou a imagem dominante aos olhos do público, em vez de (...) problemas menos visíveis e muito mais sérios" (Liamine, 1993), principalmente "deteriorações mais sutis e mais complexas, algumas vezes reversíveis, mas com pausas periódicas substanciais e que se irradiam a partir de centros de pressão populacional excessiva" (Nelson, 1990).

Para a FAO (1986a), *desertificação* "é somente um aspecto extremo da deterioração dos ecossistemas, disseminada sob a pressão combinada do clima adverso e da exploração agrícola". O resto desse texto se refere à *desertificação* nesse sentido, mas nunca o isolando do fenômeno da degradação ambiental em geral.

1.4. Extensão e Impacto da Degradação

1.4.1. Incidência por Tipo de Degradação

O estudo do GLASOD, cobrindo a maior parte da superfície terrestre (ISRIC/UNEP, 1991), detectou que, globalmente, 15% das terras estavam degradadas como resultado das atividades humanas; o respectivo impacto das várias formas de degradação em nível global foi estimado conforme apresentado na Figura 1.2. A América do Sul apresenta 1% de terras devastadas, 11% leve ou moderadamente degradadas e 1% de terra forte ou extremamente degradada. Os principais tipos de degradação consistem na

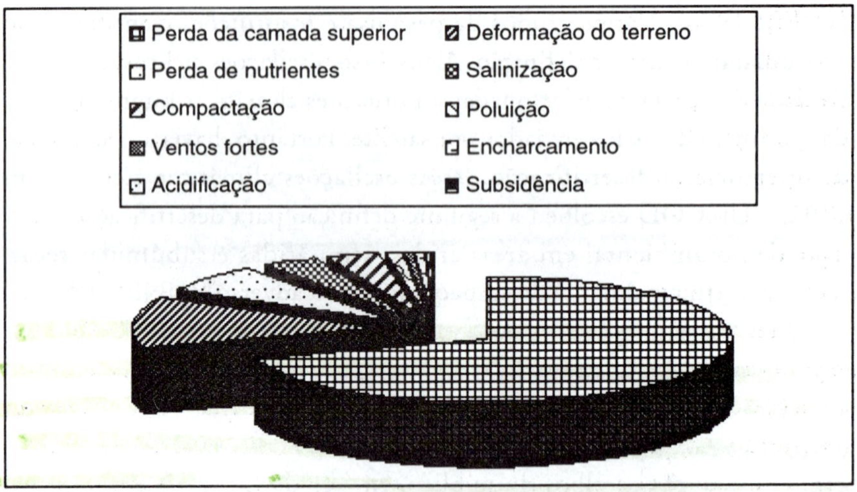

Figura 1.2 — Incidência das 10 formas de degradação em nível global (percentagem da área degradada total).
Fonte: ISRIC/UNEP, 1991.

perda da camada superior do solo, proveniente da erosão hídrica (39% da área degradada), na perda de nutrientes do solo (28%) e na deformação do terreno pela erosão hídrica (12%). O Brasil é particularmente afetado (ISRIC/UNEP, 1991).

O impacto da salinização e da elevação do lençol freático deve ser mensurado em relação às áreas irrigadas. A FAO (1994) estima que, de algo em torno de 240 milhões de hectares atualmente irrigados, aproximadamente 30 milhões estão severamente afetados pela salinidade, e outros 60-80 milhões estão afetados de alguma outra maneira. Dos quatro países com as maiores áreas irrigadas (juntos são responsáveis por metade da área global), a salinidade afeta 28% das terras irrigadas nos Estados Unidos, 23% na China, 21% no Paquistão e 11% na Índia (Umale, 1993).

A taxa na qual as áreas degradadas se expandem em uma escala global não é conhecida porque não existe nenhum dado precedente para se comparar com os resultados do GLASOD. As estimativas geralmente variam de 5 a 12 milhões de hectares de solo perdidos anualmente (de um total de 4,8 bilhões de hectares de terras cultiváveis e pastos). A FAO adverte que ainda se necessita de muito progresso na coleta de dados sobre o uso da terra, antes que essa e outras tendências importantes sejam conhecidas adequadamente.

A extensão da ameaça certamente é considerável: com base em seu estudo clássico sobre a capacidade potencial das terras em sustentar a população, a FAO (1984) estimou que sem medidas de proteção do solo aproximadamente 550 milhões de hectares de cultivos não irrigados poderiam se perder durante o período 1975-2000, com perdas percentuais que variam de 10% na América do Sul a 38% na Ásia. Embora ainda não tenhamos dados que confirmem essa previsão (o relatório da FAO ainda não foi publicado), existem na literatura várias estatísticas que os confirma. Além disso, muitas terras remanescentes perderiam alguma fertilidade, devido à degradação da camada superior do solo, com uma perda total no potencial de produção da ordem de 30%.

1.4.2. Impacto da Degradação

O principal efeito da degradação no meio rural é um declínio na produtividade ou uma necessidade crescente do aporte de nutrientes para manter as mesmas produtividades, uma vez que "os subsolos geralmente contêm menos nutrientes do que as camadas superiores, sendo necessário mais fertilizante para manter a produtividade das culturas. Isso, por sua vez, aumenta os custos de produção. Além do mais, a adição somente de fertilizantes não pode compensar todos os nutrientes que se perdem quando a camada superior erode" (FAO, 1983). Nos locais onde a degradação é séria, tanto as terras podem ser abandonadas temporária ou permanentemente quanto convertidas em usos menos "nobres", ou seja, terras agrícolas convertidas em pastos ou pastos abandonados às ervas.

Com a salinização e a elevação do lençol freático em áreas irrigadas, as reduções na produtividade são ainda maiores, porque o ponto de partida é mais alto: pesquisas de campo indicam reduções na produtividade que oscilam de 30% a até mais de 80%; valores em torno de 50% são os mais comuns (Pinstrup-Andersen e Pandya-Lorch, 1994). A perda econômica resultante de tais reduções, naquela que é a principal razão dos grandes investimentos realizados, é altamente significativa.

Um quadro completo dos custos da erosão deve incluir os efeitos fora de seu local de origem (*offsite effects*). Tem-se questionado se as mensurações da erosão do solo provenientes de parcelas "superestimam, de forma característica, as conseqüências para a produtividade, uma vez que o solo erodido pode permanecer por décadas em outra parte da paisagem, antes de ser transportado para os oceanos. Portanto, uma parte da erosão no local de origem representa uma transferência de recursos, em vez de uma perda completa, do ponto de vista da produtividade agrícola" (WRI, 1993). Esse argumento não deve ser levado muito longe. Primeiro, conforme a mesma fonte acrescenta, transferências geográficas na produtividade têm conseqüências de distribuição potencialmente importantes: não é de somenos importância que a camada superior do solo lavada das encostas mantidas por pessoas mais pobres acabe nos fundos de vales mantidos por pessoas com melhores condições de vida ou que seja perdida por um país montanhoso em benefício de países que se situem a jusante. Além disso, a maior parte das partículas finas de solo é carreada para cursos d'água e mares; ao longo do percurso, elas podem tornar a água imprópria para consumo humano, obstruir represas, sistemas de irrigação ou canais de transporte de rios. No final, os nutrientes do solo acabam perdidos permanentemente para a agricultura, danificando os sistemas de vida aquáticos e a pesca, devido à carga de nutrientes e à conseqüente eutrofização.

Na verdade, mesmo os melhores solos de muitas regiões em desenvolvimento estão gradualmente se tornando menos produtivos; alguns declínios de fertilidade afetam as muitas áreas que clamam por aumentos de produção urgentes e pontuais; uma das razões principais é a exploração dos nutrientes do solo pela agricultura sem a renovação adequada. O solo também é retirado da produção por causa da poluição química de todas as origens, inclusive resíduos industriais e urbanos.

É difícil estimar as perdas totais causadas pela degradação ambiental mundialmente. De acordo com a FAO (1992), aproximadamente 25 bilhões de toneladas de solo (17 toneladas por hectare cultivado) são erodidos a cada ano. Traduzir isso para uma estimativa da produção é ainda mais difícil, uma vez que os efeitos variam de região para região, dependendo dos tipos de culturas e da redução hipotética nas produtividades. Somente estimativas são possíveis. De acordo com Sfeir-Younis (1986), a produção de alimentos proveniente de áreas agrícolas não irrigadas pode decair de 19% a 28% durante o período 1985-2010. Brown *et al.* (1990) estimaram que a degradação ambiental no mundo causa a perda de, aproximadamente, 14 milhões de toneladas de grãos anualmente, isto é, metade da quantidade necessária para cobrir as necessidades da população global adicional para o mesmo período.

Além disso, as terras erodidas se tornam mais vulneráveis a variações climáticas; sua fertilidade pode diminuir vertiginosamente após um ano de seca. "Quando as condições de produção são adversas, a margem de produtividade ou de sobrevivência para um produtor em uma área degradada é menor que a de um produtor em solo bem manejado. A degradação de terras e também a seca têm sido parcialmente responsáveis pela severidade da fome em áreas agrícolas da Etiópia e do Sudão" (Blaikie e Brookfield, 1987).

Independentemente de a produtividade da terra decair ou de serem tomadas medidas para restaurar a produtividade e evitar maiores perdas, "a produtividade do trabalho é atingida desfavoravelmente. A degradação ambiental, portanto, consome diretamente o produto do trabalho e também o aporte de capital na produção" (Blaikie e Brookfield, 1987). A qualidade de vida diminui porque são necessários mais tempo e um trabalho mais duro para se obter o mesmo produto, isso sem mencionar as medidas conservacionistas no campo, fertilização mais intensa ou a abertura de áreas para lavouras ou pastos cada vez mais distantes.

Essa carga adicional geralmente cai desproporcionalmente sobre a mulher, exceto para o trabalho de abertura de novas áreas de cultivo, porque elas estão envolvidas de forma predominante na produção de alimentos e atividades associadas à criação de animais. Além disso, reduções na produtividade de culturas tradicionais geralmente são decisivas para ativar a emigração (geralmente de homens), com conseqüentes aumentos na carga de trabalho dos que ficam, inclusive as crianças.

Em ocasiões mais raras, mas também tão dramáticas, a degradação ambiental força o deslocamento da população. Centenas de milhares de hectares têm de ser abandonados a cada ano, por estarem degradados demais para o cultivo ou até mesmo para pastagens, o que pode significar que a população que dependia daquelas áreas para a subsistência deve procurar outras terras para se fixar. Na Índia, por exemplo, aproximadamente 38% das terras são devastadas (mais ou menos o mesmo que a área total cultivada). A maior parte dessa área foi cultivada em algum momento, mas o cultivo foi abandonado (a maior parte durante o século passado) por causa da degradação do solo, e as pessoas que as cultivavam foram deslocadas para áreas distantes (Maloney, 1991).

1.5. Causas da Degradação do Solo

1.5.1. Os Fatores Causadores

Vale a pena notar que os fatores causadores têm diferentes funções: alguns causam a degradação diretamente; outros simplesmente permitem a ação do anterior. Por exemplo, no caso da erosão, a causa direta é a ação da água ou do vento. Essa ação é possível por uma série de condições tanto antrópicas (desmatamento, corte de encostas etc.) quanto naturais (declividade, textura do solo etc.). No caso da salinização, a causa direta pode ser a invasão de água salgada nas reservas subterrâneas de água e o fator facilitador, o uso exagerado de água; ou a causa direta pode ser a combinação de irrigação excessiva e drenagem insuficiente, enquanto o fator facilitador ou acelerador seria a aridez.

A Tabela 1.2 classifica as ações antrópicas e as condições naturais nas categorias *fatores facilitadores* e *fatores diretos.* A partir dessas características, podemos compreender a função das mudanças populacionais nos fatores causadores da degradação das terras.

O projeto GLASOD quantificou o impacto das atividades humanas prejudiciais, classificando-as em cinco grandes categorias, conforme se segue (ISRIC/UNEP, 1991):

(1) Desmatamento para a agricultura ou pastagens, florestas comerciais de grande escala, construção de estradas, desenvolvimento urbano etc.
(2) Superpastoreio (destrói a cobertura do solo, causa compactação e acelera a invasão de espécies arbustivas indesejáveis).

(3) Atividades agrícolas. O manejo inadequado da terra inclui o cultivo de solos frágeis, pousio reduzido, uso indiscriminado do fogo, práticas que resultam na exportação de nutrientes do solo, transposição de rios para fins de irrigação ou irrigação inadequada de solos (FAO, 1993b).

(4) Superexploração da vegetação para uso doméstico (uso da vegetação como combustível, cercas etc., onde a vegetação remanescente não fornece mais proteção suficiente contra a erosão do solo).

(5) Atividades (bio)industriais que causam poluição.

Tabela 1.2 — Classificação dos fatores de degradação das terras

	Ações antrópicas	**Condições naturais**
Fatores facilitadores	— desmatamento — permissão do superpastoreio — uso excessivo da vegetação — taludes de corte — remoção da cobertura vegetal para o cultivo	— topografia — textura do solo — composição do solo — cobertura vegetal — regimes hidrográficos
Fatores diretos	— uso de máquinas — condução do gado — encurtamento do pousio — entrada excessiva de água/ drenagem insuficiente — excesso de fertilização ácida — uso excessivo de produtos químicos/estrume — disposição de resíduos domésticos/industriais	— chuvas fortes — alagamentos — ventos fortes

Fonte: FAO (1980).

A avaliação do GLASOD atribuiu a degradação, em cada área pesquisada, a um ou dois desses fatores causadores; a Tabela 1.3 mostra seus respectivos impactos. Enquanto em nível global o desmatamento, o superpastoreio e as atividades agrícolas tiverem uma incidência relativamente semelhante, em nível regional os modelos diferirão acentuadamente. O superpastoreio domina na Oceania, Ásia e África, as atividades agrícolas na América do Norte e o desmatamento em outras regiões. A superutilização doméstica da vegetação é insignificante em regiões desenvolvidas, mas bastante significativa na África. A poluição é marginal, exceto na Europa.

Embora a erosão possa ocorrer sem a intervenção humana, na prática ela geralmente é iniciada e/ou acelerada por atividades antrópicas que causam o desaparecimento da cobertura protetora da vegetação natural ou danificam a estrutura do solo.

Tabela 1.3 — Incidência dos cinco fatores causadores da degradação por região (percentagem de área degradada)

	Desmatamento (%)	Superpastoreio (%)	Atividades agrícolas (%)	Superexploração da vegetação (%)	(Bio) industriais (%)
África	14	49	24	13	—
Américas do Norte e Central	11	24	57	7	—
América do Sul	41	28	26	5	—
Ásia	40	26	27	6	—
Oceania	12	80	8	—	—
Europa	38	23	29	—	9
MUNDO	29	35	28	7	1

Fonte: ISRIC/UNEP (1991).

1.5.2. A População e os Processos de Degradação da Terra

Esta seção apresenta as possíveis ligações entre os fatores populacionais (tamanho da população, distribuição geográfica, estruturas de idade/sexo e mudanças nessas estruturas) e os principais fatores que causam a degradação.

1.5.2.1. Desmatamento e Superexploração da Vegetação

A destruição das florestas é causada, na maioria das vezes, pela abertura de clareiras para fins agrícolas. "Tanto a agricultura do tipo que realiza queimadas, quando não se permite que a terra fique em pousio o tempo que as práticas tradicionais apregoam, quanto a abertura de clareiras permanentes para o estabelecimento de fazendas modernas estão pagando o preço" (FAO, 1983). A expansão do cultivo envolve "o corte de árvores, arbustos e herbáceas, a queima da serapilheira, o plantio de culturas por dois a cinco anos nas clareiras abertas, e só então se permite o retorno da cobertura natural para regeneração do solo, podendo o período de pousio durar cinco a quinze anos, dependendo do solo e do tipo de vegetação" (FAO, 1983). Estima-se que entre 1973 e 1988 tais operações tenham contribuído em torno de 60% da expansão das terras agrícolas. A remoção da cobertura vegetal inicia, ou acelera, a erosão do solo sob a ação da chuva e do vento, e "a queimada para o controle de ervas estimula a lixiviação e a perda de solo" (Cruz, 1994).

A abertura de clareiras no deslocamento do cultivo ocorre principalmente devido ao crescimento populacional, através do aumento nas necessidades de alimentos e outros produtos agrícolas. Comparativamente, o desmatamento para a formação de pastos é um fator secundário em uma escala global (embora seja importante em certos países). Existem também exemplos de desmatamento rápido para a agricultura comercial, o que parece ser de importância crescente, principalmente na América Latina e na Ásia. Mas, até agora e globalmente, o desmatamento é mais comum em situações de agricultura de subsistência (sem contar que o crescimento populacional também é um fator importante na agricultura comercial). Assim como com o corte de lenha, a abertura de clareiras afeta áreas menores, não destrói toda a vegetação e não envolve a destruição da matéria orgânica, raízes, sementes etc. que as queimadas provocam, mas executa uma função facilitadora pela abertura de estradas de acesso e não cria a necessidade do desmatamento.

A outra causa da destruição da cobertura vegetal é o seu uso exagerado pelos proprietários e suas famílias, principalmente para a coleta de lenha como combustível. Para cobrirem suas necessidades em energia vital, muitas famílias nos países em desenvolvimento recorrem a combustíveis de biomassa coletados livremente, inclusive restos de culturas e adubo animal, mas, na maioria das vezes, é lenha. Quando a utilização anual de madeira excede a produtividade sustentável, florestas e áreas revegetadas são destruídas gradualmente. Isso, por sua vez, inicia ou acelera a erosão do solo.

Por volta de 1980, a FAO estimou que aproximadamente dois bilhões de pessoas (ou 3/4 da população dos países em desenvolvimento, naquela época) dependiam de biomassa para seu consumo diário de energia (FAO, 1983). Mas cerca de 1,4 bilhão de pessoas não conseguia alcançar suas necessidades sem comprometer os estoques futuros de madeira para lenha; e era esperado que esse número crescesse para três bilhões (2,4 bilhões em área rural) por volta do ano 2000.

O impacto do crescimento populacional no consumo de lenha nas vastas áreas envolvidas é direto, uma vez que as necessidades em energia são essencialmente proporcionais à população. Uma outra característica da dinâmica populacional exerce uma importante função; em outras palavras, a urbanização. Um primeiro efeito surge da concentração populacional que exerce o impacto sobre os recursos, muito sentidos em uma zona periférica que, tipicamente, sofre um desmatamento desproporcional. Um segundo efeito surge das mudanças de hábito: moradores urbanos geralmente preferem carvão a madeira, o que aumenta o impacto nos recursos florestais por unidade de consumo.

Geralmente, a pressão populacional é determinante na perda de vegetação, especialmente em áreas com reservas de terra e fontes de energia limitadas. Nas áreas de alta densidade populacional no oeste da África, por exemplo, "as concentrações da demanda por terras agrícolas e lenha localizam-se na raiz da exploração dos recursos. É nessas áreas que as manchas de desertificação são mais visíveis" (Gorse e Steeds, 1987).

1.5.2.2. Superpastoreio

A pressão excessiva dos animais sobre a cobertura vegetal pode ser um problema muito importante, principalmente em países em desenvolvimento, onde as terras têm uma densidade populacional muito maior que no mundo desenvolvido (FAO, 1983). Enquanto as criações de animais não causam necessariamente problemas ambientais, o superpastoreio pode ser o fator principal na degradação ambiental, causando metade dos danos avaliados na África e 3/4 em outras regiões em desenvolvimento. Casos como os dos danos causados pelas cabras no Mediterrâneo e em outras partes são bem conhecidos. Na África, o aumento no número de cabeças de gado e o declínio na qualidade das pastagens foram significativos durante as décadas recentes (FAO, 1986b). Essas duas tendências são incompatíveis a longo prazo, e crises locais são prováveis de ocorrer.

O pastoreio nômade em áreas semi-áridas é um sistema de uso da terra compatível e eficaz, desenvolvido ao longo dos séculos pelos criadores; mas já são notados com uma freqüência cada vez maior colapsos locais de tais sistemas. Quando maiores rebanhos competem pelas mesmas pastagens, eles podem ultrapassar a produtividade natural da área e destruir a cobertura vegetal, acelerando a erosão. No Sudão, por exemplo, o crescimento da população de criadores e o aumento da densidade da criação levaram a pecuária a se estender para as áreas de floresta e terras marginais semi-áridas, causando a degradação de ambas as zonas (Bilsborrow e De Largy, 1991).

Na maioria das vezes, entretanto, o relacionamento entre a dinâmica da população humana e o pastoreio excessivo não é uma questão de crescimento da população de criadores, levando às mudanças na densidade da criação. Mudanças rápidas na população dos rebanhos geralmente são conduzidas por fatores externos, tais como as decisões por pessoas de fora (por exemplo, quando as populações sedentárias confiam o gado a grupos nômades) ou os fatores relacionados à saúde do animal (por exemplo, a erradicação da mosca tsé-tsé). Circunstâncias econômicas ou metas especiais, tais como a necessidade de segurança, levando as famílias a aumentarem a densidade dos estoques, também têm a sua parte. Quanto à crise propriamente dita, geralmente é ocasionada por um rápido declínio nas pastagens disponíveis.

Nesse contexto, as secas geralmente disparam o processo: "Em áreas de pastoreio em terras secas, o grande número de cabeças de gado e ovelhas tende a aumentar durante os anos de precipitação normal, e esse número excessivo é para ser suportado durante os anos de seca. Quando a seca inevitável chega, os criadores ficam relutantes em diminuir novamente os rebanhos, após um único ano de seca. Quando se torna aparente que a seca será longa e séria, muitas terras já estão imprestáveis pelo excesso de pastoreio" (FAO, 1983).

Um importante fator populacional, entretanto, é o crescimento das populações vizinhas, na medida em que leva os produtores sedentários a expandirem a área cultivada. Com a redução do pousio e o avanço das fronteiras agrícolas, os criadores nômades ficam cada vez mais restritos em seus movimentos, e as áreas disponíveis decaem em quantidade e qualidade (Little e Horowitz, 1987; Billsborrow, 1992a). Isso aumenta a densidade, mesmo que o tamanho da criação permaneça igual. A degradação aqui é um efeito colateral da extensão ou intensificação agrícola. É para reconciliar as diferentes lógicas da agricultura, pecuária e floresta que a FAO promove modelos de desenvolvimento agropastoris.

Assim, relata-se (Talbot, 1989) que, no Quênia, o crescimento populacional entre os pecuaristas de Maasai e a população agrícola sedentária levou à competição por terra entre os dois grupos, superpastoreio e desertificação em certas áreas. O caso do Sudão tem um aspecto relevante, porque o aumento na demanda de lenha, que contribuiu para o desmatamento e, portanto, para a degradação ambiental, foi aumentado pelo crescimento na população de agricultores de subsistência. A sedentarização dos nômades, levando à concentração das populações e rebanhos em pastagens restritas, tem efeitos similares (Fratkin, 1981; Little, 1987). O mesmo ocorre com os conflitos políticos que "contribuem para a concentração da população e das criações, o que, por sua vez, perpetua a degradação ecológica e a carência de alimentos" (Hjorn af Orns e Salih, 1991).

1.5.2.3. Manejo Agrícola Inadequado

Um conjunto de práticas inadequadas está relacionado com a extensão de terras, sendo o principal problema a expansão gradual do cultivo para áreas de encostas e, geralmente, para as áreas ditas marginais (deixadas em pousio previamente por causa da fragilidade dos solos ou de outros fatores limitantes). Isso é um fenômeno comum em situações de "fome de terra", ou seja, de alta densidade populacional *vis-à-vis* com a terra agricultável. O crescimento da população "necessita da expansão da interferência em novas áreas, e a sujeição dessas áreas a altos níveis de dano que sucedem a interferência inicial. Ele necessita da ocupação de locais de menor resiliência e maior sensibilidade, para os quais as práticas de manejo existentes podem ser inadequadas" (Blaikie e Brookfield, 1987).

A degradação, então, se inicia, a não ser que medidas especiais sejam tomadas para proteger a estrutura do solo e manter a fertilidade. Mas tais medidas geralmente estão ausentes, uma vez que esses tipos de prática ocorrem em situações onde as soluções de baixo custo são procuradas, por causa da falta de recursos para investir na proteção da terra. Existem numerosos exemplos de populações que foram levadas para os planaltos devido à saturação dos recursos das baixadas, à subseqüente degradação ambiental e, algumas vezes, aos colapsos ecológicos: Etiópia, Haiti, Nepal e Filipinas, talvez os mais conhecidos. As pressões populacionais têm uma função óbvia na maioria dessas situações, mas deve-se notar também que a distribuição desigual da terra pode piorar essas pressões de forma notável.

Um conjunto diferente de práticas impróprias está relacionado com a intensificação mal realizada: redução do pousio, fertilização insuficiente ou excessiva e/ou as várias formas de gestão inadequada das áreas irrigadas.

A maneira mais elementar de retirar (a curto prazo) mais produtos da terra, que não seja cultivada permanentemente, é encurtar o período de pousio a que ela está sujeita. O cultivo de substituição "funciona bem onde a proporção de terras para as pessoas é alta", de modo que ela possa "ser deixada em pousio o tempo suficiente". O problema principal com esse tipo de cultivo hoje é que o aumento populacional e a necessidade de maiores produções para alimentá-las estão pressionando muitos produtores a diminuírem ou, até mesmo, eliminarem o pousio. Como conseqüência, as produtividades são menores, e os danos ao solo, maiores (FAO, 1983). O processo acima só se verifica se o aumento da fertilização compensar a crescente taxa de uso da terra. É claro que uma fertilização insuficiente, independentemente de a terra estar em repouso ou em cultivo permanente, tem o mesmo efeito.

Numerosos exemplos desse processo foram documentados. Na África, de um modo geral, o rápido crescimento nas densidades populacionais não levou a mudanças profundas nos sistemas de produção tradicionais. Ocorreu alguma intensificação sob a forma de pousio reduzido, mas, na ausência de outras mudanças tecnológicas, esse fato levou "as crescentes populações rurais pobres a explorarem e degradarem, de forma crescente, os recursos naturais para assegurar sua sobrevivência diária" (Cleaver e Schreiber, 1992).

Nas zonas do Sahel e do Sudão, no oeste da África, os sistemas de produção tradicionais incluíam técnicas e regras de reforço para assegurar o uso sustentável da base de recursos frágil e modesta (baixa fertilidade do solo e precipitação variável). Esses sistemas "foram sendo interrompidos cada vez mais, sobretudo pelo rápido crescimento populacional" (Gorse e Steeds, 1987). No Egito, "a situação da degradação ambiental no Vale do Nilo piorou acentuadamente devido à pressão do crescimento populacional, combinado com a escassez de terras agricultáveis, levando os fazendeiros a exigirem da terra mais do que ela pode produzir" (Kishk, 1986).

Sob cultivo permanente, a necessidade de uma produção elevada leva à irrigação e adubação, bem como a intensidades de cultivos maiores (cultivos múltiplos durante o curso de um ano). Conforme já visto, os problemas de degradação ambiental que tipicamente surgem de tais práticas são a salinização e a elevação do lençol freático de áreas irrigadas, além da poluição por pesticidas e/ou fertilizantes. Os dois primeiros problemas são extensivos. Na realidade, afetam mais de um terço das áreas irrigadas de todo o mundo.

A adubação freqüentemente é vista desse modo: "Em algumas regiões dos países em desenvolvimento, particularmente em áreas de produção de arroz e trigo altamente intensificadas na Ásia, o uso excessivo de fertilizantes estabelece sérios riscos ambientais" (Pinstrup-Andersen e Pandya-Lorch, 1994). Uma variante é que "a causa principal dos efeitos ambientais é o uso não científico dos fertilizantes e não as taxas excessivamente altas de aplicação" (Rustagi e Desai, 1993).

Os pesticidas — intrinsecamente, venenos — são um outro culpado clássico: "O uso inadequado de pesticidas é comum por todo o mundo, para a maioria das pragas só são necessárias pequenas quantidades de inseticidas, e uma grande parte dos pesticidas aplicados é essencialmente desperdiçada" (Pinstrup-Andersen e Pandya-Lorch, 1994). No Egito, "as práticas de irrigação e a agricultura intensiva é que levaram a várias formas de degradação muito sérias. Os solos são poluídos principalmente por pesticidas, que são aplicados aos campos de uma forma muito intensa (em particular, o meio milhão de hectares cultivados com algodão)" (Kishk, 1986).

Conforme já observado, os danos causados à terra pela agricultura intensiva são largamente evitáveis através de uma melhor gestão. Poderia, então, parecer que a pressão populacional não tem responsabilidade nessa degradação, a não ser indiretamente por iniciar o movimento pela utilização de técnicas de produção potencialmente danosas. Por outro lado, a pressão populacional, reduzindo não somente o acesso à terra por habitante, mas também a outros recursos, pode levar à intensificação "barata", isto é, drenagem imperfeita (e conseqüente elevação do lençol freático), adubação insuficiente (e perda da fertilidade do solo) e/ou monitoramento inadequado dos sistemas de irrigação, por exemplo.

Salvaguardar a sustentabilidade durante os ajustes nos sistemas de produção é mais problemático, já que o crescimento populacional é mais rápido, e as adaptações devem ser planejadas e executadas com pressa. Isso é o que ocorre na maior parte da África ao sul do Saara. Lele e Stone (1989), com base nos casos de Camarões, Quênia, Malawi, Nigéria, Senegal e Tanzânia, mostraram que, quando o crescimento populacional é rápido, as adaptações envolvidas na "intensificação autônoma" descritas por Boserup (1965) são mais importantes pelo dano ambiental, causado pelo desmatamento e declínio na fertilidade do solo. Produtividades mais altas e rendimentos maiores não seguem necessariamente as densidades populacionais mais altas e cultivo mais freqüente. Pingali e Binswanger (1988), também usando evidências provenientes da África, concluíram que mudanças técnicas geradas pelos fazendeiros são capazes de sustentar populações de crescimento lento, mas não as de rápido crescimento, tanto na população rural quanto na demanda urbana por alimentos.

Em parte isso ocorre porque a alta pressão populacional pode "gerar pressões dentro dos sistemas existentes, que já têm suas práticas de manejo bem testadas. À medida que a margem de subsistência se torna mais limitada, a pressão para maximizar a produção a curto prazo se tornará mais forte. A necessidade pela inovação aumentará, mas os meios necessários para isso não estarão disponíveis". Os proprietários de terra mais ricos, "cujos recursos não estão gravemente ameaçados pelos efeitos 'subseqüentes da degradação' proveniente de seus vizinhos mais pobres, podem saudar o crescimento abundante da mão-de-obra barata e não vêem necessidade de embarcar em grandes inovações que poderiam ser benéficas para todos" (Blaikie e Brookfield, 1987).

Evidentemente, essas questões de mudanças tecnológicas são decisivas. A estagnação técnica torna os recursos criticamente vulneráveis à pressão populacional. Por outro lado, as adaptações na gestão do uso da terra podem dar amplas margens para a acomodação do crescimento populacional.

1.5.3. A População e os Fatores Tecnológicos

Quando se faz uma revisão sobre as diversas experiências de sistemas agrícolas sob pressão populacional, os fatores que parecem estar estagnando (ou mudando vagarosamente), em um dado caso, tendem a aparecer como os elementos frágeis do sistema. Em muitos ambientes especialmente rurais, mas não somente na África, a população cresceu rapidamente nos últimos vinte anos, enquanto os níveis de consumo e tecnologia estagnaram (ou pioraram) e a degradação ambiental acelerou. Isso poderia sugerir que quando o crescimento populacional é rápido ele se torna o fator decisivo para o resultado final.

Apesar disso, quando a tecnologia, por sua vez, experimenta um rápido processo de adaptação, suas mudanças podem compensar os efeitos do aumento do consumo total (quaisquer que sejam as respectivas funções da população e do crescimento do consumo *per capita*). Casos com tais ocorrências não são difíceis de encontrar. Java, por exemplo, "apesar das sérias erosões que ocorrem nas áreas de cabeceiras e em terras de alta sensibilidade ambiental que não são adequadas ao terraceamento irrigado, exemplifica a alta produtividade que pode ser alcançada sob manejo intensivo com densidades populacionais extremamente altas" (Blaikie e Brookfield, 1987). Mortimore (1993) mostrou que a região de Kano (Nigéria) apresentava um sistema agrícola estável em áreas de terra seca, apesar da alta densidade populacional.

Em um estudo realizado no Quênia, Nigéria, Ruanda, Tanzânia e Uganda, Hyden *et al.* (1993) também mostraram que em certos locais "os produtores geriram suas terras, mesmo sob pressão severa, de uma maneira que permitiu o uso sustentado até hoje" e concluíram que altas densidades populacionais poderiam ser acomodadas em muitas partes do leste da África. Tiffen *et al.* (1994) descreveram uma excelente história de sucesso observada no distrito de Machakos, Quênia, e viram o caso como uma confirmação "dos efeitos autônomos de uma população elevada, derivada da disponibilidade de mais bocas (maior demanda), mais mãos (maior mão-de-obra) e mais cérebros (maior número de pessoas interagindo), acompanhado por uma redução nos custos *per capita* da infra-estrutura física e social". Que conclusões podemos tirar dessa variedade de experiências contraditórias?

As histórias de sucesso precisam primeiro ser qualificadas. A emigração tem sido um componente das estratégias familiares na maioria dos locais pesquisados. Por uma razão ou outra (possivelmente, mas não necessariamente), a diversificação tem sido, aparentemente, uma fuga da agricultura local. Na verdade, as famílias e não os sistemas agrícolas se adaptaram às pressões maiores. A mesma observação se aplicaria a Machakos. No contexto revisto por Hyden *et al.* (1993), levando em consideração a contribuição intensificada da mão-de-obra feminina em seu local original para compensar a migração do homem, os autores observaram evidências de que a população rural está trabalhando durante mais tempo para se alimentar. Em outras palavras, a produtividade do trabalho decaiu e, junto com ela, a qualidade de vida. Como para o impacto ambiental, à medida que as famílias recorrem mais à compra de produtos agrícolas, os possíveis danos são simplesmente transferidos para as áreas onde ocorre a produção.

Além do mais, essas histórias não mostram que o rápido crescimento populacional tem um efeito positivo nos resultados ambientais e econômicos, mas simplesmente que ele não leva necessariamente a uma catástrofe, uma declaração bem aceita de qualquer maneira, obviamente. Não existem quaisquer evidências de que as mesmas (ou maiores) melhoras não pudessem ter sido causadas sob um crescimento populacional mais lento; também não existem evidências de que as melhoras são devidas ao crescimento populacional em vez de qualquer outro fator. Na realidade, os benefícios listados por Tiffen *et al.* (1994) aparecem não do crescimento populacional, mas de uma densidade populacional adequada. Eles podem estar associados de forma convincente a um limiar de densidade, mas é improvável (como admitido pelos autores) que continuarão a melhorar indefinidamente, se a densidade populacional se mantiver aumentando na mesma taxa, como deve ser o caso se o crescimento populacional tiver um efeito positivo intrínseco.

E não há, é claro, nenhuma garantia que melhoramentos comparáveis ocorrerão para outras populações crescendo a taxas semelhantes (embora essa possibilidade não esteja excluída tampouco, se existirem condições econômicas favoráveis e condições políticas adequadas). É fácil apontar situações (na Etiópia e em outras partes da África, Filipinas, Haiti etc.) onde condições de crescimento populacional do mesmo tipo daquelas observadas em Machakos (ou, na verdade, mais brandas) estavam associadas com a estagnação ou mesmo colapso ecológico. Naturalmente, tais casos não provam tampouco que "o crescimento populacional rápido leva inexoravelmente à degradação ambiental", ou seja, é a proposta que Tiffen *et al.* (1994) pretendem refutar, mas que poucos realmente propõem, se é que haja alguém.

Na verdade, a única questão correta é: o resultado teria sido melhor (ou pior, ou idêntico) se o crescimento populacional tivesse sido mais lento? Evidentemente, nem observações nem métodos experimentais podem fornecer uma resposta definitiva para tal questão, de modo que qualquer resposta é discutível.

O fato de essa mudança tecnológica poder ser induzida pelo crescimento populacional (Boserup, 1965 e 1981; Simon, 1986) é uma questão de bom senso: "A necessidade é a mãe da invenção." Mas por que atribuir somente ao crescimento populacional o efeito das mudanças tecnológicas, inclusive aquelas que levam os níveis de bem-estar acima do que estavam, antes que a população reagisse à redução dos recursos *per capita*? Parece não haver outra resposta a não ser o desejo de melhorar os níveis de vida, caso em que isso pode ocorrer na ausência absoluta de crescimento populacional. A dificuldade causada pela diminuição dos recursos *per capita* pode ser um incentivo mais forte para inovar do que aspirações por um melhor bem-estar. Mas "as pressões populacionais são um estimulante complicado e cruel para o desenvolvimento" (Hirschman, 1958).

Favorecer tais pressões (com sua eficiência duvidosa e os problemas de atendimento de saúde de mães e crianças em ambientes de alta fertilidade) na esperança de ganhos de produção é uma proposição estranha.

Frente à política, é criticamente importante mencionar a ambigüidade na hipótese de Boserup (1981) relativa ao próprio processo de inovação. Blaikie e Brookfield (1987) perguntam: O que faz a pressão populacional resultar em degradação em vez de inovação? Eles apontam para uma variedade de explicações, inclusive a falta de acesso aos recursos produtivos por parte do agricultor e a reflexão sobre os vários tipos de pressão que levaram os fazendeiros a extraírem da terra mais do que pode sustentavelmente dar.

1.5.4. Fatores Sociais e Institucionais

1.5.4.1. As Estruturas Agrárias e a Pobreza

A degradação das terras depende, em parte, do quão intensivamente ela seja explorada e, em parte, da habilidade e vontade do proprietário em responsabilizar-se por medidas conservacionistas. Esses dois fatores, por sua vez, são influenciados pelo tamanho das fazendas, embora não de uma maneira inteiramente linear.

Considere o contraste entre fazendas grandes e pequenas em uma zona agroecológica. Pequenas propriedades podem ser exploradas de forma a se extrair o suficiente para a subsistência da família; seus proprietários não podem se permitir em deixar uma grande parte da fazenda sob pousio; o resultado não permite um investimento a longo prazo na conservação ou melhoramento do solo, ou em implementos para elevar a produtividade. Ao mesmo tempo, grandes (e, às vezes, ausentes) proprietários, que mantêm ou melhoram seu bem-estar simplesmente pela concentração de recursos, precisam de uma taxa de uso menor e mais facilmente sustentável; portanto, esquemas de exploração extensiva. Eles podem tirar facilmente a terra da produção para trabalhos antierosão. Certamente, práticas imperfeitas ou uma taxa de uso excessiva também podem ser encontradas em fazendas maiores; o que se quer dizer é que elas não são uma necessidade neste caso, por causa da alta proporção de recursos por pessoa.

Por outro lado, tem-se argumentado que a mão-de-obra para trabalhos de conservação pode estar mais prontamente disponível em fazendas menores, em áreas densamente povoadas. Grandes propriedades teriam de contratar mão-de-obra para essa tarefa, da mesma forma como agem para outras finalidades. Um aspecto extremo dessa questão é a situação das áreas onde a emigração deixou muito pouca mão-de-obra masculina para realizar trabalhos de conservação, como, por exemplo, manter os terraços (Collins, 1987).

Um fator natural na fragmentação da terra em pequenas propriedades é o crescimento populacional. "Por todo o mundo em desenvolvimento, o tamanho das fazendas está encolhendo conforme os fazendeiros continuam a subdividir as propriedades entre seus filhos. Em países como Malawi, Ruanda, Haiti e Bangladesh, as taxas de crescimento populacional são altas, e o setor não-agrícola ainda está em seus estágios iniciais de desenvolvimento. As fazendas atualmente têm, em média, menos que 0,5 hectare em algumas áreas" (Clay *et al.*, 1994).

Um outro fator é a desigualdade social entre a população, levando a estruturas injustas de propriedade da terra. As pressões para a degradação da terra são mais poderosas nesse caso, porque a qualidade e vulnerabilidade da terra geralmente não são igualmente divididas também: "As desigualdades na propriedade da terra também podem incentivar a erosão do solo. Na América Latina andina, por exemplo, os pecuaristas ricos geralmente usam os terraços relativamente nivelados dos vales para criar gado, forçando os pequenos e pobres proprietários de terra para as encostas íngremes para produzirem culturas de subsistência" (FAO, 1983). Se as propriedades menores ocupam as áreas marginais, mais vulneráveis, como encostas íngremes ou solos mais pobres, com necessidade de pousios mais longos ou adubação, tais áreas não somente serão desnecessariamente colonizadas, mas também serão provavelmente superexploradas, já que seus ocupantes não podem se dar ao luxo de evitar o uso dos recursos naturais. Os respectivos pesos da pressão demográfica e da injustiça social, causando a fragmentação da terra, variam de local para local; certamente, ambos os aspectos estão disseminados por todo o mundo.

A pressão populacional, por sua vez, contribui para práticas desiguais, uma vez que uma situação de deterioração da relação população/recursos levando à diminuição do bem-estar médio contribui para iniciar ou acelerar a concentração de terras: "Com um maior número de pessoas, a maior demanda por alimentos resulta em uma maior competição por terras agricultáveis, tendendo a modificar os preços das terras. Na situação mais comum, na qual os fazendeiros com pequenas propriedades têm muito menos acesso ao crédito e novas tecnologias do que aqueles com propriedades maiores, isso pode resultar, ao longo do tempo, em uma parcela menor da população rural que pode ser proprietária de terras, um tamanho médio dos lotes menor para a maioria dos pequenos fazendeiros que continuam donos de terra e um aumento no tamanho médio das fazendas grandes. Esse processo de aumento das diferenças socioeconômicas tem sido bem documentado na América Latina e também pode estar ocorrendo na África e Ásia" (Bilsborrow e DeLargy, 1991).

Geralmente, a pobreza é vista como um contribuinte considerável da superutilização dos recursos nos países em desenvolvimento. "Famílias pobres são virtualmente forçadas a superutilizar os recursos naturais para a subsistência diária. Assim, os colonos sem terra ocupam as florestas tropicais ou cultivam mandioca e milho em vertentes altamente erodíveis. Proprietários rurais, em países com déficit de madeira para combustível, desnudam a vegetação e queimam restos de cultura e resíduos animais como combustível, em vez de utilizá-los como fertilizantes. Isso contribui para a desertificação. Homens subempregados em vilas costeiras superutilizam as áreas de pesca, próximas à costa, já esgotadas. É estabelecido um ciclo de pobreza e degradação dos recursos naturais" (Repetto, 1987). Para Blaikie e Brookfield (1987), "uma vez que a expansão seja realizada amplamente por aquelas pessoas deslocadas de áreas mais antigas devido à pobreza ou por outras pressões de origem social ou política, a nova terra tem que ser gerenciada por aqueles com os menores recursos para dedicar ou desviar para sua gestão". O Nepal fornece um exemplo dessas situações onde a pobreza é a causa básica de uma gestão infeliz, que tem como conseqüência a pobreza profunda.

Já foi dito que essa visão é superficial. Apesar de se reconhecer que os pobres "são mais prováveis de recolher combustível de graça, coletar todos os últimos pedaços secos de estrume para combustível, em vez de deixá-lo para adubar o solo ou, então, migrar para trabalhar deixando a esposa em casa sobrecarregada demais para se responsabilizar por qualquer trabalho extra de conservação do solo", Harrison (1992) relata que "os maiores fazendeiros têm mais probabilidade de usar tratores ou possuem uma criação maior que, se não for gerenciada apropriadamente, pode causar mais danos ambientais que os humanos". Ele destaca as situações como as do Lesoto, onde os mais pobres não possuem terras nem criações. Uma vez que eles não têm acesso à terra, não podem degradá-la. Aqueles que causam a maior parte do dano são os que possuem gado e, entre esses, os 23% mais ricos que possuem 74% do gado. A pecuária degrada as áreas montanhosas nos meses de verão. No inverno, o gado come restolho (restos da colheita) e pisoteia as margens dos terraços.

Harrison (1992) também vê a tendência de se mover para as florestas e terras marginais mais como uma questão de idade (com os mais jovens como calouros) do que como uma categoria socioeconômica. Quanto a tomar posse de grandes concessões de floresta, aqueles com melhor situação econômica têm uma probabilidade muito maior de abrir clareiras e cultivá-las com mão-de-obra e tratores subcontratados (ou alugados). Relata ainda que, "mesmo antes de estar degradada, uma área marginal, por natureza, geralmente não produz bastante excedente para levar seus habitantes para fora do padrão de pobreza. Áreas e pessoas pobres destroem um ao outro". Há mais valor nessa análise, bem como na observação de que "o consumo e o lixo por pessoa também são menores entre os pobres". A conclusão é a de que, "de um modo geral, os pobres causam menos dano ao ambiente do que qualquer outro grupo. Eles são vítimas, não transgressores" (Harrison, 1992).

Vale a pena também lembrar que o acesso médio aos recursos naturais é afetado amplamente pela densidade populacional: a pressão populacional "é um elo reforçador e importante em reduzir esse acesso a setores de uma população agrária", de modo que, mesmo não causando a degradação da terra inevitavelmente, ela "pode, quase fatalmente, levar à pobreza extrema quando ocorre em países subdesenvolvidos e, principalmente, rurais" (Blaikie e Brookfield, 1987).

1.5.4.2. Posse da Terra

Com relação aos fatores que estimulam ou desencorajam os trabalhos de conservação da terra, argumenta-se que somente com a propriedade privada valeria a pena que os camponeses cuidassem da sustentabilidade de seus métodos de cultivo: "Tanto os sistemas de propriedade da terra quanto a posse e organização do negócio que não oferecem segurança ao produtor" são considerados "os principais obstáculos à conservação" (FAO, 1983). Um certo número de autores, especialmente Boserup (1981), afirmou que a mudança na propriedade da terra, de coletiva para individual, que geralmente surge conforme a terra se torna escassa, promove investimentos na produtividade dos proprietários.

Muito tem sido feito a respeito da superutilização dos recursos da propriedade comum (CPR — *Common Property Resources*), uma característica que está presente em muitas sociedades: "O crescimento populacional é mais provável de resultar em degradação, quando a terra é mantida em comum, sem regras que administrem seu acesso" (Jolly e Torrey, 1993). O destino dos CPR tem sido muito estudado, por exemplo, na Índia, por Jodha (1991), que registrou que a população elevada, em conjunto com as mudanças nas relações de mercado e privatização das terras, levou ao declínio no tamanho dos recursos da propriedade comum, uma maior pressão, e à diminuição da gestão comum; tudo isso precipitou a degradação das terras. Cleaver e Schreiber (1992) também observaram que o rápido crescimento populacional geralmente é responsável por colapsos na gestão comunal da terra, falhas no controle dos recursos e tragédias locais. Mas a posse conjunta não tem de levar a tais resultados. Onde se mantêm fortes sanções sociais e culturais, o uso pode permanecer sustentável; o problema, na realidade, está no acesso livre aos recursos.

Além disso, os sistemas de posse tradicionais têm sido, geralmente, mal entendidos e subestimados. Por exemplo, "sugere-se, geralmente, que a posse comunal é a norma no oeste da África e que os indivíduos, portanto, têm pouco incentivo para fazer quaisquer investimentos a longo prazo, nas fazendas. Esse argumento é questionável por alguns fatos. Primeiro, a expressão *posse comunal* é utilizada muito imprecisamente para cobrir diferentes formas de propriedade (por um líder, por uma linhagem etc.) e, mais importante, diferentes formas de gestão (por grupos inteiros, por representantes dos membros do grupo ou por indivíduos). Segundo, nem todas as formas de posse comunal induzem a falta de estímulos para investimentos a longo prazo". Fazendo um balanço, a ausência da posse individual não parece ser um obstáculo intransponível (Gorse e Steeds, 1987), já que a pressão populacional ou outros fatores não erodem as regras essenciais ao sistema.

O argumento de Boserup (1981) também "falha ao se referir que as mudanças induzidas na produção são sustentáveis e não trata das mudanças sucessivas na posse que geralmente ocorrem após a mudança para a propriedade individual", em especial os aspectos de distribuição: "Conforme os proprietários individuais adquirem terra, o potencial de concentração das terras nas mãos de poucos aumenta. Na verdade, o desenvolvimento de sistemas de posse da terra como o modelo ocidental, na África, levou algumas vezes à concentração dos direitos de acesso em certos grupos e removeu os métodos nativos de determinação do uso (Jolly e Torrey, 1993). Dessa forma, os acordos de arrendamento e meação surgiram entre os grandes proprietários e aqueles sem terra produtiva suficiente; mas "é pouco provável que os arrendatários façam investimentos de longo prazo, aumentando o potencial para a degradação" (Clay *et al.*, 1994).

Vários estudos têm mostrado as diferenças de comportamento entre proprietários e arrendatários. As terras arrendadas geralmente são as mais degradadas. Mas uma visão mais cuidadosa revela que arrendatários com direitos de uso a longo prazo podem ser tão inclinados a melhorar a terra quanto os proprietários. A segurança da posse, e não a propriedade, é decisiva, porque permite ao fazendeiro colher os benefícios de seus investimentos ou de seu controle, ao contrário dos arrendamentos de terra a curto prazo que estão "entre os modelos mais perniciosos", a partir desse ponto de vista (FAO, 1983).

1.5.4.3. Mercados e Políticas Públicas

Muitas das mudanças econômicas tipicamente associadas com a idéia de "modernização", inclusive a função econômica do Estado moderno, são vistas como afetando negativamente a gestão dos recursos naturais, ao nível local, tanto pelas autoridades da comunidade como pelos camponeses.

Em muitos locais, "o crescimento da monetarização produziu mudanças profundas nas instituições, expandiu as estruturas familiares, e suas práticas cautelosas de gestão dos recursos sofreram um colapso. As autoridades das comunidades locais, que deveriam ter tomado medidas políticas para controlar o abuso na exploração dos recursos, foram constantemente coagidas. A autoridade política cada vez mais centralizada também contestava a capacidade de tomar decisões, das corporações locais, para gerenciar seu ambiente" (Gorse e Steeds, 1987).

A tendência à urbanização na gestão macroeconômica também tinha sua função; por exemplo, promovendo "alimentação barata e combustível para os consumidores urbanos. À medida que os baixos preços ao produtor desencorajavam uma produção mais intensiva e o comportamento imprevisível das agências públicas de comercialização aumentava o risco aos fazendeiros, a abertura de clareiras para futura produção extensiva e/ou a abreviação dos períodos de pousio era promovida" (Gorse e Steeds, 1987). De uma forma mais geral, a alimentação barata e os baixos preços agrícolas mantiveram o valor da terra baixo, tornando sua conservação sem atrativos.

A promoção de culturas lucrativas pelos governos na busca de ganhos com a exportação geralmente acelerava também a exaustão do solo, porque as principais culturas deste grupo (cacau, café e algodão) são muito exigentes em nutrientes. A água para irrigação teve seu preço subvalorizado, levando à sua utilização excessiva e aos problemas associados. As facilidades de crédito inadequadas deram acesso a implementos modernos de difícil compreensão para os pequenos proprietários, e são, portanto, altamente responsáveis pelo fracasso na intensificação do cultivo. O valor agregado gerado pelos produtores foi confiscado pelas instituições estatais de comercialização. Em suma, as distorções das políticas agrícolas pedem correções para a causa da conservação ambiental.

1.6. Conclusões

Deve estar claro até aqui que a degradação das terras é o resultado de muitos fatores, alguns fora do controle do homem, e que é inútil procurar por um modelo de explicação unicausal (Blaikie e Brookfield, 1987). Provavelmente é impossível argumentar satisfatoriamente que uma das principais categorias de fatores geralmente é decisiva. Primeiro, a variabilidade de situações ao nível local é muito grande para sustentar qualquer generalização. E, depois, as alterações na população, os fatores sociais e tecnológicos são interligados, de modo que é impossível atribuir-lhes efeitos autônomos.

Enquanto nenhuma verdade geral puder ser proposta, é necessário, em situações de degradação iminente ou em andamento, procurar os fatores nos quais intervir. Um conceito útil a esse respeito é o de "cadeia de interpretação". A cadeia "se inicia com os gestores e suas relações diretas com a terra (rotação de culturas, uso da lenha como combustível, densidade dos estoques, investimentos de capital etc.). O próximo elo diz respeito a suas inter-relações, suas relações com outros usuários da terra e com grupos que fazem parte dessa sociedade e que a afetam de alguma forma, o que por sua vez determina a gestão da terra. A economia mundial e dos estados constituem os últimos elos na cadeia" (Blaikie e Brookfield, 1987). *A priori*, a pressão populacional parece se aplicar aos primeiros elos da cadeia.

Exceto em colapsos acidentais dos sistemas de produção, sob forças exógenas (secas, guerras etc.), o elemento comum na degradação ambiental é a pressão da produção sobre os recursos (Pavelis, 1983). Essa pressão pode surgir de vários fatores, inclusive de uma população grande ou em crescimento, das demandas externas de mercado, ou da natureza das produções ou criações. Ela também pode surgir de condições institucionais, sociais e econômicas que levam os gestores da terra à extração de excedentes, forçando-os por sua vez a extrair mais da terra do que é sustentável. Tais condições são: taxas e tributos pesados; salários muito baixos; negação de acesso aos recursos comuns da propriedade; baixo preço das mercadorias devido às políticas de preços ou distorções do mercado; o endividamento dos fazendeiros, entre outras.

CAPÍTULO 2

O Papel da Geomorfologia no Diagnóstico de Áreas Degradadas

2.1. A Ciência Geomorfológica

A Geomorfologia tem como principal objeto de estudo as formas de relevo. Além de estudar as formas de relevo, também são investigados os processos que deram origem a essas formas e os materiais que foram trabalhados pelos processos para resultar em diferentes formas. Nesse sentido, a Geomorfologia estuda toda a superfície da Terra, levando em conta os processos geomorfológicos, que modelam o relevo terrestre. O mau uso da terra pode provocar danos ambientais que repercutem em prejuízos para o homem ou mesmo em perdas de vidas humanas. Marques (2001) chama a atenção para os relevos, "que constituem os pisos sobre os quais se fixam as populações humanas e são desenvolvidas suas atividades, derivando daí valores econômicos e sociais que lhes são atribuídos. Em função de suas características e dos processos que sobre elas atuam, oferecem, para as populações, tipos e níveis de benefícios ou riscos dos mais variados. Suas maiores ou menores estabilidades decorrem, ainda, de suas tendências evolutivas e das interferências que podem sofrer dos demais componentes ambientais ou da ação do homem".

Nesse sentido, a Geomorfologia passa a ter um importante papel, juntamente com a Pedologia, no diagnóstico de áreas degradadas, porque todas, ou quase todas, as atividades que os seres humanos desenvolvem na superfície terrestre estão sobre alguma forma de relevo ou algum tipo de solo. Existe uma grande interface entre a Pedologia e a Geomorfologia, e do conhecimento integrado desses dois ramos do saber torna-se mais fácil não só diagnosticar danos ambientais, mas também utilizar esses conhecimentos para que possam estar à disposição dos técnicos e da sociedade, como um todo, para prognosticar a ocorrência dos danos e, conseqüentemente, evitá-los. Além disso, o conhecimento dos processos geomorfológicos pode ser de grande valia na recuperação de áreas degradadas, pois quando o técnico compreende bem os mecanismos existentes na dinâmica do relevo pode tornar sua atuação mais efetiva (Abrahams, 1986; Goudie, 1989 e 1990; Baccaro, 1999; Botelho, 1999; Almeida e Guerra, 2001).

A ciência geomorfológica procura compreender as formas de relevo, em diferentes escalas espaciais e temporais, explicando não só a sua gênese, mas também como evoluem no tempo e no espaço. Para que esse estudo atinja os objetivos colocados anteriormente, é preciso que o geomorfólogo tenha conhecimentos em vários campos do saber, tais como: Pedologia, Climatologia, Geologia, Biogeografia, Hidrologia etc., ou seja, as formas de relevo e os processos associados têm sua origem na combinação dos processos que ocorrem no interior do planeta (forças endógenas) e aquelas externas (forças exógenas), vindas da atmosfera. Nesse sentido, o geomorfólogo precisa estar sempre atento à conjugação dessas forças, pois, desde o surgimento do homem na Terra, ele tem provocado, na maioria das vezes, uma aceleração dos processos externos, tendendo quase sempre à instabilidade e, conseqüentemente, à ocorrência de danos ambientais, que podem acontecer gradativamente, como, por exemplo, o assoreamento de um rio, ou, então, podem ser catastróficos, como os grandes deslizamentos, que têm acontecido no município de Petrópolis, nas últimas décadas, provocando danos ambientais e perdas de vidas humanas (Gonçalves e Guerra, 2001).

2.2. O Estudo das Formas de Relevo e dos Processos Associados

O estudo das formas de relevo é de importância fundamental para a recuperação de áreas degradadas. Na realidade, as atividades econômicas que o homem desenvolve na superfície terrestre estão situadas sobre alguma forma de relevo e algum tipo de solo. Essas formas de relevo darão uma resposta, que pode ser mais catastrófica ou de menor impacto, dependendo do tipo de uso e manejo do solo, e também das características do meio físico (Gerrard, 1992; Goudie, 1995; Goudie e Viles, 1997; Guerra, 1999 e 2001; Cunha e Guerra, 2000; Fernandes e Amaral, 2000).

Nesse sentido, o estudo das formas de relevo e dos processos associados pode ser útil, não só na recuperação de áreas degradadas, mas também na prevenção da ocorrência de tais processos, que acontecem, em especial, sobre as encostas. Essas formas, que dominam grande parte da superfície terrestre, se caracterizam por possuir declividades a partir de 2º a 3º apenas, sendo limitadas, nas suas partes mais elevadas, por um interflúvio, e nas partes mais baixas, por um talvegue.

Além das encostas, existem áreas mais ou menos planas, entre 0º e 2º de declividade, que podem caracterizar áreas deprimidas, constituindo planícies, por exemplo, ou áreas elevadas, que podem caracterizar o topo das chapadas. Nas planícies, os processos geomorfológicos associados dominantes referem-se à deposição de materiais e infiltração e acúmulo de água nos solos, não ocorrendo quase erosão.

No topo das chapadas, com superfícies quase planas, predominam os processos de infiltração de água, que podem alimentar mananciais nas suas vertentes. O risco de erosão é muito pequeno no topo das chapadas, mas aumenta muito à medida que nos aproximamos da borda das chapadas. Quando o topo das chapadas possui declividade superior a 3º, já é o suficiente para produzir voçorocas, às vezes com mais de um quilômetro de comprimento e vários metros de largura, possuindo um até mais de dez metros de profundidade, desde que haja solo suficiente. O recuo das cabeceiras das voçorocas situadas nas suas vertentes, em direção ao topo das chapadas, pode causar uma série de impactos ambientais, muitas vezes de difícil recuperação. Esses impactos podem ser cicatrizes de movimentos de massa ou mesmo de voçorocas.

No estudo das formas e dos processos associados devem ser levados em conta também os materiais que constituem tais formas de relevo e que são trabalhados pela ação dos processos geomorfológicos. O especialista que trabalha na recuperação de áreas degradadas deve conseguir reconhecer os diferentes materiais onde as obras serão executadas. Esses materiais podem oferecer maior ou menor resistência à ação dos agentes externos. Por exemplo, solos com maior teor de areia fina e silte possuem maior suscetibilidade aos processos erosivos do que os solos mais argilosos. Não estamos aqui considerando outras propriedades físicas e químicas dos solos, mas apenas isolando a textura (Luk, 1979; Hadley *et al.*, 1985; Kerr, 1998; Mafra, 1999; Guerra, 2002; Guerra *et al.*, 2002; Lima-e-Silva *et al.*, 2002).

No caso da encosta a ser recuperada, por exemplo, após a ocorrência de um movimento de massa, há que se considerar uma série de variáveis, tais como: textura, contato solo/rocha abrupto, existência de fraturas no material rochoso, presença de matacões na matriz do solo, forma, declividade e comprimento das encostas etc.

Em resumo, caso todos esses parâmetros aqui abordados não sejam levados em conta em um projeto de recuperação de áreas degradadas, corre-se um grande risco de insucesso, com o conseqüente desperdício de recursos, podendo, em algumas situações, colocar em risco a vida das pessoas, no entorno da obra executada.

2.3. Contribuição da Geomorfologia no Diagnóstico de Áreas Degradadas

Como as várias formas de degradação ambiental ocorrem sobre alguma forma de relevo, a Geomorfologia pode dar uma grande contribuição nesse campo. A Geomorfologia estuda as formas de relevo, que são esculpidas por processos associados e constituídas por diferentes materiais. O geomorfólogo precisa, conseqüentemente, ter conhecimentos relacionados à Geologia, Pedologia, Hidrologia, Climatologia, Biogeografia etc.

O que temos visto, na maioria dos casos, são obras de recuperação, sem levar em conta a dinâmica do relevo, ou seja, sem considerar como uma determinada forma de relevo evoluiu, bem como um determinado impacto ambiental associado chegou a acontecer. Dessa forma, tais obras acabam, muitas vezes, durando pouco tempo ou, então, seu custo pode ser superestimado ou até mesmo subestimado. Com isso, os recursos financeiros, que são escassos nos países em desenvolvimento, acabam não sendo bem utilizados.

A área atingida quase sempre tem alguma implicação geomorfológica e, nesse sentido, a análise das formas de relevo, dos processos associados e dos materiais constituintes, quando bem caracterizada, tem tudo para que a obra seja bem-sucedida, evitando gastos futuros, bem como podendo também colocar em risco a segurança das pessoas que vivem no seu entorno.

Os conhecimentos proporcionados pela Geomorfologia, quando bem utilizados pela empresas que fazem obras de recuperação de áreas degradadas, podem tanto tornar a obra mais segura e efetiva como, em muitos casos, até reduzir os gastos envolvidos. Isso porque, através do reconhecimento científico dos processos geomorfológicos pelos quais a área atingida passou, o técnico responsável pela obra, que muitas vezes é um engenheiro, pode dimensionar bem o tipo de obra e de materiais necessários para que esta seja, ao mesmo tempo, eficaz, duradoura e que atinja os objetivos propostos.

A associação dos conhecimentos proporcionados pela Geomorfologia, Geologia, Hidrologia, Pedologia, Biogeografia e Climatologia, em conjunto com o uso e manejo do solo, na área atingida é de importância fundamental para que a obra tenha eficiência. Dessa forma, destacamos que o conhecimento sobre a dinâmica do relevo pode auxiliar muito os técnicos envolvidos na recuperação de áreas degradadas, porque as áreas que são alvo de recuperação estão situadas sobre alguma forma de relevo, que estão em constante evolução no tempo e no espaço, e tal conhecimento científico não pode ser desconsiderado (Morgan, 1986; Oliveira, 1999; Palmieri e Larach, 2000; Marçal e Guerra, 2001).

2.4. A Importância do Estudo das Encostas

As encostas possuem uma grande importância para a recuperação das áreas degradadas, porque, na maioria das vezes, a degradação acontece sobre alguma encosta, podendo ocorrer também em áreas planas, mas as áreas que apresentam alguma declividade, sendo limitadas nas suas partes mais elevadas por um interflúvio e nas suas partes mais baixas por um talvegue, são, geralmente, aquelas mais afetadas.

O técnico precisa, conseqüentemente, saber identificar muito bem que tipo de encosta está sendo analisado, bem como quais são os materiais existentes e quais os processos geomorfológicos que estão atuando, bem como quais os principais processos que deram origem àquela encosta. Os processos de degradação estão, na maioria das vezes, relacionados a tais processos. Conseqüentemente, fica muito difícil querer recuperar uma determinada área danificada, sem conhecer a dinâmica daquela área. Melhor dizendo, é possível "recuperar" aquela área, mas a garantia de durabilidade da obra pode ser comprometida pela ausência de um diagnóstico, onde a análise dos processos que deram origem ao dano ambiental não foi considerada. Os custos com as obras podem, dessa forma, ser subestimados ou até superestimados, quando a recuperação não faz um levantamento detalhado das causas do impacto, mas apenas atua sobre as suas conseqüências. Isso pode levar a um manejo inadequado dos ambientes que estão sendo atingidos por processos de degradação ambiental, não sendo resolvido o problema anteriormente identificado (Parsons, 1988; Selby, 1990 e 1993; Dickinson e Collins, 1998; Fernandes e Amaral, 2000; Drew, 2002; Guerra, 2003).

Dessa maneira, recomendamos que um estudo detalhado das formas das encostas (côncava, convexa e retilínea), bem como da sua declividade e do seu comprimento, seja realizado. Além disso, é preciso identificar quais os principais tipos de solos existentes, bem como suas propriedades físicas e químicas, que podem ter um peso importante no processo de degradação e de recuperação. Por fim, a compreensão da dinâmica dos processos atuantes que deram origem à degradação, que pode ser relacionada à presença de erosão dos solos, ou então de movimentos gravitacionais de massa, onde grandes quantidades de solo e/ou rocha podem ser transportadas num tempo muito curto, causando, quase sempre, grandes impactos ambientais, com riscos de perdas materiais e de vidas humanas.

Sendo assim, insistimos no estudo detalhado das encostas, como uma possibilidade de se conseguir, ao mesmo tempo, entender a sua dinâmica e também poder resolver mais definitivamente o problema ambiental que tenha ocorrido, ou seja, muitas das obras que observamos nas cidades não levam em conta essas variáveis, e, conseqüentemente, aquilo a que temos assistido é a realização de obra após obra nas mesmas áreas atingidas, muitas delas em intervalos de poucos anos apenas (Guerra, 2003).

2.5. *A Importância do Estudo das Bacias Hidrográficas*

As bacias hidrográficas assumem grande importância na recuperação de áreas degradadas, por vários motivos. Um deles é o fato de grande parte dos danos ambientais que ocorrem na superfície terrestre estar situada nas bacias hidrográficas. Nesse sentido, é preciso conhecer a sua formação, constituição e dinâmica, para que as obras de recuperação não sejam apenas temporárias e sem grande eficácia.

As bacias se caracterizam por serem constituídas por um rio principal e seus afluentes, que transportam água e sedimentos, ao longo dos seus canais. Elas são delimitadas pelos divisores de águas, que separam uma bacia da outra e, internamente, existem elevações que são denominadas de interflúvios, que dividem sub-bacias hidrográficas.

Não podemos pensar numa bacia hidrográfica levando-se em conta apenas os processos que ocorrem no leito dos rios, porque grande parte dos sedimentos que eles transportam é oriunda de áreas situadas mais a montante, vindos das encostas, que fazem parte da bacia hidrográfica. Portanto, qualquer dano que aconteça numa bacia hidrográfica vai ter conseqüências diretas ou indiretas sobre os canais fluviais. Os processos de erosão de solos, bem como movimentos de massa, vão fazer com que o escoamento superficial transporte os sedimentos oriundos desses danos ambientais para algum rio que drena a bacia. Conforme a proximidade da área atingida, esses materiais podem chegar imediatamente ao rio ou podem levar algum tempo para que tal aconteça. Isso tem causado o assoreamento dos rios e também dos reservatórios construídos para produção de energia hidrelétrica, bem como os açudes, para obtenção de água, em especial nos períodos de seca (Botelho, 1999; Cunha e Guerra, 2000; Coelho, 2001; Blum, 2002; Cunha, 2003).

Dessa forma, é muito importante que os técnicos envolvidos em obras de recuperação dos canais fluviais conheçam bem essa dinâmica das bacias hidrográficas, porque qualquer obra que seja feita nos canais vai ter alguma repercussão imediata, ou a médio e longo prazos sobre o próprio canal, como sobre a bacia como um todo (Cunha, 2003). Obras, por exemplo, de retificação de canais, se por um lado aliviam as enchentes que ocorrem num determinado ponto da bacia, geralmente aumentam significativamente a velocidade dos rios, aumentando a carga de sedimentos transportada, podendo causar assoreamento, mais a jusante, no próprio rio ou, então, em alguma baía, lago ou reservatório. É o que acontece, por exemplo, com a Baía de Guanabara, no Estado do Rio de Janeiro. Nesse caso específico, isso é acelerado pelo desmatamento que vem ocorrendo, há séculos, na Serra do Mar, bem como no entorno da baía.

Enfim, qualquer obra feita num canal fluvial ou mesmo nas encostas situadas numa bacia hidrográfica há que considerar a dinâmica de ambos, bem como as relações existentes entre as encostas e os canais fluviais que drenam a área atingida. Caso contrário, as obras podem não atender plenamente aos objetivos propostos, sendo mais gasto de dinheiro público, como, aliás, tem ocorrido em várias situações no Brasil.

2.6. Conclusões

Pelo que se viu, fica muito difícil ou quase impossível se fazer um trabalho adequado de recuperação de áreas degradadas, sem compreender a dinâmica do relevo terrestre, onde se esteja atuando, no sentido de recuperar a área atingida. Nesse sentido, enfatizamos, mais uma vez, que os conhecimentos teóricos, conceituais e metodológicos resultantes do avanço das pesquisas em Geomorfologia estão à disposição dos técnicos, do Poder Público e da sociedade em geral, para que tais obras possam realmente ser benéficas para a população e para o meio ambiente atingido, por um longo prazo e, muitas vezes, a um custo que não precisa ser necessariamente elevado.

A Geomorfologia, preocupada com as formas de relevo existentes na superfície terrestre, bem como com os processos que deram origem a essas formas e os materiais constituintes, procura dar conta de entender não só o quadro atual, em termos de relevo, de uma determinada área, mas também, por meio de modelos e do emprego de Sistemas de Informação Geográfica (SIGs), procura também prognosticar o futuro de uma área, em termos de poder, com uma grande probabilidade de acerto, definir quais as áreas de maior risco, em termos de deslizamentos, erosão, enchentes etc. Por meio desse conhecimento científico, o técnico que está atuando em um determinado ambiente poderá conseguir uma margem de acerto muito maior, economizando recursos financeiros, bem como poupando vidas humanas e conservando os bens materiais existentes, por exemplo, numa cidade.

Fica claro, dessa forma, que a Geomorfologia pode e deve dar sua contribuição na recuperação de áreas degradadas, através, de preferência, da atuação de grupos interdisciplinares, onde o geomorfólogo seja aquele profissional que vai fornecer subsídios, ao restante da equipe, nas questões que dizem respeito ao relevo, solos, hidrologia, enfim, ao terreno onde a obra está sendo feita. Dessa forma, fica claro também que sem esse conhecimento fica muito difícil que as obras tenham durabilidade e resistência, a menos que se gastem recursos bem acima daqueles necessários. Afinal de contas, como foi dito no início deste capítulo, todas as maneiras de ocupação na superfície terrestre são feitas sobre alguma forma de relevo e sobre algum tipo de solo, que, conforme o nível de degradação provocado pelo homem e o grau de resistência do meio físico atingido, darão as suas respostas.

CAPÍTULO 3

AMBIENTE URBANO E INDUSTRIAL

A urbanização de bacias hidrográficas coloca desafios especiais para o profissional da área de degradação ambiental. Pesquisas recentes mostraram que os rios formadores de bacias hidrográficas urbanas têm um caráter fundamental de diferenciação, quando comparados com os pertencentes às bacias hidrográficas florestais, rurais ou mesmo agrícolas. A quantidade de superfície impermeável pode ser utilizada como um indicador para se prever o quão graves podem ser essas diferenças. Em muitas regiões urbanas, havendo um valor tão baixo quanto 10% de cobertura impermeável da bacia hidrográfica já é suficiente para ocorrer a degradação, sendo que se torna mais severa quanto maior se torna a cobertura impermeável (Schueler, 1995).

A impermeabilização influencia diretamente os cursos d'água urbanos através do aumento dramático no escoamento superficial (*runoff*) durante os eventos de tempestade. Dependendo do grau de impermeabilização da bacia hidrográfica, o volume anual de escoamento superficial da água da chuva pode aumentar duas a dezesseis vezes (em relação à taxa pré-desenvolvimento), com reduções proporcionais na recarga das águas subterrâneas (Schueler, 1995).

3.1. A Urbanização e seus Impactos

A urbanização sempre ocorreu primeiro em áreas costeiras, e essa tendência histórica continua. Os impactos negativos da urbanização nessas e em áreas estuarinas têm sido bem documentados em um grande número de fontes.

Durante a urbanização, os espaços permeáveis, inclusive áreas vegetadas e bosques, são convertidos para usos que, geralmente, provocam o aumento de áreas com a superfície impermeável, resultando no aumento de volume do escoamento superficial e da carga de poluentes. Embora a urbanização possa melhorar o uso do solo para uma grande variedade de condições ambientais (USEPA, 1977), ela geralmente resulta em alterações nas características físicas, químicas e biológicas da bacia hidrográfica. A cobertura vegetal é retirada da terra e começam a ocorrer atividades de corte e aterro, que aumentam o potencial de desenvolvimento da área. Por exemplo, depressões naturais que originalmente eram reservatórios temporários da água são niveladas, aumentando o volume do escoamento superficial durante as chuvas (Schueler, 1987). Conforme a densidade populacional aumenta, há também um aumento correspondente nas cargas de poluentes geradas pelas atividades humanas. Esses poluentes entram nas águas superficiais, via escoamento superficial, sem serem submetidos a nenhum tipo de tratamento.

3.1.1. Alterações na Hidrologia

Conforme a urbanização acontece, as mudanças na hidrologia natural de uma área são inevitáveis. Mudanças hidrológicas e hidráulicas ocorrem em resposta à limpeza do terreno, à terraplenagem e à adição de superfícies impermeáveis (Schueler, 1987). Os maiores problemas são o grande aumento nos volumes de escoamento superficial e as subseqüentes cargas de erosão e sedimentos às águas superficiais que acompanham essas mudanças na paisagem. Existem relatos que informam que o descontrole nas cargas de sedimentos provenientes de canteiros de obras é da ordem de 86 a 111t/ha (Yorke e Herb, 1978; Novotny, 1991). As cargas provenientes de áreas florestadas não perturbadas são, tipicamente, de menos de 4t/ha por ano (Leopold, 1968).

As alterações hidrológicas na bacia hidrográfica são ampliadas após a construção da cidade estar completa. As superfícies impermeáveis, tais como telhados, ruas, estradas, estacionamentos e calçadas, diminuem a capacidade de infiltração do solo e resultam em um grande aumento no volume do escoamento superficial. O fluxo elevado também necessita da construção de uma rede de águas pluviais ou a modificação dos sistemas de drenagem existentes, para se evitar a erosão das margens de rios e das encostas. As mudanças na hidrologia dos cursos d'água resultantes da urbanização incluem o seguinte (Schueler, 1987):

- Elevação do pico de descargas, quando comparado aos níveis de pré-desenvolvimento (Leopold, 1968).
- Aumento no volume do escoamento superficial urbano produzido em cada tempestade, em comparação com as condições de pré-desenvolvimento.
- Diminuição do tempo necessário para que o escoamento superficial alcance o curso d'água (Leopold, 1968), especialmente se foram realizados melhoramentos na rede de drenagem.
- Aumento da freqüência e magnitude dos alagamentos.
- Redução no fluxo dos cursos d'água, durante períodos prolongados de seca, devido ao nível reduzido da infiltração na bacia hidrográfica.
- Maior velocidade do escoamento superficial durante as tempestades, devido aos efeitos combinados de maiores picos de descarga, rápido tempo de concentração e superfícies hidráulicas mais lisas, que ocorrem como resultado do desenvolvimento urbano.

Um resumo desses impactos utilizando um modelo histórico de urbanização foi apresentado por Savini e Kammerer (1961) e é reproduzido na Tabela 3.1. É importante enfatizar que as perturbações hidrológicas geralmente produzem efeitos muito mais prejudiciais na qualidade da água do que em sua quantidade.

As Figuras 3.1 e 3.2 ilustram as modificações nas características do escoamento superficial resultantes do aumento de áreas impermeáveis. Outras características dos sistemas aquáticos que são afetadas pela urbanização incluem o volume total da vazão do escoamento superficial da bacia hidrográfica, magnitude e freqüência dos alagamentos, erosão do canal e geração de sedimentos e o regime de temperatura (Klein, 1985).

Tabela 3.1 — Estágios do desenvolvimento urbano e seus diversos impactos hidrológicos

Estágio	Impacto
1. Transição do estágio pré-urbano para o urbano inicial	
(a) Remoção de árvores ou vegetação	Redução na transpiração e aumento no fluxo de chuvas
(b) Perfuração de poços	Rebaixamento do lençol freático
(c) Construção de fossas sépticas etc.	Aumento na umidade do solo e possível contaminação
2. Transição do urbano inicial para o urbano médio	
(a) Retirada total da vegetação	Erosão acelerada do solo
(b) Construção maciça de casas etc.	Redução na infiltração
(c) Uso descontínuo e abandono de alguns poços rasos	Elevação do lençol freático
(d) Desvio de rios próximos para o fornecimento ao público	Redução no *runoff* entre os pontos de desvio
(e) Esgoto sanitário não tratado ou tratado inadequadamente em rios e poços	Poluição de rios e poços
3. Transição do urbano médio para completamente urbano	
(a) Urbanização da área completada pela adição de mais prédios	Redução na infiltração e rebaixamento do lençol freático; picos mais altos de alagamento e fluxos d'água mais baixos
(b) Quantidades maiores de resíduos não tratados em cursos d'água locais	Aumento da poluição
(c) Abandono dos poços rasos remanescentes	Elevação do lençol freático
(d) Aumento da população necessitando do estabelecimento de novos sistemas de distribuição de água	Aumento no fluxo dos cursos d'água locais se o suprimento é proveniente de uma bacia externa
(e) Canais de rios restritos, pelo menos em parte, por canais e túneis artificiais	Estágio mais alto para um dado fluxo d'água (portanto, um aumento dos danos por alagamento)
(f) Construção de sistema de drenagem sanitária e estação de tratamento de esgoto	Retirada de mais água do local
(g) Melhoramento do sistema de drenagem pluvial	Impacto positivo
(h) Perfuração de poços industriais mais profundos e com maior capacidade	Pressão d'água mais baixa, subsidência, salinização da água

Fonte: Savini e Kammerer (1961).

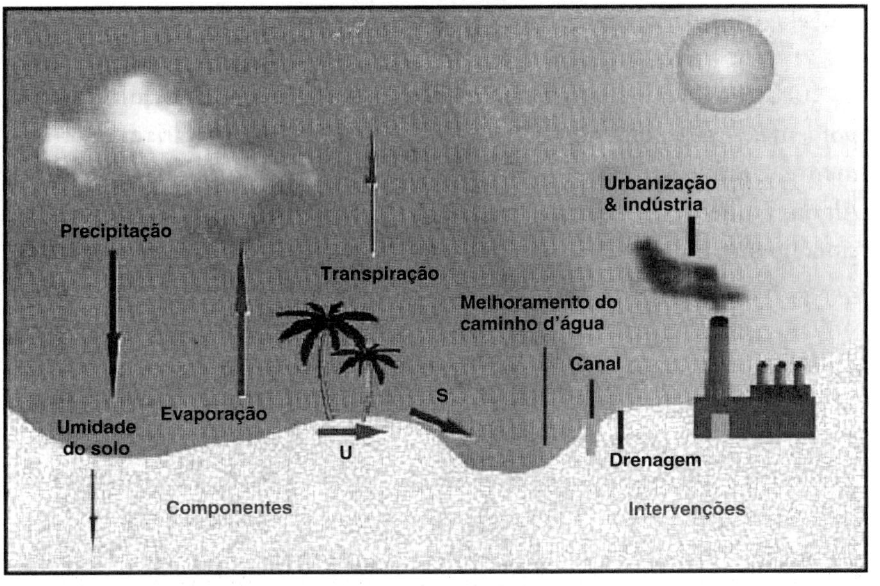

Figura 3.1 — Principais componentes e intervenções humanas no ciclo hidrológico. U = Fluxo subsuperficial. S = Escoamento superficial (*runoff*).

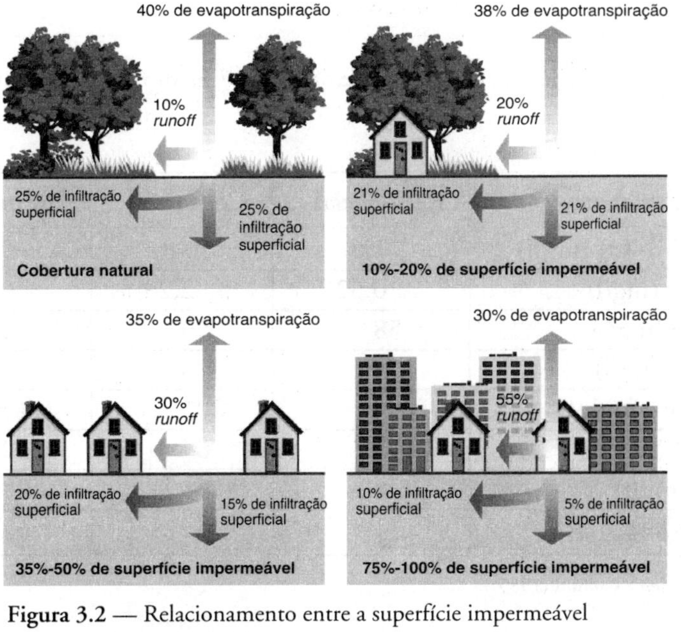

Figura 3.2 — Relacionamento entre a superfície impermeável e o escoamento superficial.

Fonte: FISRWG (1998).

3.1.2. Alterações na Qualidade da Água

O desenvolvimento urbano também causa aumento na quantidade de poluentes. Esses poluentes que ocorrem em áreas urbanas variam enormemente, desde matéria orgânica comum até metais altamente tóxicos. Alguns poluentes, tais como inseticidas e fertilizantes, são utilizados intencionalmente no ambiente urbano. Outros tipos de poluentes, inclusive os gases provenientes das descargas dos automóveis e os pingos de óleo provenientes de carros e caminhões, são o resultado indireto das atividades urbanas (USEPA, 1977).

Muitos pesquisadores conectam a urbanização à degradação de corpos d'água urbanos (Klein, 1985; Schueler, 1987; Livingston e McCarron, 1992). Os principais poluentes encontrados no escoamento superficial de áreas urbanas incluem sedimentos, nutrientes, substâncias consumidoras do oxigênio dissolvido, metais pesados, hidrocarbonetos do petróleo, bactérias e vírus patogênicos. A Tabela 3.2 mostra exemplos de cargas de poluentes de áreas urbanas. A Tabela 3.3 descreve as potenciais fontes de poluentes do escoamento superficial urbano.

Tabela 3.2 — Concentrações estimadas de *runoff* médio para diferentes usos da terra

Parâmetro	Residencial	Comercial	Industrial
$NO_3 + NO_2$ (mg/l)	1,8	0,8	0,93
P total (mg/l)	0,62	2,29	0,42
Cobre (mg/l)	58	50	32
Zinco (mg/l)	254	418	1,06
Chumbo (mg/l)	293	203	115
DQO (mg/l)	102	84	62
SST (mg/l)	228	168	108
DBO (mg/l)	13	14	62

Fonte: Whalen e Cullum (1989).

Tabela 3.3 — Fontes de poluentes do escoamento superficial urbano

Fonte	Potenciais poluentes
Erosão	Sedimentos e nutrientes do solo, matéria orgânica e outros poluentes adsorvidos
Deposição atmosférica	Hidrocarbonetos emitidos por automóveis, poeira, hidrocarbonetos aromáticos, metais e outros produtos químicos liberados pelas atividades industriais e comerciais
Materiais de construção	Metais provenientes do esmerilhamento de pedras, calhas e telhas, canos galvanizados e placas metálicas, tintas e madeiras
Produtos manufaturados	Metais pesados, alifáticos halogenados, éster ftalato, outros voláteis e pesticidas e fenóis provenientes de usos industrial, agrícola e outros
Plantas e animais	Resíduos de plantas e excrementos de animais
Conexões de águas não-pluviais	Descargas acidentais ou deliberadas de esgoto sanitário, e águas residuais industriais para os sistemas de drenagem pluvial
Sistemas de disposição	Nutrientes e patógenos provenientes de sistemas mal localizados

Fonte: Woodward-Clyde (1990).

3.2. Fontes não Pontuais de Poluentes e seus Impactos

A discussão a seguir identifica os principais tipos de poluentes encontrados no escoamento superficial urbano e descreve seus potenciais efeitos adversos.

3.2.1. Sedimentos

O escoamento superficial em terras desprotegidas leva à erosão. As maiores taxas de erosão são produzidas em áreas urbanas, durante o período de construção, quando há uma grande quantidade de solo exposto e perturbações produzidas pelas escavações. A concentração de sedimentos em suspensão em rios e cursos d'água, para onde as águas dos canteiros de obras drenam, é muito mais alta (até cem vezes) do que aquelas em áreas não perturbadas. Uma vez que a construção cesse, as taxas de erosão caem dramaticamente (Goudie, 1989 e 1990).

Os sedimentos em suspensão constituem a maior parte da carga de poluentes nas águas superficiais. Os sedimentos causam impactos, a longo e curto prazos, nas águas superficiais. Entre os impactos negativos imediatos provocados pelas altas concentrações de sedimentos estão o aumento da turbidez, a redução na penetração de luz e a diminuição da vegetação aquática submersa (*Chesapeake Advisory Committee*, 1988), a respiração deficiente de peixes e invertebrados aquáticos, a redução da fertilidade e a deterioração dos recursos pesqueiros comerciais e de lazer. A deposição de sedimentos pesados em águas superficiais de baixa velocidade pode resultar no sufocamento das comunidades bentônicas, aumento da sedimentação de cursos d'água, alterações na composição do substrato de fundo e degradação de valor estético. Efeitos crônicos adicionais podem ocorrer onde sedimentos ricos em matéria orgânica ou argila estão presentes. Esses depósitos enriquecidos de sedimentos podem apresentar um risco contínuo à vida aquática e bentônica, especialmente onde os sedimentos são perturbados e de novo suspensos.

3.2.2. Nutrientes

Os problemas resultantes dos elevados níveis de fósforo e nitrogênio são bem conhecidos. Cargas excessivas de nutrientes a ecossistemas aquáticos podem resultar em eutrofização e redução dos níveis de oxigênio dissolvido (OD), devido às elevadas populações de fitoplâncton. As hipoxia e anoxia induzidas pela eutrofização resultam em mortandade de peixes e na destruição disseminada dos *habitats* bentônicos (Harper *et al.*, 1989). Podem ocorrer também a formação de limo superficial de algas, a descoloração da água e a liberação de toxinas provenientes dos sedimentos. A composição e o tamanho da população das espécies, entre os produtores primários, podem ser alterados pelo aumento nos níveis de nutrientes (GESAMP, 1990).

3.2.3. Substâncias Consumidoras de Oxigênio

Níveis apropriados de oxigênio dissolvido (OD) são cruciais para se manter a qualidade da água e da vida aquática. A decomposição da matéria orgânica pelos microorganismos pode exaurir os níveis de oxigênio dissolvido e resultar na deterioração do corpo d'água. Dados mostram que o escoamento superficial urbano com altas concentrações de matéria orgânica em decomposição pode diminuir gravemente os níveis de oxigênio dissolvido após uma tempestade (USEPA, 1983). Em um estudo de Novotny (1991) foi relatado que as substâncias consumidoras de oxigênio podem estar presentes no escoamento superficial urbano, em concentrações equivalentes a descargas de um tratamento secundário.

3.2.4. Patógenos

O *runoff* urbano contém níveis elevados de organismos patogênicos. A presença de patógenos no escoamento superficial pode resultar na deterioração de corpos d'água que podem ser fontes de água potável, tornando-se contaminada e imprópria para consumo. Se a contaminação ocorrer próximo a áreas costeiras, pode até alcançar as reservas de moluscos, provocando o seu fechamento para uso humano. Esse problema é predominante principalmente em áreas com solos arenosos ou porosos.

3.2.5. Hidrocarbonetos

Os hidrocarbonetos são derivados do petróleo, e a fonte da maior parte de tais poluentes encontrados no *runoff* urbano são os veículos que vazam óleo. Muitas oficinas e automecânicas descartam o óleo utilizado diretamente nos drenos de águas pluviais. As concentrações de hidrocarbonetos do petróleo geralmente são altas o suficiente para causar a morte de organismos aquáticos.

Óleos e graxas contêm uma grande variedade de compostos hidrocarbonetos. Alguns hidrocarbonetos aromáticos polinucleares (PAH) são bem conhecidos por serem tóxicos à vida aquática em baixas concentrações. Os hidrocarbonetos têm uma grande afinidade com sedimentos e se acumulam nos sedimentos de fundo, onde podem persistir por longos períodos e resultar em impactos adversos nas comunidades bentônicas. Os lagos e estuários são particularmente dispostos a sofrer esse fenômeno.

3.2.6. Metais Pesados

Os metais pesados também são encontrados no *runoff* urbano. Klein (1985), por exemplo, relata em um estudo na Bacia do Chesapeake que o escoamento superficial urbano é a fonte de 6% de cádmio, 1% de cromo, 1% de cobre, 19% de chumbo e 2% de zinco.

Os metais pesados são preocupantes por causa de seus efeitos tóxicos na vida aquática e seu grande potencial em contaminar as águas subterrâneas. O cobre, o chumbo e o zinco são os poluentes predominantes encontrados no *runoff* urbano. Altas concentrações de metais pesados podem se acumular biologicamente em peixes e moluscos e causam impactos negativos na bacia hidrográfica afetada.

3.3. *Outros Impactos*

Outros impactos não relacionados a um poluente específico também podem ocorrer como resultado da urbanização, como mudanças de temperatura resultantes de maiores vazões, da remoção da cobertura vegetal e dos aumentos nas superfícies impermeáveis. Superfícies impermeáveis agem como absorvedores de calor, aquecendo o escoamento superficial urbano, conforme ele passa sobre essas superfícies. Dados recentes indicam que a urbanização intensiva pode aumentar a temperatura do curso d'água em até 5° a 10°C durante pancadas de chuva (Galli e Dubose, 1990). Cargas térmicas atrapalham os organismos aquáticos que se ajustaram extremamente bem aos limites de temperatura. A salinidade também pode ser afetada pela urbanização.

O aumento da área superficial impermeável e a presença de sistemas de drenagem de águas pluviais geralmente resultam em picos elevados do fluxo nos cursos d'água, durante e após as precipitações. Esses pulsos rápidos de água na bacia hidrográfica podem ser duas a dez vezes maiores do que o normal (ABAG, 1991), podendo acarretar a diminuição de organismos aquáticos vivendo no corpo d'água que recebe esse fluxo (McLusky, 1989).

A alteração da hidrologia natural, devido à urbanização e ao conseqüente desvio e canalização das águas pluviais, e a destruição dos sistemas de drenagem natural têm resultado na degradação ou destruição de vários ecossistemas aquáticos (mangues, rios, estuários etc.). As áreas estuarinas também têm sido impactadas pelas alterações nas taxas e modelos históricos de deposição de sedimentos. Os projetos planejados para evitar os alagamentos e que causam modificações na hidrologia podem reduzir as taxas de sedimentação e diminuir o assoreamento de corpos d'água (Cahoon *et al.*, 1983).

CAPÍTULO 4

EROSÃO SUPERFICIAL E MOVIMENTOS DE MASSA

O ciclo hidrológico é de fundamental importância para o processo erosivo, pois descreve a seqüência da transferência de água proveniente da precipitação para as águas superficiais e subterrâneas, para o armazenamento e escoamento superficial (*runoff*) e para o eventual retorno à atmosfera pela evapotranspiração (Figura 4.1). Parte da água da chuva cai diretamente no solo, outra parte é interceptada pela cobertura vegetal, ou chega até o solo, através do gotejamento das folhas e pelo fluxo de tronco (*stemflow*). Essa água que chega ao solo, diretamente pelo impacto das gotas ou indiretamente após ser interceptada pela cobertura vegetal, é que vai participar da erosão. A água pode tomar vários caminhos: primeiro causa o *splash*, depois se infiltra, aumentando o teor de umidade, podendo saturar o solo, e, finalmente, pode se armazenar nas irregularidades do solo, formando as poças que eventualmente poderão dar início ao escoamento superficial (Guerra, 1999).

Áreas montanhosas e elevadas são sujeitas à degradação e desgaste pelos processos similares de erosão superficial, subsuperficial e movimento de massa. Taludes de corte e aterro, encostas de represas, aterros sanitários e resíduos industriais, por exemplo, estão sujeitos aos mesmos processos de degradação.

De forma a controlar ou evitar esse desgaste da superfície da terra, primeiro é necessário entender esses dois processos de degradação e os fatores que os controlam. Apesar de esses dois processos dividirem muitas semelhanças, também diferem em características importantes. A erosão super-

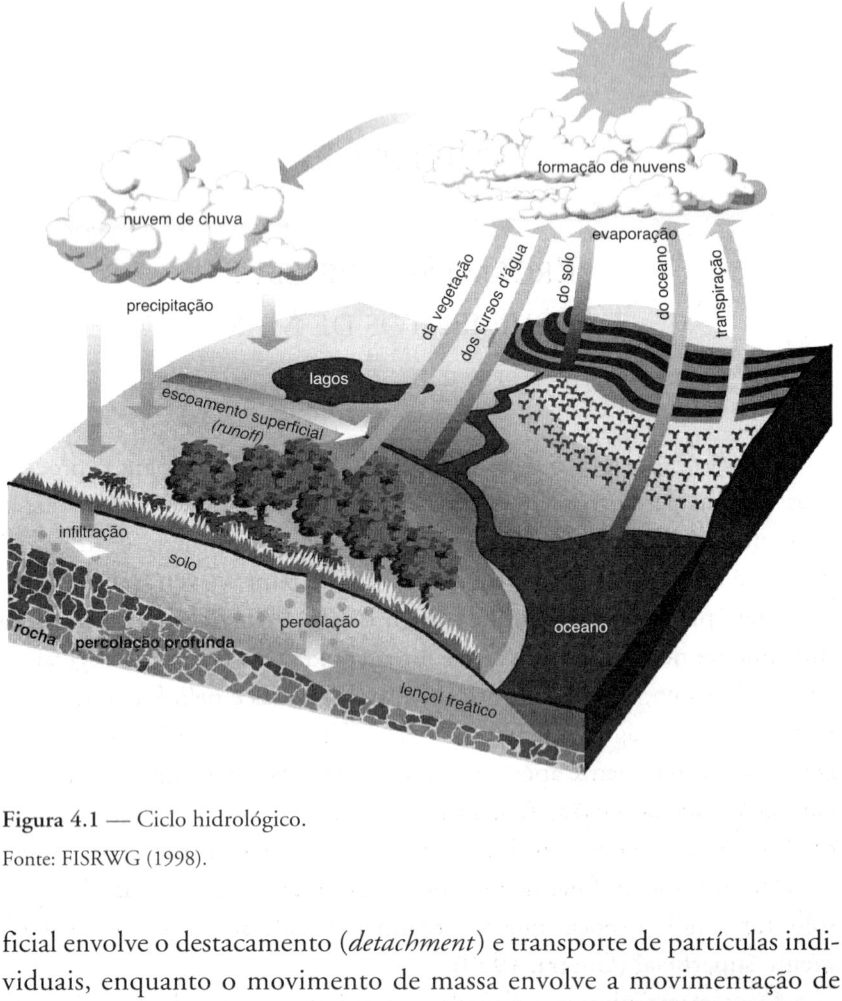

Figura 4.1 — Ciclo hidrológico.

Fonte: FISRWG (1998).

ficial envolve o destacamento (*detachment*) e transporte de partículas individuais, enquanto o movimento de massa envolve a movimentação de massas, inicialmente intactas de solo, relativamente grandes e/ou rochas, ao longo de planos de cisalhamento importantes. A gravidade é a principal força condutora do movimento de massa; o vento e a água são os principais agentes da erosão. A função da vegetação também difere substancialmente entre esses dois processos (Morgan, 1986; Goudie, 1989 e 1990; Guerra, 2003).

4.1. Definições

4.1.1. Erosão Superficial

Erosão superficial ou erosão do solo é a remoção das camadas superficiais do solo pelas ações do vento e da água (em países do Hemisfério Norte existe ainda o gelo). A erosão do solo envolve um processo de *destacamento* e *transporte* de partículas por esses agentes. A erosão é iniciada por forças de arrasto, de impacto ou de tração agindo em partículas individuais da superfície do solo. Processos de intemperismo, como a ação do congelamento e o ciclo umidade-secura, preparam o terreno para a erosão, quebrando as rochas em partículas menores e enfraquecendo as ligações entre as partículas.

Os dois tipos mais comuns de erosão são a pluvial e a eólica. A erosão pluvial se inicia com as próprias gotas de chuva. Quando essas gotas colidem com o solo desnudo e sem cultivo podem desacomodar e mover as partículas de solo a uma distância surpreendente (Figura 4.2). No princípio do escoamento superficial, a água é coletada em pequenas canaletas,

Figura 4.2 — Impacto de uma gota de chuva.
Foto: Gustavo Araujo

que podem erodir mais e evoluir para pequenos canais chamados *ravinas*. Essas podem, eventualmente, coalescer em canais maiores e mais profundos, chamados *voçorocas*, um processo complexo e destrutivo que, uma vez iniciado, é difícil de parar. As superfícies do solo expostas, ou não protegidas, são as mais vulneráveis a todas as formas de erosão superficial.

A erosão também pode ocorrer ao longo das margens de rios, onde a velocidade do fluxo d'água é alta e a resistência do material da margem geralmente é baixa. Períodos contínuos ou prolongados de inundação combinados com uma variedade de outros processos de degradação também fazem da proteção da margem do curso d'água uma tarefa muito difícil. A formação de dutos ou o solapamento de nascentes (insurgência de olhos-d'água) são ainda outros tipos de erosão, causados pela infiltração e emergência de água da face de uma encosta não protegida.

4.1.2. Movimento de Massa

Movimento de massa é uma expressão descritiva para o movimento descendente de materiais que formam a encosta — rochas, solos, enchimentos artificiais ou a combinação desses materiais. Os movimentos de massa são popularmente conhecidos como deslizamentos de terra. Falando estritamente, entretanto, os deslizamentos se referem a um tipo particular de movimento de massa.

Ao contrário da erosão do solo, o movimento de massa envolve o deslizamento, tombamento, queda ou dilatação de massas razoavelmente grandes e, algumas vezes, relativamente intactas. Os movimentos de massa foram classificados em categorias baseadas principalmente no tipo de movimento e material envolvido (Varnes, 1978). O deslizamento é um movimento relativamente lento da encosta, no qual a força de cisalhamento ocorre ao longo de uma superfície específica, ou uma combinação de superfícies que constituem o plano de cisalhamento.

4.1.3. Características e Diferenças Importantes

Muitos dos fatores hidrológicos, do solo e da encosta, que controlam a erosão superficial, também controlam o movimento de massa (por exemplo, a declividade da encosta e a força de cisalhamento do solo). Os dois processos, entretanto, diferem em alguns aspectos importantes. As características que mais se destacam na erosão superficial e no movimento de massa são contrastadas na Figura 4.3. A precipitação, um fator-chave que afeta diretamente a erosão pluvial, somente atinge o movimento de massa indiretamente, através de sua influência no regime hídrico subterrâneo de um dado local. Por outro lado, condições geológicas, tais como a orientação de juntas e planos de acamamento em uma encosta, podem ter uma influência profunda na estabilidade da massa, mas não na erosão superficial. A vegetação tem uma influência importante, tanto na erosão quanto no movimento de massa superficial.

Diferentes técnicas ou modelos de prognóstico foram desenvolvidos para determinar as perdas de solo provenientes da erosão superficial ou a probabilidade de rupturas catastróficas nas encostas, no caso de movimento de massa. A erosão pluvial e a eólica, por exemplo, são controladas por um certo número de fatores do solo, climáticos e topográficos, inclusive a intensidade e a duração da precipitação, a rugosidade do solo, o comprimento, a forma e a declividade da encosta, a erodibilidade natural do solo e o tipo ou a extensão da cobertura. Todos esses fatores são levados em consideração explicitamente na Equação Universal de Perda do Solo (Wischmeier e Smith, 1978).

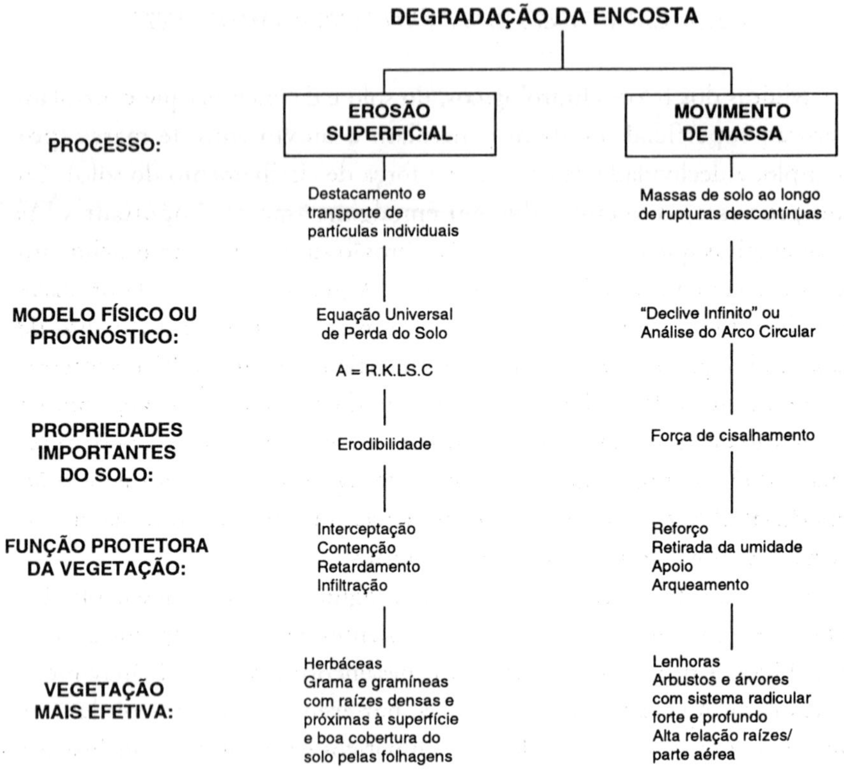

Figura 4.3 — Características da erosão superficial versus movimento de massa.

Fonte: Gray e Sotir (1996).

4.2. Natureza da Erosão Superficial

4.2.1. Agentes e Tipos de Erosão

Os agentes primários da erosão incluem a água, o vento e o gelo além de poderem erodir e remover as partículas de solo como resultado do fluxo e do impacto sobre a superfície de um solo. Cada agente também pode erodir um solo de forma bem diferente. A erosão pluvial, por exemplo, pode ocorrer na forma de erosão por impacto (efeito *splash*), laminar, por ravinas ou por voçorocas. Os vários tipos e agentes da erosão estão sintetizados na Tabela 4.1.

Tabela 4.1 — Agentes e tipos de erosão

Agente	**Tipo de erosão ou processo de degradação**
Água	1. Efeito *splash* 2. Erosão laminar 3. Ravinamento 4. Voçorocas 5. Erosão do canal fluvial 6. Ação em ondas 7. Dutos e solapamentos
Gelo	1. Fluxo de sólidos (*solifluction*) 2. Erosão glacial 3. Arrancamento do gelo
Vento	A erosão eólica não pode ser subclassificada em "tipos"; ela varia principalmente por "grau"
Gravidade	1. Rastejamento 2. Fluxo de terra 3. Avalanches 4. Deslizamentos de terra

Fonte: Adaptada de Gray e Sotir (1996).

Os processos de degradação geralmente agem em conjunto ou em combinação uns com os outros. Paisagens glaciais, por exemplo, podem ser o produto de processos glacifluviais. Um solo perturbado por arrastamentos ou deslizamentos é mais vulnerável ao ravinamento e à formação de voçorocas.

4.2.2. Mecânica da Erosão

A prevenção e o controle da erosão dependem do entendimento da mecânica do seu processo. A erosão é basicamente um processo que envolve:

1 – Destacamento da partícula
2 – Transporte da partícula
3 – Deposição da partícula

As forças que agem sobre as partículas próximo à superfície são mostradas esquematicamente na Figura 4.4. As forças de inércia ou coesão entre as partículas resistem às forças de arrasto ou de tração exercidas pelo fluxo d'água.

A erosão é causada por:

$$\textit{Forças de tração ou de arrasto} \begin{pmatrix} \textit{água} \\ \textit{vento} \\ \textit{gelo} \end{pmatrix} = f \begin{cases} \bullet\ \textit{Velocidade} \\ \bullet\ \textit{Descarga} \\ \bullet\ \textit{Forma e rugosidade} \end{cases}$$

A erosão é contida por:

$$\textit{Forças de atrito ou de coesão} = f \begin{cases} \bullet\ \textit{Propriedades básicas do solo} \\ \bullet\ \textit{Estrutura do solo} \\ \bullet\ \textit{Interações físico-químicas} \end{cases}$$

A proteção à erosão consiste essencialmente de: (1) diminuir as forças de tração ou de arrasto, diminuindo a velocidade do fluxo d'água sobre a superfície ou dissipando a energia da água em uma área protegida, e (2) aumentar a resistência à erosão através da proteção/reforço da superfície com uma cobertura adequada ou pelo aumento da força de ligação entre as partículas.

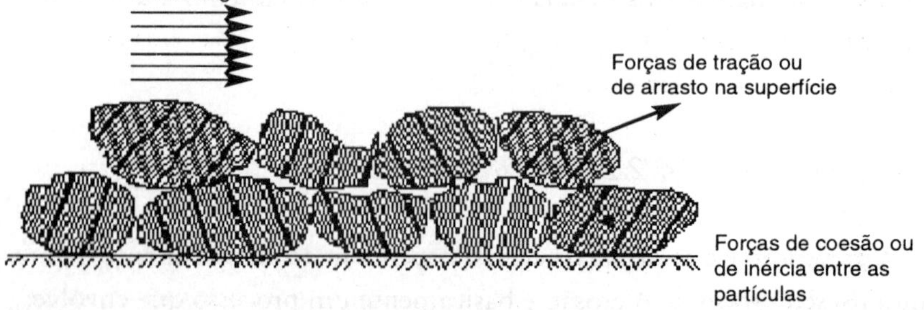

Figura 4.4 — Diagrama esquemático das forças que agem sobre as partículas na superfície do solo.

Fonte: Adaptada de Gray e Sotir (1996).

4.3. *Principais Determinantes da Erosão*

4.3.1. *Erosão Pluvial*

A erosão pluvial é controlada por cinco fatores básicos: clima, tipo de solo, topografia, cobertura vegetal e uso e manejo do solo. Esse relacionamento pode ser expresso esquematicamente como se segue:

Erosão pluvial = *f* {
- *Clima – duração e intensidade da chuva*
- *Solo – erodibilidade natural*
- *Topografia – comprimento, forma e declividade da encosta*
- *Vegetação – tipo e extensão da cobertura*
- *Uso e manejo do solo*

Os parâmetros climáticos mais importantes que controlam a erosão pluvial são a intensidade e a duração da precipitação. Wischmeier e Smith (1978) mostraram que a "única" medida necessária da energia produtora da erosão em uma tempestade é o produto da energia da chuva vezes a intensidade de uma chuva de, no máximo, trinta minutos. As gotas de chuva indo de encontro ao solo desprotegido não somente causam erosão, mas também tendem a compactar o solo e diminuir a capacidade de infiltração.

A suscetibilidade de um solo à erosão é conhecida como *erodibilidade*. Alguns solos (por exemplo, siltosos) são naturalmente mais erodíveis do que outros. Em geral, o aumento do conteúdo orgânico e do tamanho da fração de argila de um solo diminui a sua erodibilidade. Ela também depende de parâmetros, tais como textura do solo, teor de umidade antecedente, troca de íons, pH e composição ou força iônica da água que causa a erosão. A dependência da erodibilidade do solo a todas essas variáveis está resumida na Tabela 4.2.

Não existe nenhum índice de erodibilidade simples e universalmente aceito para todos os tipos de solo. Pelo contrário, vários testes foram propostos para esse fim (Emerson, 1967; Sherard *et al.*, 1978; Morgan, 1986). Foi sugerida uma hierarquia de erodibilidade baseada no Sistema de Classificação Integrado de Solos (do mais erodível para o menos erodível):

ML > SM > SC > MH > OL > CL > CH > GM > SW > GP > GW

onde:

ML = silte de baixa plasticidade
SM = areia siltosa
SC = areia argilosa
MH = silte de alta plasticidade
OL = solo orgânico de baixa plasticidade
CL = argila de baixa plasticidade
CH = argila de alta plasticidade
GM = cascalho siltoso
SW = areia bem arredondada
GP = cascalho grosseiro
GW = cascalho bem arredondado

Essa hierarquia de erodibilidade é simples, mas com base nos índices de classificação e plasticidade de solos remodelados e perturbados. Conseqüentemente, ela falha ao não levar em consideração os efeitos da estrutura do solo, a razão de cobertura e o teor de umidade antecedente. Wischmeier *et al.* (1971) publicaram um gráfico de erodibilidade para ser utilizado em conjunto com a Equação Universal de Perda de Solo, com base em propriedades do solo facilmente mensuráveis.

Tabela 4.2 — Tendências de erodibilidade do solo

- É baixa em materiais grosseiros
- É alta em siltes e areias finas
- Diminui com o aumento de argila e matéria orgânica
- Diminui com o aumento da cobertura vegetal e do teor de umidade anterior
- Aumenta com o aumento da taxa de adsorção de sódio e com a diminuição da força iônica da água

Fonte: Adaptada de Gray e Sotir (1996).

As variáveis topográficas que influenciam a erosão pluvial são: (1) ângulo da encosta, (2) comprimento da encosta e (3) tamanho e forma da bacia hidrográfica. A influência ou importância do comprimento tende a aumentar conforme as encostas se tornam mais íngremes. Por exemplo, se duplicarmos o comprimento de uma encosta de 30 para 60 metros, aumentaremos as perdas de solo somente em 29%, para uma declividade de 6%; ao passo que em uma encosta com 20% de declividade resultará um aumento de 49% nas perdas de solo. Essa é uma das razões para o terraceamento e a utilização de produtos de Bioengenharia em encostas longas e íngremes (Figura 4.5).

A vegetação tem uma função extremamente importante no controle da erosão pluvial. A remoção da vegetação por agentes antrópicos ou naturais (por exemplo, queimadas) geralmente resulta na aceleração da erosão, ao contrário de quaisquer outras medidas que preservem ou melhorem o estabelecimento da vegetação, que retardará significativamente a perda de solo e minimizará a erosão.

Figura 4.5 — Utilização de produtos de Bioengenharia para suavizar uma encosta.
Foto: Gustavo Araujo.

4.3.2. Erosão Eólica

A erosão eólica é controlada pelos mesmos fatores básicos que controlam a erosão pluvial. A dependência da erosão eólica a esses fatores pode ser expressa esquematicamente de uma forma semelhante a esta:

Erosão eólica = f {
Clima – temperatura, distribuição das chuvas, velocidade do vento
Solo – superfície, textura, tamanho da partícula, conteúdo de umidade
Vegetação – tipo, altura e densidade da cobertura, distribuição sazonal

Esses fatores podem ser expressos em termos de parâmetros identificáveis e mensuráveis, como pode se notar acima. Ao contrário da erosão pluvial, parâmetros topográficos, tais como o comprimento, a forma e a declividade da encosta, são relativamente insignificantes no caso da erosão eólica. Por outro lado, a rugosidade da superfície e a presença de barreiras baixas que agem como quebra-ventos e retentores de sedimentos podem ser importantes. Os fatores climáticos que mais afetam a umidade do solo são a quantidade e distribuição das chuvas, temperatura e umidade. Somente solos relativamente secos são suscetíveis a erosão eólica. As características mais importantes do vento são sua velocidade, duração, direção e grau de turbulência. O vento só pode transportar em suspensão solos secos com tamanhos de partículas, principalmente, menores do que 0,1mm, isto é, um material com as dimensões próximas de silte fino.

A erosão eólica consiste de três fases distintas: o início do movimento (destacamento), o transporte e a deposição. A movimentação do solo pelo vento é iniciada como resultado da sua turbulência e velocidade. A velocidade necessária para iniciar o movimento aumenta conforme o peso das partículas se eleva. Para muitos solos, essa velocidade é de, aproximadamente, 21km/h a uma altura de 30cm acima do solo. A velocidade necessária para manter o movimento, uma vez iniciado, é menor do que aquela necessária para iniciar o movimento. Relacionamentos semelhantes foram observados no caso da erosão pelo fluxo d'água.

Estudos de laboratório conduzidos por Chepil (1945) estabelecem que as partículas de solo são transportadas pelo vento da maneira mostrada na

Tabela 4.3. A porção principal das partículas de solo transportada pelo vento ocorre próximo à superfície do solo, a alturas abaixo de um metro. Aproximadamente 62% a 97% do total de solo erodido pelo vento são transportados nessa zona próxima à superfície, um fato que sugere a utilidade da instalação de barreiras ou quebra-ventos baixos para filtrar e impedir o movimento do solo originado pelo vento. A vegetação serve prontamente para esse fim, além de suas outras funções de controle, tais como aumentar a rugosidade da superfície, reduzir a velocidade e desviar o vento, e manter as partículas de solo juntas. Por causa dessas propriedades, a vegetação pode ser usada muito efetivamente em combinação com cercas para aprisionamento de sedimentos carreados e a construção de dunas ao longo das praias. Plantas robustas tolerantes à seca e à salinidade funcionam bem a esse respeito, conforme mostrado na Figura 4.6.

Tabela 4.3 — Movimentos das partículas de solo pelo vento

Mecânica do movimento	Tamanho das partículas movimentadas (mm)	Percentual de solo movimentado
Suspensão	< 0,1	3 – 38
Saltos	0,1 – 0,5	55 – 72
Arrastamento	0,5 – 1,0	7 – 25

Fonte: Chepil (1945).

Figura 4.6 — Dunas vegetadas ajudam a reter a areia e evitam a erosão da costa.
Foto: Gustavo Araujo.

4.4. Tipos de Erosão Hídrica

A erosão hídrica se manifesta de diversas maneiras diferentes. A erosão pluvial começa com o impacto (*splash*) da gota de chuva e pode progredir finalmente para a formação de voçorocas e causar a erosão de canais fluviais. As características mais importantes dos diferentes tipos de erosão hídrica estão assim destacadas:

Efeito Splash. Resulta do impacto das gotas de chuva caindo diretamente sobre as partículas de solo expostas ou finas superfícies de água cobrindo o solo. Quantidades enormes de solo podem ser salpicadas no ar dessa maneira. Em solos expostos, estimou-se que até 250t/ha podem ser salpicados no ar durante uma chuva forte (Ellison, 1948). Partículas salpicadas podem se mover mais do que 60cm verticalmente e 1,5m lateralmente ao nível do solo. Em encostas íngremes, esse salpico causará um movimento encosta abaixo.

Erosão Laminar. É a remoção de solo de uma área inclinada em camadas finas. De um ponto de vista energético, a erosão por salpicamento parece ser mais importante do que a laminar, porque a maior parte das gotas de chuva tem velocidades de, aproximadamente, 22 a 33km/h, ao passo que as velocidades do fluxo sobre o solo são de, aproximadamente, 1 a 2km/h. O ressecamento e a lavagem da encosta são formas de erosão laminar; a primeira ocorre quando camadas superficiais de solos com textura grosseira secam e perdem sua coesão aparente, e a última quando a chuva erode sem causar ravinamento ou voçorocas. A erosão em lençol é um mecanismo de escape importante da encosta e fonte de sedimentos para áreas situadas a jusante. Taludes de rodovias com esses solos geralmente dão a impressão de estar muito estáveis (por exemplo, não apresentam ravinas e voçorocas), mas descarregam toneladas de solo, ano após ano, nos canais de drenagem às margens das rodovias (Howell *et al.*, 1979).

Ravinamento. É a remoção de solo pela água por canais visíveis ou canaletas muito pequenas, mas bem definidas, onde há concentração do fluxo sobre o solo. Um exemplo de erosão por ravinamento em um local de construção urbana é mostrado na Figura 4.7. As ravinas, geralmente, são mais sérias do que a erosão laminar porque as velocidades do escoamento superficial (*runoff*) são mais altas nas ravinas ou canais. O ravinamento é a

Figura 4.7 — Erosão por ravinamento em um canteiro de obras urbano.
Foto: Gustavo Araujo.

forma de erosão durante a qual a maior parte da erosão pluvial ocorre (Schwab *et al.*, 1981). A erosão por ravinamento é mais séria onde ocorrem chuvas intensas, em bacias hidrográficas ou locais com características de alta produção de escoamento superficial e camada superficial do solo solta. As ravinas são suficientemente grandes e estáveis para serem vistas prontamente, mas pequenas o bastante para serem removidas facilmente pelos tratos culturais e operações de nivelamento ou terraplenagem.

Voçorocas. São canais d'água intermitentes, maiores do que as ravinas. Esses canais carregam água durante e imediatamente após as chuvas e, ao contrário das ravinas, as voçorocas não podem ser removidas pelo preparo do solo normal. As voçorocas tendem a se formar onde grandes volumes de escoamento superficial são concentrados e descarregados em encostas com solos erodíveis. As voçorocas são comuns em pastagens e é, provavelmente, a principal forma de erosão em bacias hidrográficas. Vários modelos estatísticos para prever o crescimento e desenvolvimento de voçorocas já foram propostos (Beer e Johnson, 1963; Morgan, 1986; Selby, 1993). As voçorocas podem não ser tão significativas como as ravinas, em termos de quantidade total de solo erodido, mas podem ser bastante destrutivas em termos de danos a rodovias, aterros e bacias hidrográficas, conforme mostrado na Figura 4.8. Elas também são difíceis de serem controladas e retidas. Um controle eficiente das voçorocas deve estabilizar tanto a base do canal quanto as cabeceiras. O desgaste contínuo da base da voçoroca leva ao seu aprofundamento e alargamento, enquanto o desgaste das cabeceiras prolonga o canal para áreas ainda não atingidas pela voçoroca e aumenta a rede de canais e sua densidade através do desenvolvimento de tributários.

Figura 4.8 — Erosão por voçorocas devido à má condução do fluxo d'água.
Foto: Gustavo Araujo.

Erosão do Canal Fluvial. Consiste na remoção do solo das margens de rios e/ou a lavagem de sedimentos ao longo do fundo do canal. A erosão do canal fluvial deve ser considerada separadamente dos tipos de erosão associados à chuva. Uma certa quantidade de variáveis hidrológicas, hidráulicas e geomorfológicas governa o comportamento dos sistemas fluviais. Essas variáveis estão em equilíbrio dinâmico umas com as outras. Pesquisadores como Lane (1955) e Leopold (1994) determinaram diversos relacionamentos entre essas variáveis que são úteis para a análise da atividade do curso d'água. Esse balanço ou equilíbrio determinará, por exemplo, onde é maior a probabilidade de o material ser erodido, em oposição ao material depositado ao longo de um determinado trecho do curso d'água.

Semelhantes à erosão por voçorocas, existem diversos processos agindo ao longo dos cursos d'água que são responsáveis pela degradação do canal do rio e suas encostas (Keown *et al.*, 1977). Isso inclui:

1. *Movimento de massa.* Desmoronamento ou deslizamento induzidos por cortes inferiores, excesso de declividade ou obstrução da drenagem durante o retorno da inundação.
2. *Erosão do fluxo.* Força de tração imposta pelo fluxo d'água.
3. *Formação de dutos.* Erosão por insurgência d'água como resultado da drenagem da margem.
4. *Erosão fluvial.* Ação extratora, flutuações da pressão dos poros e problemas de aumento da velocidade do rio.
5. *Degradação pelo ciclo congelamento/degelo.* Fluxo de sólidos, instabilidade do volume e obstrução da drenagem.

É importante reconhecer e entender esses processos quando se projetar um sistema de prevenção e controle. Por outro lado, essa classificação dos processos de erosão não é útil no estabelecimento da causa da erosão do canal fluvial e suas encostas. A causa deve estar ligada à geomorfologia fluvial e ao relacionamento entre as variáveis hidráulicas e hidrológicas. Do ponto de vista da geomorfologia fluvial, parece haver três ações ou eventos principais (Keown *et al.*, 1977; Leopold, 1994) que resultam na erosão do curso d'água:

1. *Alargamento.* Alargamento do canal causado pelo aumento do fluxo d'água e/ou descarga de sedimentos.
2. *Aprofundamento.* Fricção no fundo do canal causada pelo aumento dos fluxos e/ou mudanças na encosta.

3. *Mudanças na curvatura.* Perda da margem, que ocorre durante e após uma modificação na configuração da forma ou sinuosidade do curso d'água. Essa perda geralmente é acompanhada por um acréscimo, em algum outro local, ao longo do trecho afetado.

Erosão Subsuperficial. É a remoção do solo causada pela insurgência da água subterrânea ou movimento na direção de uma face livre. É comum referir-se a esse tipo de erosão como formação de dutos (*piping*). O fenômeno também é conhecido como solapamento de nascentes ou, literalmente, o destacamento e movimento de partículas de solo no ponto de emergência de uma nascente ou fonte d'água no solo. A formação de dutos ocorre quando a força da água emergente excede a tensão intergranular ou as forças de coesão.

Os dutos podem se formar a jusante de barragens (Sherard *et al.*, 1972), em cabeceiras de voçorocas, margens de rios e encostas onde a água sai do solo. Uma vez formado um duto ou cavidade, ele se alarga rapidamente porque as linhas de fluxo são atraídas para áreas com uma maior resistência ao fluxo, e isso, por sua vez, resulta em uma concentração maior das linhas de fluxo ou densidade líquida do fluxo em um ciclo de retorno positivo, podendo causar o colapso do teto, originando uma voçoroca (Morgan, 1986; Selby, 1993; Guerra, 2003).

4.5. Prognósticos da Perda de Solo

4.5.1. Desenvolvimento Histórico

No princípio dos anos 60, o Departamento de Agricultura Americano (USDA) desenvolveu uma equação semi-empírica conhecida como Equação Universal de Perdas de Solo (USLE — *Universal Soil Loss Equation*). Foi lançado pouco tempo depois um livro que serviu como a principal referência para essa equação (Wischmeier e Smith, 1965). Uma versão revista e definitiva da USLE foi publicada subseqüentemente no final dos anos 70 (Wischmeier e Smith, 1978). Por causa da controvérsia sobre os limites e aplicabilidade da USLE, essa versão suscitou numerosas tentativas para uma revisão posterior (Renard *et al.*, 1991).

A USLE leva em consideração todos os fatores conhecidos que afetam a erosão pluvial, ou seja, clima, solo, topografia e cobertura vegetal. Ela é baseada em uma análise estatística da erosão mensurada no campo, em uma classificação de parcelas de experimentação, sob chuva natural e simulada. A perda anual de solo de um dado local é prevista de acordo com a seguinte relação:

$$E = R \,.\, K \,.\, LS \,.\, C \,.\, P$$

onde: E = perda de solo calculada por unidade de área
R = erosividade da chuva (fator pluvial)
K = erodibilidade do solo
L = comprimento da encosta
S = declividade da encosta
C = fator de cobertura do solo
P = fator referente às práticas de controle da erosão

4.5.2. Aplicações da USLE

Esta seção tem como objetivo mostrar quais parâmetros têm a maior variabilidade e efeito sobre as perdas de solo e quais podem ser facilmente modificados.

O fator climático (R) e o de erodibilidade (K) só variam dentro de uma ordem de grandeza. Esses fatores são praticamente fixos para um dado local e não estão sujeitos a mudanças. O fator topográfico (LS) e o de cobertura (C), por outro lado, podem variar em várias ordens de grandeza, conforme mostrado nas Tabelas 4.4 e 4.5, respectivamente. Além do mais, ao contrário de outros fatores, o fator de cobertura (C) e o topográfico (LS) podem ser modificados substancialmente para se adaptarem a um objetivo específico de controle da erosão. O fator topográfico (LS) pode ser modificado mais facilmente pela redução do comprimento da encosta, isto é, convertendo uma encosta comprida e íngreme. Esse resultado pode ser alcançado pelo terraceamento ou taludamento. A utilização de caniçadas vivas ou retentores de sedimentos também atinge o mesmo objetivo.

Tabela 4.4 — Fatores topográficos (LS) para encostas

Relação de inclinação	Gradiente de declividade	Valores de LS para diferentes comprimentos (L) de encosta (metros)						
(*H*:*V*)	S (%)	3,0	9,1	15,2	30,5	91,0	152,0	305,0
20:1	5	0,17	0,29	0,38	0,53	0,93	1,20	1,69
10:1	10	0,43	0,75	0,97	1,37	2,37	3,06	4,33
8:1	12,5	0,61	1,05	1,36	1,92	3,33	4,30	6,08
6:1	16,7	0,96	1,67	2,15	3,04	5,27	6,80	9,62
5:1	20	1,29	2,23	2,88	4,08	7,06	9,12	12,90
4:1	25	1,86	3,23	4,16	5,89	10,20	13,17	18,63
3:1	33,5	2,98	5,17	6,67	9,43	16,33	21,09	29,82
2,5:1	40	4,00	6,93	8,95	12,65	21,91	28,29	40,01
2:1	50	5,64	9,76	12,60	17,82	30,87	39,85	56,36
1,75:1	57	6,82	11,80	15,24	21,55	37,33	48,19	68,15
1,50:1	66,7	8,44	14,61	18,87	26,68	46,22	59,66	84,38
1,25:1	80	10,55	18,28	23,60	33,38	57,81	74,63	105,55
1:1	100	13,36	23,14	29,87	42,24	73,17	94,46	133,59

Fonte: Adaptada de Israelson (1980).

A colocação de caniçadas a intervalos de três metros, por exemplo, em uma encosta com 30 metros de comprimento, reduziria a perda de solo para 1/3 do valor original. Essa redução pode ser observada através da verificação da perda de solo ou dos valores do fator LS listados na Tabela 4.4, que correspondem a uma encosta de 30 metros de comprimento comparada a uma com três metros de comprimento, para um dado gradiente de declividade.

A cobertura vegetativa ou fator C afeta a erosão através de três zonas de influência separadas e distintas, mas inter-relacionadas, que são a cobertura vegetal, a cobertura do solo (cobertura vegetal em contato direto com o solo) e os resíduos vegetativos ou restos de culturas na ou sob a superfície do solo. Os efeitos da influência desses três elementos podem ser observados na Tabela 4.5. Para um solo completamente desprotegido, o fator C é a unidade. A influência da cobertura do solo é superior quando comparada ao tipo, extensão e condição da cobertura vegetal. Essa influência pode ser prontamente verificada comparando-se os valores do fator C nas linhas contra os cabeçalhos das colunas na Tabela 4.5.

Tabela 4.5 — Valor do fator C para diversos tipos de cobertura vegetal

Tipo e altura da cobertura vegetal cultivada	Extensão da cobertura (%)	Tipo de cobertura	Valores do fator C para cobertura vegetal selecionada e condições de cobertura do solo (percentagem de cobertura do solo)					
			0	20	40	60	80	95-100
Nenhuma cobertura substancial	–	G	0,45	0,20	0,10	0,042	0,013	0,003
		W	0,45	0,24	0,15	0,090	0,043	0,011
Cobertura de ervas altas ou pequenos arbustos (altura de 0,5m)	25	G	0,36	0,17	0,09	0,038	0,012	0,003
		W	0,36	0,20	0,13	0,082	0,041	0,011
	50	G	0,26	0,13	0,07	0,035	0,012	0,003
		W	0,26	0,16	0,11	0,075	0,039	0,011
	75	G	0,17	0,10	0,06	0,031	0,011	0,003
		W	0,17	0,12	0,09	0,067	0,038	0,011
Cobertura apreciável (altura de 2m)	25	G	0,40	0,18	0,09	0,040	0,013	0,003
		W	0,40	0,22	0,14	0,085	0,042	0,011
	50	G	0,34	0,16	0,09	0,038	0,012	0,003
		W	0,34	0,19	0,13	0,081	0,041	0,011
	75	G	0,28	0,14	0,08	0,036	0,012	0,003
		W	0,28	0,17	0,12	0,077	0,040	0,011
Árvores, mas sem uma cobertura baixa apreciável (altura acima de 4m)	25	G	0,42	0,19	0,10	0,041	0,013	0,003
		W	0,42	0,23	0,14	0,087	0,042	0,011
	50	G	0,39	0,18	0,09	0,040	0,013	0,003
		W	0,39	0,21	0,14	0,085	0,042	0,011
	75	G	0,36	0,17	0,09	0,039	0,012	0,003
		W	0,36	0,20	0,13	0,083	0,014	0,011

G: Cobertura na superfície formada por gramíneas ou serapilheira com, pelo menos, 5mm de espessura.

W: Cobertura na superfície formada na maior parte por folhas, plantas herbáceas com pouca rede lateral de raízes na superfície e/ou serapilheira.

Fonte: *USDA Soil Conservation Service* (1978).

Mesmo na ausência de uma cobertura vegetal apreciável, o valor do fator C pode cair para um valor de somente 0,003, quando a cobertura do solo alcança 95%. Isso corresponde a uma redução de quase mil vezes nas perdas por erosão, em contraste com um solo desnudo ou desprotegido. Nenhuma das outras variáveis ou fatores é tão administrável e apresenta resultados tão dramáticos como essa. *Mulches* e produtos de bioengenharia para cobertura do solo (telas, mantas para controle de erosão, mantas reforçadoras etc.) fornecem uma proteção inicial contra a erosão e melhoram o estabelecimento e o desempenho vegetativo. Eles também podem receber valores do fator C que são úteis para a avaliação e comparação, conforme apresentado na Tabela 4.6.

Tabela 4.6 — Fator C para diferentes coberturas do solo

Tipo de cobertura	**Fator C**	**Redução na perda de solo (%)**
Nenhuma	1,0	0
Vegetação nativa (densa, não perturbada)	0,01	99
Semeadura temporária:		
90% de cobertura, gramíneas anuais, sem *mulch*	0,1	90
Mulch de fibra de madeira, 1,85t/ha, com sementes	0,5	50
Manta de fibra vegetal com rede de juta (encostas 2:1)	0,3	70
Mulch de restos culturais		
3,4t/ha de fibras	0,2	80
9,0t/ha de fibras	0,05	95

Fonte: Goldman *et al.* (1986).

Mulches fornecem proteção imediata em solos desprotegidos e podem ter um desempenho melhor do que a semeadura temporária em certos casos. A palha é particularmente eficiente como *mulch* e cobertura do solo (Kay, 1983). Restos de culturas deixados após a colheita fornecem uma melhor proteção (menor perda de solo) do que o *mulch* de fibra de madeira com as mesmas taxas de aplicação.

Os valores do fator C tendem a se modificar ao longo do tempo, de acordo com o tipo de tratamento da superfície, tais como *mulching*, semeadura e transplantio. Por exemplo, os valores do fator C para gramíneas podem diminuir de 1,0 (para solos desprotegidos) para, aproximadamente, 0,01 entre a época da semeadura inicial e o pleno estabelecimento. Nesse caso, um fator C médio ou ponderado pode ser calculado para um período de construção, usando o tempo como o parâmetro ponderador e estimando valores do fator C para intervalos sucessivos de tempo (Gray e Leiser, 1982).

O fator relativo às práticas de controle da erosão, ou fator P, tem sido interpretado de diversas maneiras. Essas práticas podem ser de natureza estrutural-mecânica, hidráulica ou de nivelamento, que reduzem a velocidade do escoamento superficial (*runoff*) e/ou a tendência de a água fluir diretamente encosta abaixo. As medidas estruturais incluem a construção de estruturas de estabilização (taludes, bermas, barragens, escadas d'água etc.), distribuidores em nível, desvios e caixas dissipadoras. Até mesmo as bacias de sedimentação podem ser classificadas e avaliadas como uma forma prática de controle. As bacias não param a erosão; pelo contrário, mantêm o material erodido no local, não os deixando causar danos em outros lugares. Os métodos para determinação dos valores do fator P para medidas estruturais e bacias não serão apresentados aqui (USEPA, 1973).

Nos usos agrícolas da USLE, o fator P geralmente é empregado para descrever diferentes práticas de manejo do solo e de cultivo. Nas aplicações em canteiros de obras, por outro lado, o fator P reflete a condição da superfície do solo após as operações de escavação e terraplenagem. A condição ou aspereza da superfície do solo pode ser afetada pela passagem constante de tratores, conforme apresentado na Tabela 4.7.

Tabela 4.7 — Valores do fator P para diferentes condições da superfície

Condição da superfície	**Fator P**
Compactada e lisa	1,3
Trilha ao longo do contorno	1,2
Trilha encosta abaixo e acima	0,9
Palha	0,9
Áspera, corte irregular	0,9
Pouco compactada até 30cm de profundidade	0,8

Fonte: Goldman *et al.* (1986).

Algumas tendências interessantes podem ser observadas. Uma encosta deixada em uma condição compactada e lisa é mais vulnerável à erosão; ela também é a situação menos manejável ao estabelecimento vegetativo por semeadura. A formação de trilhas encosta acima e abaixo é melhor do que trilhas em contorno, porque a orientação das esteiras do trator fica paralela à encosta. As marcas das esteiras do trator orientadas encosta abaixo e acima podem tornar-se o local de formação de ravinas. Conforme pode ser observado na Tabela 4.7, mudar a condição da superfície não tem um grande efeito na perda de solo, já que todos os valores do fator P ficam próximos à unidade. Por outro lado, o grau de aspereza da superfície e a orientação das marcas têm uma influência significativa na localização da semente e no estabelecimento da vegetação em uma encosta.

4.5.3. Limitações da USLE

A USLE é uma equação empírica que prevê a erosão laminar e por ravinas de áreas relativamente pequenas. Embora leve em consideração explicitamente todos os fatores conhecidos que afetam a erosão pluvial e seja amplamente utilizada em todo o mundo, ela tem as seguintes limitações:

- *Ela é empírica.* É necessário um julgamento criterioso para que sejam determinados os valores corretos para alguns fatores em certas situações. Isso é verdadeiro principalmente no caso do fator de cobertura ou de vegetação.
- *Ela prevê a perda média de solo anual.* O fator de erosividade da chuva é baseado em períodos de chuvas de seis horas, durante dois anos. Tempestades ou eventos climáticos irregulares durante um ano particular poderiam produzir mais sedimentos do que o previsto.
- *Ela não prevê a erosão por voçorocas.* A USLE prevê a perda de solo por erosão laminar e por ravinamento, mas não a da erosão resultante do fluxo concentrado em largos canais ou voçorocas.
- *Ela não prevê a transferência de sedimentos.* A USLE prevê a perda de solo e não a deposição de sedimentos. O solo perdido nas partes mais altas de uma encosta ou bacia hidrográfica não acabará auto-

maticamente como sedimento em um corpo d'água. Pelo contrário, pode ficar retido pelas porções mais baixas da encosta ou bacia hidrográfica.

Apesar de suas limitações, a USLE fornece um método simples e fácil de estimar as perdas de solo, identificar as áreas críticas e avaliar a eficiência das medidas de redução dessas perdas. Fornece também uma base racional para o dimensionamento de bacias de sedimentação e outros sistemas de coleta de sedimentos, em áreas de construção. A USLE fornece uma base significativa da variabilidade de cada um dos parâmetros, sua importância relativa em afetar a erosão e, por fim, a extensão em que cada um dos fatores pode ser modificado para limitar as perdas de solo.

4.6. Princípios do Controle da Erosão

A erosão superficial pode ser controlada ou evitada observando-se alguns princípios básicos. Esses princípios são universalmente aplicáveis, devendo ser observados independentemente do tipo de medida (convencional ou de Bioengenharia) que será contemplado. Os princípios do controle da erosão são baseados no bom senso, mas são violados freqüentemente nos locais de trabalho. Muitos produtos e medidas de controle da erosão foram introduzidos ao longo dos anos, sendo mais eficientes quando aplicados em conjunto com os princípios assim enumerados:

1. Ajuste do plano de desenvolvimento ao local. Evite trabalhos de movimentação do solo e terraplenagem em áreas com tendência à erosão.
2. Instale equipamentos de condução hidráulica para lidar com o aumento do *runoff*.
3. Mantenha baixa a velocidade do escoamento superficial.
4. Desvie o *runoff* para fora das encostas íngremes e áreas desprotegidas construindo bermas e drenos de interceptação.
5. Aproveite a vegetação nativa do local sempre que possível.

6. Se a vegetação deve ser removida, limpe o local aos poucos, divida a área em parcelas. Limite a duração da exposição.
7. Proteja as áreas limpas com *mulches* (cobertura morta) e coberturas vegetais formadas por herbáceas temporárias de rápido crescimento.
8. Construa bacias de sedimentação para evitar que o solo erodido deixe o local.
9. Instale as medidas de controle da erosão tão cedo quanto possível.
10. Inspecione e faça a manutenção das medidas de controle da erosão.

A observância destes dez princípios básicos minimizará enormemente as perdas por erosão. Goldman *et al.* (1986) elaboraram e discutiram sua importância.

Só é apresentada aqui uma discussão sobre os impactos das práticas de nivelamento ou terraplenagem sobre a erosão do solo. Tanto os corredores de transporte como o desenvolvimento urbano em terrenos íngremes necessitam que algum trabalho de escavação e renivelamento seja realizado para acomodar rodovias ou algum outro empreendimento. A maneira na qual esta terraplenagem é planejada e executada, além da natureza da topografia resultante que é criada, afeta não somente o impacto visual ou estético do desenvolvimento, mas também a estabilidade superficial e da massa de solo das encostas e a eficiência do trabalho de revegetação e paisagismo. Uma encosta planar apresentará perdas de solo maiores do que uma encosta côncava ou com um gradiente decrescente próximo ao sopé. Da mesma forma, canais de drenagem conduzidos para baixo e transversalmente por uma encosta, de uma forma convexa/côncava, que alonga o caminho da água e reduz o gradiente, são menos suscetíveis a erosão do que canais expostos, conduzidos para baixo diretamente pela face da encosta. Técnicas de terraplenagem que dão forma à terra (Schor, 1992 e 1993) mitigam enormemente os problemas de erosão, observando-se esses conceitos e imitando encostas naturais e estáveis.

4.7. Natureza dos Movimentos de Massa

4.7.1. Tipos de Movimentos nas Encostas

Vários métodos foram propostos ao longo dos anos para classificar e descrever os movimentos de encostas (Varnes, 1958 e 1978; Fernandes e Amaral, 1996). As características e os atributos principais dos movimentos de massas de solo estão resumidos na Tabela 4.8. O sistema de classificação proposto por Varnes (1958, revisto em 1978), talvez o mais útil e amplamente adotado, é baseado em duas variáveis principais:

a) tipo de movimento
b) tipo de material

Os tipos de movimentos ou mecanismos de ruptura são divididos em cinco grupos principais: quedas, tombamentos, deslizamentos, espalhamento e fluxos, conforme apresentado na Tabela 4.9. Os materiais são divididos em duas classes: rochas e solo (como considerado pela Engenharia Civil). O solo é dividido em escombros ou detritos e terra. Uma versão abreviada do sistema de classificação de Varnes (1958) é apresentada também na Tabela 4.9.

Uma descrição detalhada dos vários tipos de movimentos de encostas está fora do escopo deste trabalho. O leitor interessado deve consultar os trabalhos originais de Varnes (1958 e 1978) ou de Fernandes e Amaral (2000) para esse propósito. Por outro lado, é importante entender e ser capaz de identificar os vários tipos de movimentos de encostas, não somente a fim de se evitar a sua instabilidade, mas também para projetar sistemas de prevenção e controle. Os métodos apropriados para a prevenção e controle de um tipo de ruptura na encosta (por exemplo, deslizamento translacional superficial) podem ser ineficientes contra rupturas rotacionais profundas.

Tabela 4.8 — Base para classificação dos movimentos de massa

A. Materiais

1. Gelo
2. Rochas (conectadas, intemperizadas, fixas, pregueadas)
3. Solo (seco ou saturado, arenoso versus argiloso)

B. Velocidade

1. Rápida (segundos → minutos): queda de rochas, avalanches, fluxos de terra
2. Intermediária (minutos → horas): deslizamentos, desmoronamentos
3. Lenta (dias → anos): rastejamento e fluxos

C. Mecanismos de ruptura

1. Deslizamentos: movimento ao longo de superfícies de cisalhamento ou deslizamento de massas grandes relativamente indeformadas de solo ou rochas.
   a. *Planar:* ocorre em encostas onde há algum controle geológico, como, por exemplo, planos de deslizamento, juntas, manto de colúvio; e também deslizamentos em encostas arenosas.
   b. *Rotacional:* ocorre em encostas compostas de solos homogêneos e coesos nos quais a resistência ao deslizamento é independente da profundidade; as superfícies de deslizamento críticas tendem a ter um arco passando profundamente sob a encosta, onde a resistência ao cisalhamento é a mais baixa e a tensão é alta.
2. Fluxos: fluxo quase viscoso no qual é difícil detectar um plano de deslizamento distinto; o movimento desaparece com a profundidade; tende a ocorrer em solos saturados (areias, siltes, argilas) com um alto teor de umidade.
3. Quedas: queda de material que perde a aderência com uma base estável; ocorre em rochas fraturadas muito sensíveis que formam encostas íngremes.

Fonte: Varnes (1978).

Tabela 4.9 — Classificação dos movimentos nas encostas

Tipo de movimento		Tipo de material		
		Rocha	Solo (engenharia)	
			Grosseiro	Fino
Quedas		de rocha	de detritos	de terra
Tombamentos		de rocha	de detritos	de terra
Escorregamentos		de rocha	de detritos	de terra
Rotacional	Poucas unidades	abatimento de rochas	abatimento de detritos	abatimento de terra
Translacional	Muitas unidades	de blocos rochosos	de blocos de detritos	de blocos de terra
Expansões laterais		de rocha	de detritos	de terra
Corridas/escoamentos		de rocha (rastejo profundo)	de detritos	de terra

Fonte: Varnes (1978).

4.7.2. Causas das Rupturas nas Encostas

A estabilidade das encostas é regulada por variáveis topográficas, geológicas e climáticas que controlam a força de cisalhamento e a resistência ao cisalhamento em uma encosta. As encostas deslizam quando a força excede a resistência ao cisalhamento, ao longo de um plano de deslizamento crítico. O fator de segurança de uma encosta é definido como a razão entre a força de cisalhamento e a resistência a ele, ao longo de uma superfície de cisalhamento crítica. A superfície com a menor proporção é a superfície de cisalhamento. Ela também demarca o limite entre o solo estável e o em movimento. O termo deslizamento, implicitamente, especifica um movimento relativo entre os dois.

Qualquer variável ou fator que aumente a força de cisalhamento ou, pelo contrário, diminua a resistência ao cisalhamento tenderá a causar um movimento na encosta. As causas de instabilidade ou rupturas nas encostas foram agrupadas em duas categorias por Varnes (1958), conforme ilustrado na Tabela 4.10. A precisa identificação e o reconhecimento desses fatores são a chave tanto para evitar quanto controlar os movimentos nas encostas. A remoção do apoio lateral por agentes naturais ou antrópicos é provavelmente o mais comum de todos os fatores que levam à instabilidade. Essa observação sugere o uso de reforços ou estruturas de retenção no sopé das encostas, como medida corretiva. A adição de água a uma encosta pode contribuir simultaneamente para um aumento na tensão e um decréscimo na resistência. A água é considerada o fator controlador primário em 95% de todos os deslizamentos de terra (Chassie e Goughnor, 1976). Dessa maneira, medidas de drenagem e desvio d'água estão, sem dúvida, entre os meios de prevenção e/ou controle de rupturas em encostas mais efetivos. As medidas de remediação dos movimentos de massa e sua eficiência foram discutidas por Zaruba e Menel (1969), Hutchinson (1978) e Schuster (1992).

Tabela 4.10 — Causas de rupturas nas encostas

Aumento na tensão de cisalhamento
1. Encosta sobrecarregada (estruturas e preenchimentos no topo)
2. Remoção do apoio lateral (cortes e escavações no sopé)
3. Mudanças rápidas no nível d'água adjacente à encosta
4. Aumento na tensão lateral (rachaduras e fissuras preenchidas pela água)
5. Terremotos (aumento na força condutora encosta abaixo)
Diminuição na resistência ao cisalhamento
1. Aumento na poropressão, o que reduz a tensão efetiva (infiltração das águas pluviais na encosta, vazão descontrolada da água dos drenos)
2. Presença de argilas dilatadas (absorção d'água com perda da coesão intrínseca)
3. Intemperismo e degradação físico-química (troca de íons, hidrólise etc.)
4. Falha progressiva pelo enfraquecimento da tensão de cisalhamento

Fonte: Geo-Rio (2000).

A vegetação pode melhorar muitos dos fatores e condições que causam a instabilidade. Uma vegetação arbórea crescendo em uma encosta pode aumentar a resistência ao cisalhamento do solo, através do reforço das raízes, diminuir a tensão da umidade do solo pela evapotranspiração e aumentar a estabilidade geral como resultado da ação sustentadora do solo.

4.7.3. Indicadores da Instabilidade de Encostas

Existem diversos indicadores visuais da instabilidade de vertentes que são muito úteis para a identificação de potenciais áreas com tendências a apresentar movimento de massa. A identificação de encostas instáveis ou com alto potencial de deslizamento pode ser realizada utilizando-se indicadores topográficos, vegetativos, hidrológicos e geológicos, conforme resumido na Tabela 4.11. A maioria desses sinais de instabilidade nas vertentes pode ser identificada por um reconhecimento visual no campo. Eles servem para empregar medidas de precaução ou preventivas durante e após uma perturbação na encosta.

Tabela 4.11 — Características indicadoras de deslizamento

Característica	Importância
1. Topografia dissecada	Característica comum em deslizamentos progressivos antigos e ativos (deslizamentos com muitos componentes individuais); a massa do deslizamento tem tendência a se tornar uma voçoroca
2. Mudança abrupta na encosta	Pode indicar tanto uma área com deslizamento antigo como uma mudança nas características da erosão do material subsuperficial; partes com um ângulo baixo geralmente são mais fracas e têm um conteúdo de água mais alto
3. Escarpas e fissuras	Indicação definitiva de um deslizamento ativo ou recente. A idade da escarpa geralmente pode ser estimada pela quantidade de vegetação estabelecida sobre ela; a largura da fissura pode ser monitorada para estimar as taxas relativas de movimento

4. Topografia em degraus	Indicação de ruptura progressiva; a série complexa ou aninhada de deslizamentos rotacionais pode fazer com que o plano de deslizamento pareça uma escada
5. Encosta com forma de lóbulos	Indicação de terremoto anteriormente ou área com fluxo de detritos
6. Poças na vertente	As depressões ou bacias locais formadas como resultado da característica 4 agem como fontes de infiltração que podem exacerbar ou acelerar a ruptura na encosta
7. Insurgência d'água na vertente	Comum em massas de deslizamento e áreas com alto potencial de deslizamento; geralmente pode ser identificada pela presença associada de vegetação freatófita
8. Vegetação incongruente	Manchas ou áreas de vegetação muito jovem ou muito diferente podem indicar deslizamentos recentes ou solo instável
9. Árvores e postes tortos	Árvores inclinadas em uma encosta são indicadores de episódios prévios de movimento na encosta ou rastejamento
10. Juntas ou planos de deslizamento	Superfície potencial de deslizamento para movimentos translacionais da encosta

Fonte: Gray e Leiser (1982).

Peck (1967) definiu um postulado muito útil para a identificação de encostas potencialmente instáveis, isto é, se não houver evidências de deslizamentos antigos na área, então é razoavelmente improvável que uma atividade moderada de construção inicie um novo. Por outro lado, se ocorreram deslizamentos antigos, então é bastante provável que mesmo pequenas operações de construção ativarão um deslizamento antigo ou poderão levar a um novo.

4.8. Prognósticos da Estabilidade de Encostas

4.8.1. Abordagens de Análise

Vários métodos de prognóstico da estabilidade de encostas e taludes estão disponíveis. As duas abordagens básicas são: (1) análise do equilíbrio-limite e (2) análise da deformação. A maioria dos métodos em uso hoje em dia faz parte da primeira categoria. Os métodos do equilíbrio-limite levam em consideração claramente os principais fatores que influenciam a tensão e a resistência ao cisalhamento de uma encosta (Tabela 4.10). Além disso, esses métodos são mais simples de ser aplicados do que a análise de deformação. Os métodos do equilíbrio-limite não resultam no cálculo das deformações esperadas na encosta; entretanto, existem muitos exemplos no qual as deformações precisas têm menor interesse, uma vez que o material essencialmente permaneça no local.

Um tratamento detalhado das análises de estabilidade de encostas está fora do escopo deste texto. O leitor interessado deve se dirigir a textos geotécnicos sobre o assunto (Lambe e Whitman, 1969; Morgensten e Sangrey, 1978; Huang, 1983). A intenção é principalmente rever os conceitos básicos das análises de estabilidade e descrever alguns métodos que são empregados na prática. Essa revisão servirá para: (a) explicar a combinação de condições que podem resultar em rupturas na encosta; (b) identificar a importância das variáveis hidrológicas, do solo e da encosta, relativamente à estabilidade; (c) estabelecer uma base analítica ou quantitativa para avaliar a influência da vegetação na estabilidade de uma encosta.

4.8.2. Análise do Equilíbrio-Limite

A análise do equilíbrio-limite é utilizada para determinar o fator de segurança (FS) para uma dada encosta. Ela também pode ser utilizada para determinar o efeito na estabilidade de uma encosta, onde um ou mais parâmetros são variáveis. Vários métodos e procedimentos baseados nos princípios do equilíbrio-limite foram desenvolvidos para esse fim. Independentemente do procedimento específico (Morgenstern e Sangrey,

1978), são comuns a todos os métodos de análise do equilíbrio-limite os seguintes princípios:

- *É necessária uma superfície ou um mecanismo de ruptura.* Assume-se que no caso mais simples as encostas perfeitas rompem ao longo de superfícies de deslizamento planas ou circulares, conforme mostrado esquematicamente na Figura 4.9. Superfícies de ruptura mais complexas também podem ser propostas e analisadas, isso quando as condições da encosta não são uniformes.
- *A resistência ao cisalhamento necessária para equilibrar a massa de ruptura é calculada por meio da estática.* Assume-se que a potencial massa de ruptura esteja em um estado de "equilíbrio-limite", e a resistência ao cisalhamento do solo ou rocha na massa de ruptura é mobilizada em todo lugar, ao longo da superfície de deslizamento.

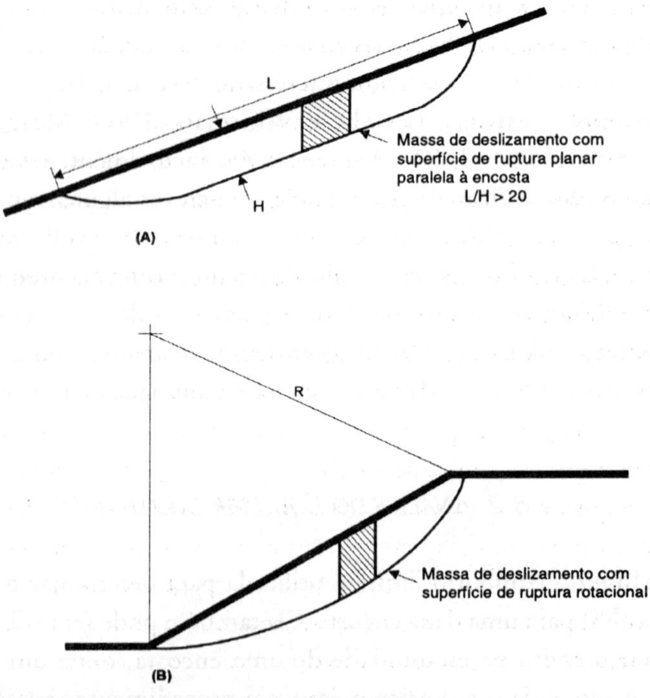

Figura 4.9 — Modelos ou mecanismos de cisalhamento nas encostas para a análise de estabilidade de massas: (A) ruptura translacional; (B) ruptura rotacional.
Fonte: Adaptada de Gray e Sotir (1996)

- *A resistência ao cisalhamento calculada necessária para o equilíbrio é comparada à força de cisalhamento disponível.* Essa comparação é feita em termos do fator de segurança, que geralmente é definido como o fator pelo qual a força de cisalhamento deve ser reduzida, de modo a colocar a encosta em um estado de equilíbrio-limite, ao longo de uma determinada superfície de deslizamento.
- *O mecanismo ou superfície de deslizamento com o menor fator de segurança é encontrado por repetição.* A superfície com o menor fator de segurança calculado é a superfície de deslizamento crítica. Se a sua localização é predeterminada ou restrita por controle estratigráfico (por exemplo, uma junta frágil na argila, um plano de articulação antigo ou um contato entre o solo residual e a rocha-matriz), outros testes geralmente são desnecessários.

Os principais requisitos para a condução de uma análise de estabilidade de encostas incluem:

- Descrição acurada da geometria da encosta
- Dados confiáveis sobre as propriedades do solo
- Definições corretas das cargas externas, isto é, sobrecargas, linhas de carga, cargas de terremotos
- Descrição correta da hidrologia da encosta, isto é, profundidade do lençol freático e condições de exfiltração
- Escolha do método correto de análise

Essas restrições e requisitos às vezes são difíceis de serem observados na prática. Alguns métodos de análise comuns rigorosamente não reúnem todos os requisitos necessários para o equilíbrio estático. Entretanto, isso não é uma limitação séria como os erros introduzidos pela incerteza na escolha e seleção apropriada dos parâmetros de entrada, especialmente os valores para a resistência ao cisalhamento do solo (Singh, 1970). Apesar dessas dificuldades e problemas, a análise do equilíbrio-limite fornece uma visão poderosa dos fatores e condições que controlam a estabilidade das encostas e também oferece uma base racional para se avaliar o risco da encosta e projetar medidas de remediação.

4.8.3. Parâmetros de Resistência ao Cisalhamento

A determinação do fator de segurança pelos métodos do equilíbrio-limite necessita de uma estimativa da resistência ao cisalhamento, que pode ser mobilizada ao longo da suposta superfície de ruptura. A força de cisalhamento do solo ou da rocha não consolidada é dada pelo critério de cisalhamento de Coulomb:

onde: s = resistência ao cisalhamento do material
σ = tensão normal na superfície de cisalhamento
$\varnothing$ = ângulo de fricção interno
c = coesão

O ângulo de fricção interno (ϕ) e a coesão (c) são conhecidos como os parâmetros de resistência ao cisalhamento. Eles podem ser determinados por diversos testes de laboratório em amostras representativas de solo ou, de forma alternativa, pelo cálculo reverso da análise de uma parte movimentada de uma encosta, assumindo-se um fator de segurança igual a 1.

O leitor interessado em verticalizar seus conhecimentos nessa área deve consultar os livros-texto de mecânica dos solos (Ortigão, 1995).

CAPÍTULO 5

FUNÇÃO DA VEGETAÇÃO NA ESTABILIDADE DE ENCOSTAS

A vegetação afeta a estabilidade superficial das encostas de diversas maneiras significativas e importantes. Várias influências hidromecânicas da vegetação, inclusive os métodos de prognóstico e quantificação de sua magnitude e importância na estabilidade, são abordadas neste capítulo. Os benefícios protetores ou estabilizadores da vegetação dependem do tipo de vegetação e do tipo de processo de degradação da encosta. No caso da estabilidade de massas, os benefícios protetores da vegetação arbórea vão desde o reforço e contenção mecânica pelas raízes e caules até a modificação da hidrologia da encosta, como resultado da extração de umidade do solo pela evapotranspiração.

A perda ou remoção da vegetação da encosta pode resultar no aumento das taxas de erosão ou em freqüências mais altas de rupturas nas encostas. Esse relacionamento de causa e efeito pode ser demonstrado de forma convincente, como resultado de muitos estudos de campo e de laboratório relatados na literatura técnica.

Na maior parte das vezes, a vegetação tem uma influência benéfica na estabilidade de encostas; entretanto, ocasionalmente, pode afetar a estabilidade de maneira adversa ou apresentar outros impactos indesejáveis. Por exemplo, ela pode obstruir vistas, atrapalhar a inspeção da encosta ou interferir nas operações contra alagamentos em barragens. Uma variedade de técnicas e estratégias é descrita no final deste capítulo, de forma a maximizar os benefícios e minimizar os riscos da vegetação. Isso inclui procedimentos, como a seleção e colocação apropriada da vegetação, além de técnicas de manejo, como a poda e a brotação.

A escolha correta das plantas é uma fase crítica. Uma cobertura de gramíneas ou vegetação herbácea muito apertada e densa, por exemplo, fornece uma das melhores proteções contra a erosão superficial. Ao contrário de uma vegetação arbórea com raízes profundas, que é mais eficiente para mitigar ou prevenir rupturas na estabilidade superficial e de massas de solo. Nesse sentido, a bioengenharia do solo e os métodos biotécnicos também podem ser vistos como estratégias ou procedimentos para minimizar o ônus da vegetação, enquanto capitaliza seus benefícios.

5.1. Influência sobre a Erosão Superficial

5.1.1. Funções Estabilizadoras

A vegetação tem uma função extremamente importante no controle da erosão pluvial. As perdas de solo devido à erosão pluvial podem ser diminuídas em até mil vezes (USDA, *Soil Conservation Service*, 1978), mantendo-se uma cobertura densa de gramíneas ou vegetação herbácea. Os efeitos benéficos da vegetação herbácea e de gramíneas na prevenção da erosão pluvial são assim apresentados:

- *Interceptação.* As folhagens e os resíduos de plantas absorvem a energia da chuva e impedem o destacamento do solo pelo impacto da chuva.
- *Contenção.* O sistema radicular ata ou contém fisicamente as partículas do solo, enquanto as partes acima da superfície filtram os sedimentos do escoamento superficial.
- *Retardamento.* Os caules e as folhagens aumentam a rugosidade da superfície e diminuem a velocidade do escoamento superficial.
- *Infiltração.* As plantas e seus resíduos ajudam a manter a porosidade e a permeabilidade do solo, conseqüentemente atrasando ou mesmo impedindo o início do escoamento superficial.

No caso de erosão superficial, a vegetação herbácea e as gramíneas são mais eficientes do que a vegetação arbórea, porque fornecem uma cobertura densa ao solo.

5.1.2. Fator de Cobertura Vegetal

Um bom medidor da influência da vegetação na prevenção da erosão do solo pode ser obtido pela análise da Equação Universal de Perda de Solo (USLE). A perda de solo anual de um local pode ser prognosticada de acordo com a USLE.

A USLE fornece um método direto e simples para estimar as perdas de solo e dá uma idéia da variabilidade de cada um dos parâmetros, sua importância relativa em afetar a erosão e a extensão na qual cada um pode ser modificado ou administrado, de forma a limitar as perdas de solo. Os fatores climáticos (R), topográfico (LS) e de erodibilidade (K) só variam em uma ordem de grandeza. O fator de cobertura (C), por outro lado, pode variar por várias ordens de grandeza, conforme apresentado na Tabela 5.1.

Tabela 5.1 — Fator de cobertura (C) para diferentes coberturas do solo

Tipo de cobertura	Fator C	Percentual de eficiência
Nenhum (solo desprotegido)	1,0	0,0
Semeadura com espécies temporárias (*stand* 90%):		
Centeio (tipo perene)	0,05	95
Centeio (anual)	0,10	90
Grão pequeno	0,05	95
Milheto	0,05	95
Outra gramínea (*bromegrass*)	0,03	97
Semeadura permanente (*stand* 90%)	0,01	99
Grama (após a instalação)	0,01	99
Mulch:		
Feno, taxa de aplicação (t/ha)		
1,23	0,25	75
2,47	0,13	87
3,71	0,17	93
4,94	0,02	98
Palha bem picada, 4,94t/ha	0,02	98
Cavaco de madeira, 14,8t/ha	0,06	94
Celulose, 3,71t/ha	0,10	90
Fibra de vidro, 3,71t/ha	0,05	95

Fonte: *USDA Soil Conservation Service* (1978).

Além do mais, ao contrário de outros fatores, o fator de cobertura (C) pode ser prontamente diminuído pela seleção, método de instalação e manutenção de um determinado sistema de cobertura. Os valores do fator C tendem a se modificar ao longo do tempo, de acordo com os tipos de tratamento da superfície, tais como *mulching* (cobertura morta), semeadura e transplantio. Por exemplo, os valores do fator C para gramíneas podem diminuir de 1 (para solo desprotegido, descoberto) para, aproximadamente, 0,001, desde a semeadura inicial até o completo estabelecimento da cultura.

5.1.3. Vegetação Recomendada

Sob condições normais, uma cobertura densa de gramíneas ou vegetação herbácea fornece a melhor proteção contra a erosão pluvial e eólica superficial. A cobertura com gramíneas pode ser estabelecida por semeadura. O mais comum é a utilização de uma mistura de sementes que normalmente inclui gramíneas que germinam rapidamente, de forma a fornecer uma proteção imediata a curto prazo, e leguminosas de crescimento mais lento que levam mais tempo para se estabelecer, mas que fornecem proteção a longo prazo, até que a revegetação com espécies nativas seja totalmente restabelecida. A mistura mais eficiente depende das condições do solo, do local e do clima. Pode-se consultar um agricultor ou profissional familiarizado com as condições locais. Podem ser necessárias também a preparação do local, a adubação e a cobertura do solo para garantir a germinação e o estabelecimento.

5.2. Influência na Erosão em Margens de Rios

As margens de rios e barragens estão sujeitas à erosão e atrito pelo fluxo d'água. A sua força erosiva aumenta com a velocidade da água. A vegetação da encosta pode ajudar a reduzir esse tipo de erosão da seguinte maneira: a parte aérea se reclina e cobre a superfície e/ou reduz a velocidade do fluxo adjacente à interface solo/água, enquanto as raízes abaixo do solo retêm ou mantêm fisicamente as partículas de solo no lugar. A extensão desses benefícios depende da área superficial de vegetação em contato com o fluxo e a flexibilidade dos ramos. Moitas densas de gramíneas e espécies herbáceas baixas que estendem vários ramos flexíveis e folhas dentro do fluxo d'água são as mais eficientes a esse respeito.

Existe alguma controvérsia sobre a opinião de se permitir que vegetação arbórea cresça em barragens, principalmente em seções revestidas. As objeções nesse sentido incluem a perda de velocidade de transporte, devido ao aumento da rugosidade, dificuldade de inspeção, a colocação de obstáculos para a operação de combate aos alagamentos e as supostas ameaças à integridade estrutural, como resultado da penetração das raízes e o subseqüente escoamento subsuperficial (*piping*). Como resposta a essas objeções, deve-se notar que em grandes rios o aumento na rugosidade do canal terá um efeito insignificante na forma e extensão do alagamento. Os efeitos da vegetação na integridade estrutural de taludes arenosos foram investigados por Shields e Gray (1993). Eles conduziram um extenso estudo de campo, ao longo de um trecho de 10km da barragem de um canal arenoso adjacente ao Rio Sacramento, na Califórnia. Seus estudos concluíram que a vegetação arbórea não afetava a integridade estrutural da barragem de forma adversa. Nenhum espaço vazio ou dutos foram observados no talude que pudessem ser atribuídos claramente ao sistema radicular das plantas. Pelo contrário, a presença do sistema radicular reforçou o solo e aumentou a resistência ao cisalhamento das camadas superficiais, de uma forma mensurável.

Na prática européia, a vegetação geralmente é estimulada como uma maneira de estabilizar margens de rios e barragens. Shields (1991) investigou a influência do crescimento de vegetação arbórea em um revestimento estrutural como o *rip-rap*. Sua pesquisa mostrou que a freqüência de rupturas no revestimento era, na verdade, menor nos revestimentos vegetados do que nas seções não vegetadas. A vegetação ajuda a ancorar as pedras da armação à margem e aumenta sua resistência ao carregamento pelo fluxo d'água. Além disso, revestimentos vegetados oferecem vantagens ao ecossistema ripariano e são menos agressivas visualmente, conforme observado na Figura 5.1.

(A)

(B)

Figura 5.1 — Vistas contrastantes de margens de rios. (A) Somente *rip-rap*; (B) *rip-rap* vegetado.

Fonte: Gray e Sotir (1996).

5.3. Influência na Estabilidade de Massas de Solo

5.3.1. Efeitos Hidromecânicos

Efeitos Benéficos versus *Efeitos Adversos.* A função protetora da vegetação na estabilidade de encostas tem tido seu reconhecimento (Coppin e Richards, 1990). Greenway (1987) apresentou um bom resumo das influências hidromecânicas da vegetação, relacionadas à estabilidade de massa. Essas influências estão caracterizadas esquematicamente na Figura 5.2 e tabuladas de acordo com seu efeito benéfico ou adverso.

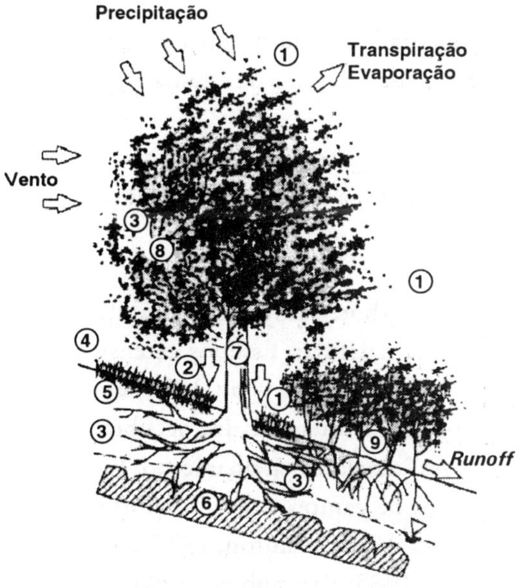

Mecanismos hidrológicos	Efeitos
1. A folhagem intercepta a chuva, causando perdas por absorção e por evaporação que reduzem a água disponível para inflitração	Benéfico
2. Raízes e ramos aumental a rugosidade e a permeabilidade do solo, levando a um aumento na capacidade de infiltração	Adverso
3. O sistema radicular extrai a umidade do solo, que é perdida para a atmosfera através da transpiração, levando a uma menor poropressão	Benéfico
4. A redução da umidade do solo pode acentuar as rachaduras do solo pelo ressecamento, resultando em uma maior capacidade de infiltração	Adverso
Mecanismos mecânicos	
5. As raízes reforçam o solo, aumentando a resistência ao cisalhamento	Benéfico
6. O sistema radicular das árvores pode se ancorar em um estrato firme, fornecendo suporte ao manto de solo encosta acima, através da sustentação e arqueamento	Benéfico
7. O peso das árvores sobrecarrega a encosta, aumentando as componentes normal e encosta abaixo.	Adverso/benéfico
8. A vegetação exposta ao vento transmite forças dinâmicas à encosta	Adverso
9. As raízes seguram as partículas do solo na sua superfície e aumentam a sua rugosidade, conseqüentemente reduzindo a suscetibilidade à erosão	Benéfico

Figura 5.2 — Influências hidromecânicas da vegetação sobre a estabilidade das encostas.
Fonte: Greenway (1987).

Alguns mecanismos, como, por exemplo, a sobrecarga, podem ser tanto benéficos quanto adversos, dependendo do solo e das condições da encosta. O principal mecanismo desestabilizador é, provavelmente, o vento, que pode causar uma instabilidade local na encosta. A redução da umidade do solo pela vegetação é uma faca de dois gumes: por um lado, a evapotranspiração leva a uma menor poropressão na encosta; por outro lado, a redução da umidade do solo pode acentuar o aparecimento de rachaduras, levando, conseqüentemente, a uma maior capacidade de infiltração.

Efeitos Benéficos. Os principais efeitos benéficos da vegetação arbórea na estabilidade de massa em encostas estão assim listados:

- *Reforço do sistema radicular.* As raízes reforçam o solo mecanicamente pela transferência da força de cisalhamento no solo para resistência à tensão nas raízes.
- *Redução da umidade do solo.* A evapotranspiração e a interceptação na folhagem podem limitar o desenvolvimento de uma poropressão positiva.
- *Suporte e arqueamento.* Os caules ancorados e incrustados podem agir como suporte ou pilastras, cancelando as forças de cisalhamento para baixo da encosta.
- *Sobrecarga.* O peso da vegetação pode, em certos casos, aumentar a estabilidade, confinando a tensão (normal) na superfície de cisalhamento.

A maneira mais óbvia na qual a vegetação arbórea aumenta a estabilidade da massa é através do reforço do sistema radicular. Estudos extensivos feitos em laboratório (Gray e Ohashi, 1983; Maher e Gray, 1990) em areia reforçada com fibras indicam que pequenas quantidades de fibras podem fornecer aumentos substanciais na resistência ao cisalhamento. Esses resultados foram confirmados por estudos de campo e de laboratório, em solos permeados por raízes (Endo e Tsuruta, 1969; Waldron, 1977; Ziemer, 1981; Riestenberg e Sovonick-Dunford, 1983; Riestenberg, 1994).

A ação de reforço e arqueamento do solo, associada com as raízes e caules/troncos da vegetação arbórea, também é componente importante da estabilização de encostas. Além disso, a evapotranspiração pela vegetação pode reduzir a poropressão dentro do manto do solo em encostas naturais, promovendo a estabilidade (Brenner, 1973). Esses efeitos benéficos foram analisados em detalhes por Gray e Leiser (1982) e Greenway (1987).

Efeitos Prejudiciais. A principal influência prejudicial na estabilidade da massa de solo, associada com a vegetação arbórea, parece ser a preocupação com as cargas externas e o perigo de elas caírem ou virarem com um vento muito forte (Nolan, 1984; Tschantz e Weaver, 1988). Se um torrão de raízes de tamanho significativo for revirado quando a árvore inclinar, ele pode reduzir a estabilidade de uma seção transversal, dependendo da posição da árvore na encosta. Esse problema, provavelmente, é o mais crítico para o caso de grandes árvores desenvolvendo-se em barragens, taludes ou margens de rios relativamente pequenos. Com relação às cargas externas, os taludes de barragens geralmente são rasos o suficiente para que o principal componente da sobrecarga possa agir perpendicularmente, em vez de paralelamente, à superfície de ruptura, e conseqüentemente aumentando a estabilidade. Entretanto, a localização das árvores no talude deve ser considerada em qualquer análise de estabilidade de encostas, de forma a confirmar a extensão na qual seu peso poderia afetar o balanço de forças.

O problema da sobrecarga e do vento pode ser eliminado pela seleção apropriada das plantas ou, de forma alternativa, pela prática da poda. O plantio de arbustos ou pequenas árvores, por exemplo, com uma relação sistema radicular/parte aérea muito grande aumenta a biomassa subterrânea em relação àquela acima da terra, minimizando, conseqüentemente, os problemas associados com a sobrecarga e com o vento. A poda permite que se crie uma vista desobstruída (uma razão freqüente para a remoção de árvores em encostas), reduzindo eficientemente a altura das árvores, enquanto mantém todos os benefícios fornecidos pelo sistema radicular de uma árvore viva. Essas práticas mitigadoras são descritas com maiores detalhes ao final deste capítulo.

5.4. Conseqüências da Remoção da Vegetação

Dado que o desenvolvimento de vegetação arbórea em encostas reforça o solo e melhora a estabilidade, de forma recíproca a sua remoção pode enfraquecer os solos e desestabilizar as encostas. Um dos primeiros estudos sobre essa questão foi conduzido por Bishop e Stevens (1964) em áreas desmatadas do sudeste do Alasca, os quais notaram um aumento significativo na freqüência e no tamanho da área afetada pelos deslizamentos, após um desmatamento (Figura 5.3). Eles concluíram que a destruição e a

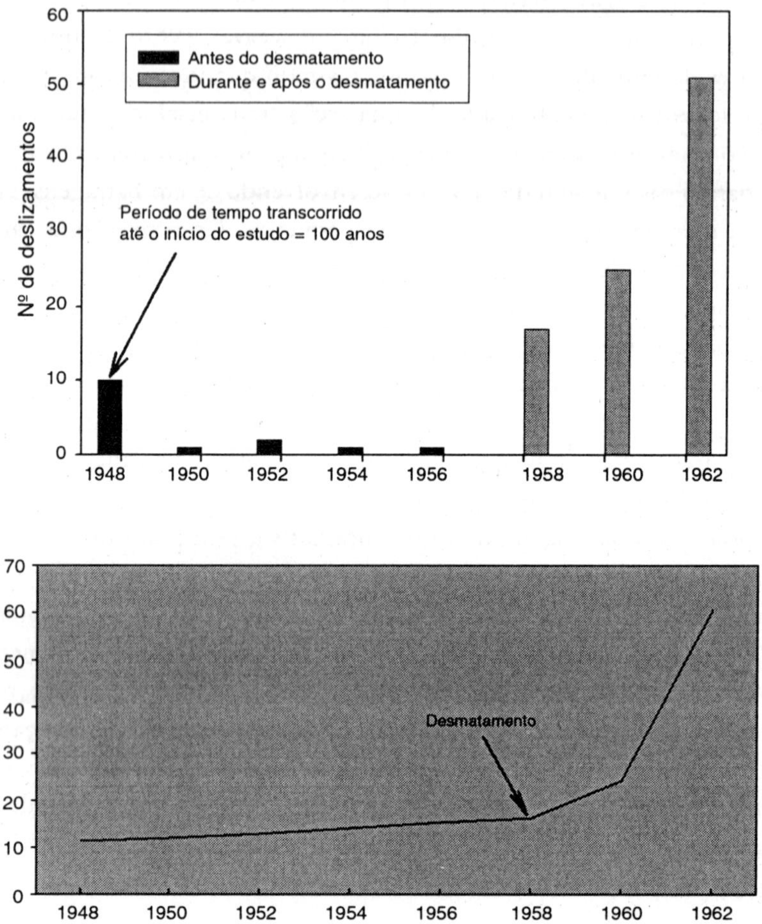

Figura 5.3 — Freqüência de deslizamentos antes e após desmatamentos.
Fonte: Bishop e Stevens (1964).

gradual deterioração dos sistemas radiculares interconectados eram a causa principal do aumento dos deslizamentos. Estudos subseqüentes conduzidos por outros pesquisadores (Megahan e Kidd, 1972; O'Loughlin, 1974; Swanston, 1974; Wu, 1976) geralmente corroboraram esses resultados.

Encostas íngremes e metaestáveis sustentadas por rochas e solos instáveis são particularmente sensíveis a perturbações criadas pela construção de estradas e pela retirada de madeira. A prática do desmatamento permite um exame detalhado a esse respeito. O desmatamento é um procedimento silvicultural, no qual toda a madeira, dentro de um determinado diâmetro mínimo, é derrubada e removida. Esse método é empregado normalmente para extração de madeiras em muitas partes do mundo. O desmatamento realizado em *stands* maduros e antigos pode resultar em locais desprotegidos, com tendência à erosão superficial e movimentos de massa (Figura 5.4).

Figura 5.4 — Vista de um local desmatado.
Foto: Gustavo Araujo.

Amaranthus *et al.* (1985), que investigaram e compararam os efeitos da exploração de madeira nas taxas de erosão em sete áreas diferentes no noroeste do Pacífico (EUA) com altas taxas de precipitação, estimaram que as taxas de erosão e de deslizamentos em áreas perturbadas eram, em média, cem vezes maiores em áreas de estradas do que em encostas naturais não perturbadas (Tabela 5.2). Seus resultados também mostraram que as taxas de erosão em áreas agrícolas após a colheita eram, em média, cinco vezes maiores do que em locais vegetados e não perturbados.

Tabela 5.2 — Taxas de erosão estimadas em estudos na costa noroeste do Pacífico

Tipos de terreno	Perdas médias por erosão (m^3/ha/ano)	Aumento em relação à cobertura natural
Áreas naturais	0,32	—
Áreas aradas	1,48	5x
Áreas de estradas	52,12	109x

Fonte: Adaptada de Amaranthus *et al.* (1985).

5.5. *Morfologia e Resistência das Raízes*

5.5.1. *Introdução*

A vegetação arbórea afeta a estabilidade do solo superficial, principalmente pelo aumento na resistência ao cisalhamento, através do reforço oferecido pelas raízes. O valor do sistema radicular nesse aspecto dependerá da sua resistência e concentração, características de ramificação e distribuição espacial no solo. A resistência e a arquitetura da raiz, por sua vez, são reguladas pelo tipo de planta e pelo solo e condições do local. É necessária alguma forma de avaliação desses dois fatores antes que os efeitos mecânicos das raízes das plantas arbóreas sobre a estabilidade da encosta possam ser considerados de uma maneira sistemática e confiável.

5.5.2. *Arquitetura das Raízes*

Terminologia e Classificação da Estrutura. Alguns termos específicos foram adotados para descrever as várias partes do sistema radicular de uma árvore, conforme pode ser observado na Figura 5.5. A *raiz pivotante* se refere à principal raiz vertical originada diretamente abaixo do tronco da árvore; as raízes terciárias (que se aprofundam) se referem às raízes verticais que se originam das raízes secundárias, e essas se referem àquelas que crescem a partir do caule, mas na orientação horizontal.

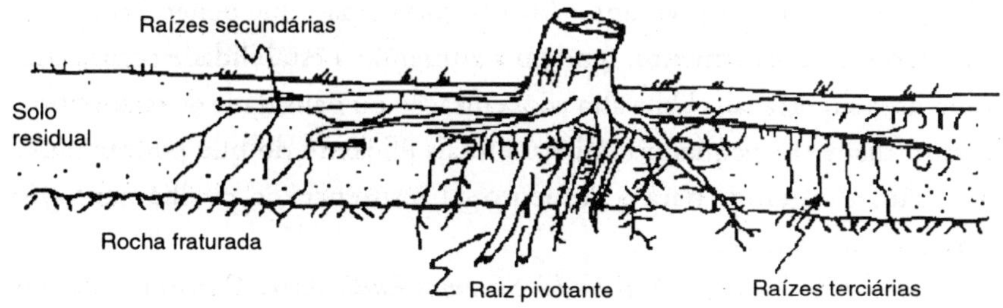

Figura 5.5 — Principais componentes do sistema radicular de uma árvore.
Fonte: Adaptada de Gray e Sotir (1996).

A morfologia geral do sistema radicular de uma árvore também pode ser categorizada. Três formas distintas foram reconhecidas, ou seja, os formatos pivotante, em forma de coração (*heartroot*) e em forma de bandeja (*platteroot*), conforme mostrado esquematicamente na Figura 5.6. Também podem ocorrer variantes dessas formas básicas. A morfologia é controlada geneticamente e pelas condições ambientais. O desenvolvimento de uma determinada arquitetura radicular em resposta a esses dois fatores dita sua contribuição à estabilidade da encosta. Em geral, sistemas

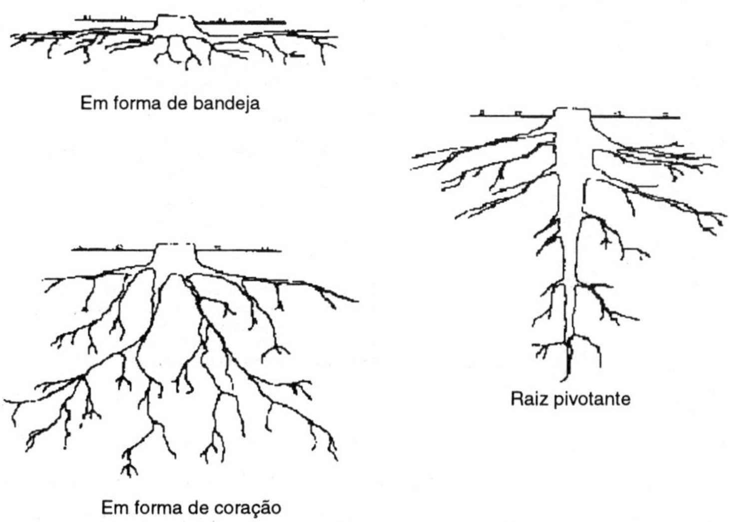

Figura 5.6 — Principais morfologias do sistema radicular de árvores.
Fonte: Adaptada de Wilde (1958).

radiculares com raízes pivotantes fortes e profundas, que penetram potenciais planos de cisalhamento, tendem a aumentar a estabilidade contra deslizamentos superficiais. Uma alta concentração ou densidade de raízes fibrosas com diâmetro pequeno também é mais eficiente do que poucas raízes com diâmetro grande para o aumento da resistência ao cisalhamento do solo permeada por raízes.

Profundidade e Distribuição dos Sistemas Radiculares. Raízes pivotantes e terciárias bem profundas fornecem a principal contribuição para a estabilidade de encostas, em face da resistência ao deslizamento superficial. A contenção mecânica contra deslizamentos só se estende até a profundidade de penetração das raízes. Além do mais, as raízes devem penetrar através da superfície de cisalhamento para ter um efeito significativo. A influência da contenção e reforço das raízes para diferentes estratigrafias e condições da encosta está resumida na Figura 5.7. A contenção mais eficiente é alcançada quando as raízes penetram através do manto de solo, em fraturas ou fissuras na rocha subjacente (tipo B), ou quando penetram em

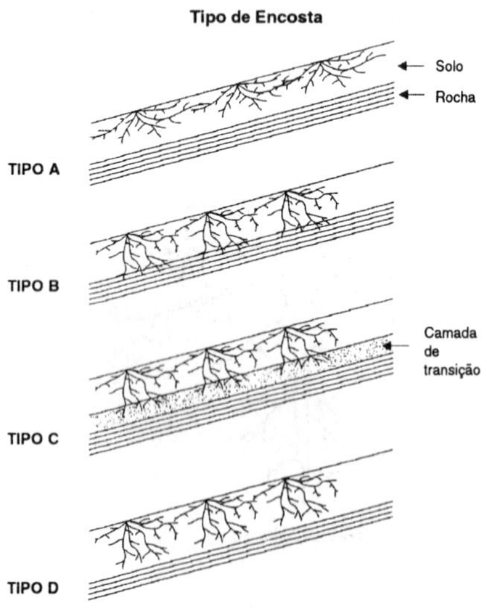

Descrição	Efeito Estabilizador das Raízes
A. Manto de solo relativamente fino, totalmente reforçado com raízes arbóreas, sustentado por rocha sólida que é impenetrável às raízes	Pequeno – plano de fraqueza ocorre na interface com a rocha
B. Similar ao tipo A, exceto pela rocha apresentar descontinuidades (fraturas) que são penetradas pelas raízes; os troncos podem agir como paliçadas	Principal
C. Manto de solo mais espesso, contendo uma camada de transição, com densidade do solo e resistência ao cisalhamento crescente com a profundidade. As raízes que penetram na camada de transição estabilizam a encosta	Substancial
D. Manto de solo espesso se estende abaixo da zona radicular; as raízes podem afetar o regime hidrológico, mas não penetram através dos planos de cisalhamento muito profundos	Menor – pequeno efeito na estabilidade profunda

Figura 5.7 — Influência da estratigrafia da encosta no efeito estabilizador das raízes versus rupturas na encosta.
Fonte: Adaptada de Tsukamoto e Kusuba (1984).

um solo residual ou zona de transição, cuja densidade e resistência ao cisalhamento aumentem com a profundidade (tipo C).

Por causa da necessidade de oxigênio, as raízes da maioria das árvores tendem a se concentrar próximo à superfície. Como princípio básico, o reforço mecânico ou influência de retenção das raízes em uma encosta é, provavelmente, limitado à zona de cerca de 1,5m da superfície. Estudos realizados por Patric *et al.* (1965), em uma plantação de pinheiros, mostraram que 80% a 90% das raízes em suas parcelas de experimentação estavam concentradas nos primeiros 90cm. A maior parte das raízes próxima à superfície era lateral; ao contrário das raízes abaixo dos 90cm que, geralmente, estavam orientadas na vertical.

Estudos sobre a morfologia das raízes necessitam de uma escavação cuidadosa e são difíceis e caros de serem realizados, particularmente no caso de grandes árvores. A arquitetura e distribuição das raízes de um pinheiro maduro (*Pinus radiata*) e outras espécies de árvores foram relatadas por Watson e O'Loughlin (1985 e 1990). Eles apresentaram diagramas e seções do sistema radicular de um pinheiro de vinte e cinco anos de idade. Nessa idade, as principais raízes laterais se estendiam até 10,4m do tronco. As raízes verticais penetraram numa profundidade máxima de 3,10m, mas estavam, em média, a 2,4m de profundidade.

As taxas de área radicular foram mensuradas como função da profundidade, em barragens arenosas ao longo do Rio Sacramento, na Califórnia (Shields e Gray, 1993), para uma variedade de espécies de plantas arbóreas. A expressão *taxa de área radicular* se refere à fração da área total da seção transversal de um solo que é ocupada pelas raízes. A taxa de área radicular comparada com as curvas de profundidade deste estudo é apresentada na Figura 5.8, para dois grupos mutuamente adjacentes de algumas moitas de arbustos. Essas curvas de distribuição são típicas da concentração de raízes (ou biomassa de raízes), como uma função da profundidade. Poucas raízes foram encontradas abaixo da profundidade de 1,2m em ambos os grupos.

O efeito estabilizador das raízes é menor quando há pouca ou nenhuma penetração através da interface de cisalhamento (Figura 5.7, tipos A e D). Entretanto, mesmo nesses casos, as raízes laterais podem ter uma função importante pela manutenção da continuidade de um manto de solo

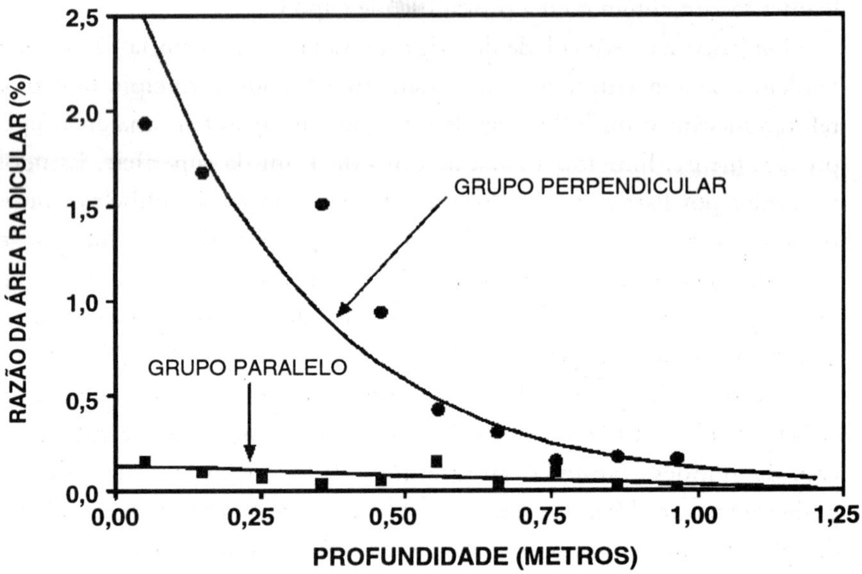

Figura 5.8 — Taxa de área radicular em contraste com a profundidade em trincheiras mutuamente perpendiculares.

Fonte: Shields e Gray (1993).

permeado por raízes em uma encosta. Um exemplo interessante do valor do reforço das raízes laterais (secundárias) é apresentado na Figura 5.9. A abertura de clareiras (desmatamento) e os trabalhos de terraplenagem, ao longo do topo de uma cumeeira íngreme e estreita, para a passagem de uma estrada, eliminaram a continuidade do manto de solo reforçado/permeado por raízes no seu topo. Isso, por sua vez, ativou uma ruptura na encosta (sob forma de "zíper"), na qual um manto de solo fino e florestado em ambos os lados da cumeeira foi eliminado e deslizou quando as raízes laterais foram cortadas.

Expansão radicular. As raízes das árvores podem se estender por distâncias consideráveis. Em um exemplo relatado por Kozlowski (1971), as raízes de álamos (*Populus* sp.), desenvolvendo-se em um solo arenoso, se estenderam por 65m. Geralmente, a extensão das raízes é relatada como

Figura 5.9 — Ruptura na encosta ao longo de uma cumeeira íngreme.
Fonte: Vertical Green do Brasil.

múltiplos da altura da árvore ou do diâmetro da copa. Kozlowski (1971) cita pinheiros com dez anos de idade, crescendo em solo arenoso, com raízes que se estendiam, aproximadamente, sete vezes a altura média das árvores, o que configura provavelmente um caso extremo. Um caso mais típico dos sistemas radiculares é o das árvores frutíferas crescendo em solo argiloso, que apresentavam raízes que se estendiam uma vez e meia o diâmetro da copa. Árvores semelhantes, crescendo em solo rico em matéria orgânica, estenderam suas raízes vinte e duas vezes o diâmetro da copa, e as que se desenvolveram em areia estenderam até três vezes. Como regra geral muito útil, pode-se dizer que um sistema radicular se estenderá por uma distância igual a, pelo menos, uma vez e meia o diâmetro da copa. A influência hidráulica de uma árvore, isto é, reduções significativas da umidade do solo causada pela evapotranspiração, pode ser sentida a uma distância de, pelo menos, uma vez a altura da árvore, conforme apresentado na Figura 5.10. Esses resultados têm implicações em relação à estabilidade da encosta e à colocação segura de estruturas adjacentes às árvores, desenvolvendo-se em solos compactados.

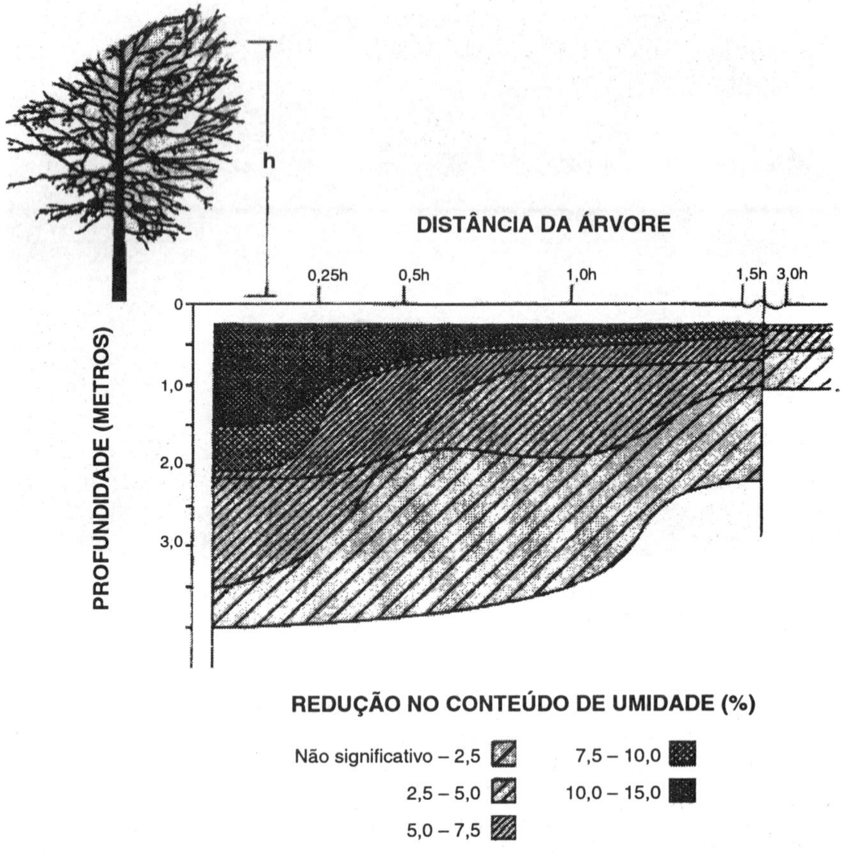

Figura 5.10 — Redução da umidade do solo próximo a uma árvore de álamo (*Populus deltoides*) se desenvolvendo em um solo argiloso.

Fonte: Biddle (1983).

Fatores que Afetam o Desenvolvimento das Raízes. O desenvolvimento e a estrutura das raízes são afetados inicialmente pelo caráter genético, mas são mais regulados pelas condições ambientais e edáficas (Sutton, 1969). Henderson *et al.* (1983) notaram que os sistemas radiculares tendem a crescer de forma ampla e profunda em solos bem drenados, ao contrário de quando se desenvolvem em solos superficiais sustentados por um substrato mais denso ou rochoso, apresentando uma estrutura plana, achatada (em forma de placa).

O grau no qual as raízes são capazes de penetrar na rocha subjacente depende, em grande parte, da natureza e extensão de suas descontinuidades (isto é, juntas e fraturas). Árvores crescendo em solos rasos e de textura grosseira desenvolvidos sobre rocha granítica, por exemplo, podem desenvolver raízes que penetram nas fissuras e fraturas na rocha subjacente, conforme observado na Figura 5.11. O solo desenvolvido sobre uma rocha granítica geralmente é grosseiro e incapaz de manter muita umidade (à exceção dos latossolos); conseqüentemente, as raízes procuram água nas fraturas e fissuras no leito da rocha. Essa adaptação, por sua vez, assegura que as árvores estarão bem ancoradas na encosta e que elas ajudarão a conter o movimento do manto de solo através da combinação das ações de sustentação e arqueamento (Gray e Leiser, 1982).

Figura 5.11 — Sistema radicular de um pinheiro (*Pinus ponderosa*) mostrando o desenvolvimento de um sistema radicular vertical extensivo que penetra nas fraturas da rocha. Fonte: Gray e Sotir (1996).

Estrutura/Distribuição Radicular — Métodos Experimentais. Vários métodos para determinação da estrutura e distribuição radicular são descritos com detalhes por Bohm (1979). Para se estimarem as contribuições que as raízes oferecem à resistência ao cisalhamento do solo são necessários os valores das "taxas de área radicular" ou as concentrações de biomassa radicular como função da profundidade. Essa relação varia espacialmente em três dimensões, conforme se vê esquematicamente na Figura 5.12. A taxa de área radicular de maior interesse coincide com a superfície crítica de deslizamento. Normalmente, essa superfície está orientada paralelamente à encosta.

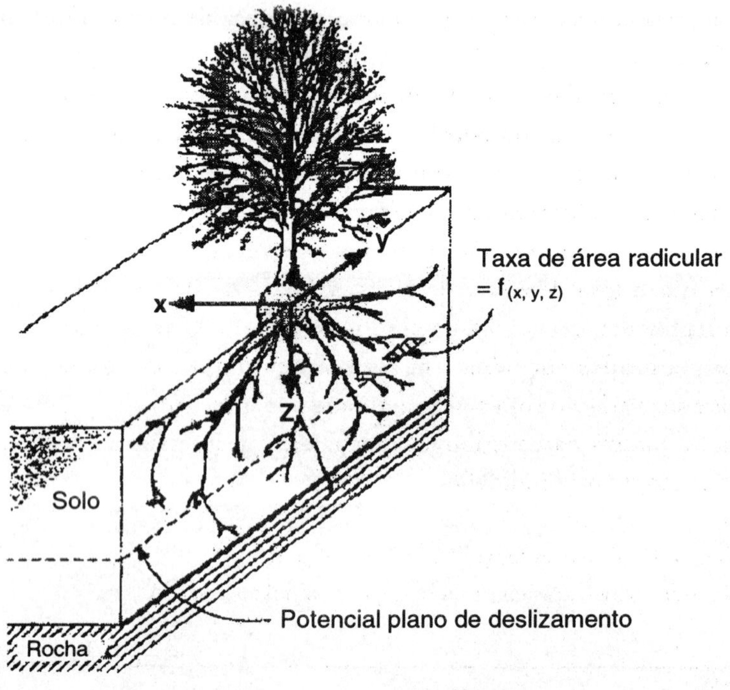

Figura 5.12 — Diagrama esquemático mostrando a variação na taxa de área radicular em uma encosta.
Fonte: Greenway (1987).

Uma das abordagens consiste simplesmente em recuperar grandes amostras de solo permeado por raízes, provenientes de várias profundidades, e medir a biomassa de raízes, por unidade de volume, a cada profundidade, peneirando-se o solo, recuperando e pesando as raízes. A biomassa de raízes por unidade de volume pode ser convertida para uma "taxa de área radicular" equivalente, se a unidade de peso ou a densidade das raízes for conhecida. De forma alternativa, as taxas de área radicular podem ser mensuradas diretamente em uma trincheira, usando-se o método das paredes do perfil (*profile wall*) (Bohm, 1979). Nesse método, as raízes expostas na face vertical da trincheira são mapeadas cuidadosamente por meio de um filme de acetato. As relações das áreas radiculares, nesse caso, são projetadas em um plano vertical e assume-se que sejam as mesmas em todas as direções, se essa informação for utilizada para se prever a resistência ao cisalhamento em uma análise de estabilidade do talude infinito (*infinite slope*).

A variação das taxas de áreas radiculares mensuradas usando-se o método das paredes do perfil, ao longo de duas trincheiras orientadas de forma perpendicular e paralelas ao cume de uma barragem arenosa no Rio Sacramento, Califórnia, está listada na Tabela 5.3. As trincheiras passavam adjacentes aos bosques de diferentes espécies de árvores. É interessante notar que a taxa de área radicular máxima é de, aproximadamente, 2%. Isso representa, provavelmente, o limite superior para as taxas de área em solos permeados por raízes, em estudos de campo e de laboratório. Essas taxas e sua variação com a profundidade podem ser utilizadas para se obter uma estimativa da contribuição das raízes à resistência ao cisalhamento, em função da profundidade.

Tabela 5.3 — Valores máximos e mínimos para a "taxa de área radicular" mensurados em trincheiras em uma barragem arenosa

Número do local	Descrição do local	Trincheira perpendicular	Trincheira paralela
2	Controle	0,010 – 0,58	0,010 – 2,02
3	Carvalho morto	0,001 – 0,24	0,001 – 0,40
4	Vale de carvalhos	0,060 – 0,83	0,008 – 0,13
5	Salgueiro (*Salix*)	0,004 – 0,34	0,001 – 0,32
7	Sabugueiro	0,070 – 1,10	0,006 – 0,16

Fonte: Adaptada de Gray e Sotir (1996).

5.5.3. Resistência Radicular

Fatores que Afetam a Resistência. Podem ser encontradas na literatura grandes variações na resistência das raízes, que dependem da espécie vegetal utilizada e de fatores locais, tais como o ambiente de desenvolvimento, a estação do ano, o diâmetro e a orientação das raízes. Greenway (1987) compilou uma excelente revisão sobre a resistência radicular e os fatores que a afetam. Com relação à influência dos efeitos sazonais, Hathaway e Penny (1975) relataram que as variações na gravidade específica e na relação lignina/celulose de raízes de álamo (*Populus* sp.) e de salgueiro (*Salix* sp.) produziram flutuações sazonais na resistência radicular. Schiechtl (1980) observou que as raízes que crescem na direção encosta acima eram mais fortes do que aquelas que se estendiam encosta abaixo, conforme apresentado na Tabela 5.4, para diversas espécies de árvores.

Tabela 5.4 — Força de resistência radicular de diferentes espécies de árvores mostrando o efeito da orientação

Espécie vegetal	**Força de resistência (MPa)**			**Número de amostras**
	Máximo	**Mínimo**	**Média**	
Alnus incana				
Encosta acima	10,6	55,5	32,8	28
Encosta abaixo	6,9	56,2	28,3	10
Alnus japonica				
Encosta acima	12,5	90,5	42,0	24
Encosta abaixo	17,2	73,8	40,1	25
Pinus densiflora				
Encosta acima	30,9	71,2	47,6	6
Encosta abaixo	12,7	33,8	24,8	9
Horizontal	8,9	41,6	28,4	5

Fonte: Adaptada de Gray e Sotir (1996).

Variação da Força de Resistência Radicular. As forças de resistência radicular têm sido mensuradas por diversos pesquisadores, apesar das dificuldades na condução de tais testes. As forças de resistência nominais relatadas na literatura estão condensadas na Tabela 5.5 para algumas espécies arbustivas e arbóreas. Essas resistências variam significativamente com o diâmetro da raiz e com o método de experimentação (como, por exemplo, em um ambiente úmido ou seco). Conseqüentemente, os valores listados nessa tabela devem ser considerados somente como médias aproximadas. Contudo, algumas tendências interessantes podem ser observadas nos valores tabulados. As forças de resistência podem se aproximar de 70MPa, mas parecem situar-se na escala de 10 a 40MPa, para a maioria das espécies. O grupo das coníferas tende a ter forças de resistência menores do que árvores decíduas. Os arbustos parecem ter forças de resistência radicular pelo menos comparáveis àquelas das árvores. Isso é um resultado importante porque um reforço equivalente pode ser produzido pelos arbustos, em profundidades superficiais, sem o ônus concomitante das árvores, resultante de seu maior peso, rigidez e tendência à derrubada pelo vento. Isso poderia ser uma consideração importante, por exemplo, na estabilização de margens de rios e encostas de barragens. Espécies de salgueiro (*Salix* spp.), que são utilizadas freqüentemente nos trabalhos de bioengenharia, têm forças de resistência radicular que variam de, aproximadamente, 14 a 35 MPa (2.000 a 5.000psi).

É importante reconhecer que a força de resistência radicular é afetada pela espécie vegetal, da mesma forma que pelas diferenças no tamanho (diâmetro) das raízes. Vários pesquisadores (Turmanina, 1965; Wu, 1976; Burroughs e Thomas, 1977; Nilaweera, 1994) relataram uma redução na força de resistência radicular com o aumento do tamanho (diâmetro). As raízes não são diferentes, a esse respeito, das fibras de outros materiais que exibem uma tendência semelhante. A variação da força de resistência radicular em função do diâmetro da raiz, para diversas espécies arbóreas tropicais, é apresentada na Figura 5.13. As forças de resistência radicular variam de, aproximadamente, 8 a 80MPa, para diâmetros radiculares que variam de 2 a 15mm. Uma redução de 5 para 2mm, no diâmetro das raízes, pode duplicar ou mesmo triplicar a força de resistência radicular.

Fica evidente que as raízes mais finas podem contribuir significativamente para o aumento do reforço do solo e da força de resistência.

Tabela 5.5 — Força de resistência nominal de algumas espécies

Espécie	Força de resistência média (MPa)
Espécies arbóreas	
Abies concolor	11
Acacia confusa	11
Alnus firma var. *multinervis*	52
Alnus incana	32
Alnus japonica	42
Betula pendula	38
Ficus benjamina	13
Hevea braziliensis	11
Nothofagus fusca	32
Picea sitchensis	16
Picea abies	28
Pinus densiflora	33
Pinus lambertiana	10
Pinus ponderosa	10
Pinus radiata	18
Populus deltoides	37
Populus euramericana	33
Pseudotsuga mensieii (var. Costa do Pacífico)	55
Pseudotsuga mensieii (var. Montanhas Rochosas)	19
Quercus robur	20
Sambucus callicarpa	19
Salix fragilis	18
Salix helvetica	14
Salix matsudana	36
Salix purpurea (Booth)	37
Tilia cordata	26
Espécies arbustivas	
Tsuga heterophylla	20
Castanopsis chrysophylla	18
Ceanothus velutinus	21
Cytisus scoparius	33
Lespedeza bicolor	71
Vaccinium spp.	16

Fonte: Adaptada de Schiechtl (1980).

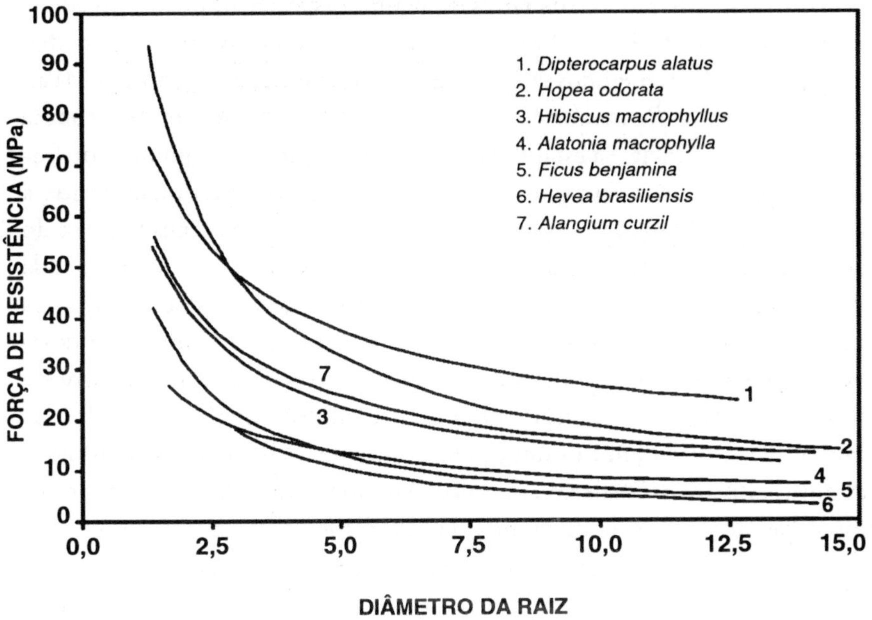

Figura 5.13 — Relacionamento entre a força de resistência e o diâmetro radicular para diversas espécies arbóreas tropicais.

Fonte: Adaptada de Nilaweera (1994).

Raízes mais finas não só têm a vantagem de apresentar forças de resistência maiores, como também uma resistência superior para serem arrancadas do solo, porque elas apresentam uma superfície específica maior do que as raízes mais grossas, a taxas de área radicular equivalentes. O relacionamento entre a força de resistência radicular e o diâmetro da raiz pode ser expresso sob a forma de uma equação logarítmica conforme se segue:

$$T_r = nD^m \quad \text{Eq. 5.1}$$

onde: T_r = força de resistência radicular

D = diâmetro radicular

n e m = constantes empíricas para uma dada espécie arbórea

Os valores de n e m para raízes de algumas espécies arbóreas de madeira nobre variam de 29,1 a 87,0 e de – 0,76 a – 0,45, respectivamente, para diâmetros radiculares medidos em milímetros e forças de resistência em MPa.

Decaimento Radicular e *Perda da Resistência.* A vegetação arbórea melhora a resistência e a estabilidade do solo em encostas íngremes; de forma recíproca, a sua retirada, seja por derrubada ou queimada, tende a diminuir a estabilidade. A principal razão para a perda da estabilidade e do aumento na freqüência de deslizamentos de encostas, após uma derrubada da vegetação, é o decaimento da raiz e a perda de resistência. As raízes menores que têm as maiores forças de resistência são as primeiras a desaparecer após um corte ou derrubada. Haverá um período entre o corte e a regeneração da nova brotação em que a estabilidade diminuirá gradativamente, alcançando um mínimo, e então aumentará novamente, conforme as novas raízes se estabelecem no solo. O tempo para se alcançar este mínimo depende da espécie de árvore, das condições do local e do momento das operações de reflorestamento (Gray e Megahan, 1980).

A perda da resistência em função do tempo, após uma derrubada, tem sido relatada por uma série de pesquisadores. O declínio da força de resistência radicular pode ser aproximado por um relacionamento exponencial negativo (Ziemer e Swanston, 1977; O'Loughlin e Watson, 1979), que pode ser assim expresso:

$$T_{rt} = T_{r_0} e\text{-}bt \qquad \text{Eq. 5.2}$$

onde: T_{rt} = força de resistência de raízes amostradas de tocos cortados t meses antes da amostragem

T_{r_0} = força de resistência da madeira de raiz amostrada de árvores vivas

b = probabilidade do decaimento

t = idade do toco (tempo entre a derrubada e a amostragem)

O termo e^{-b} é uma expressão da taxa de decaimento da resistência; conseqüentemente, o período de tempo para a resistência radicular decair à metade da força de resistência da planta viva é:

$$t_{0,5} = \log 0{,}5/\log e^{-b} \qquad \text{Eq. 5.3}$$

onde: $t_{0,5}$ = "meia-vida" da resistência radicular após a derrubada.

O'Loughlin e Watson (1979) mediram as forças de resistência das raízes de *Pinus radiata*, em épocas diferentes, após a derrubada e em árvores vivas; seus resultados estão listados na Tabela 5.6.

A força de resistência média das raízes de *Pinus radiata* nesse estudo diminuiu de, aproximadamente, 18 para 3MPa, 29 meses após a derrubada. O diâmetro médio das raízes aumentou de 5,3 para 8,3mm, refletindo uma taxa de decaimento mais rápida e o desaparecimento das raízes menores. Para a espécie *Pinus radiata*, a curva de declínio da resistência a partir desses dados é:

$$T_{rt} = 19{,}0e^{-0{,}056t} \qquad (r^2 = 0{,}95)$$

e a "meia-vida" da resistência é:

$$t_{0,5} = 14{,}8 \text{ meses}$$

Tabela 5.6 — Força de resistência de raízes de *Pinus radiata* após o corte em diferentes épocas

Tipo de raiz	Força de resistência média (MPa)	Diâmetro radicular médio (mm)	Número de raízes testadas
Árvores vivas	17,6	5,3	188
Corte de 3 meses	14,4	5,6	105
Corte de 9 meses	12,3	6,2	134
Corte de 14 meses	11,0	6,8	140
Corte de 29 meses	3,3	8,3	59

Fonte: O'Loughlin e Watson (1979).

Relacionamentos semelhantes foram relatados para outras espécies de árvores. Burroughs e Thomas (1977) determinaram a força de resistência das raízes de *Pseudotsuga mensieii* (espécies da Costa do Pacífico e das Montanhas Rochosas), como uma função do tempo após a derrubada e do diâmetro radicular. Foi observada uma diminuição acentuada na força de resistência em função do tempo, sendo o declínio mais rápido nas espécies da Costa do Pacífico, conforme observado na Figura 5.14.

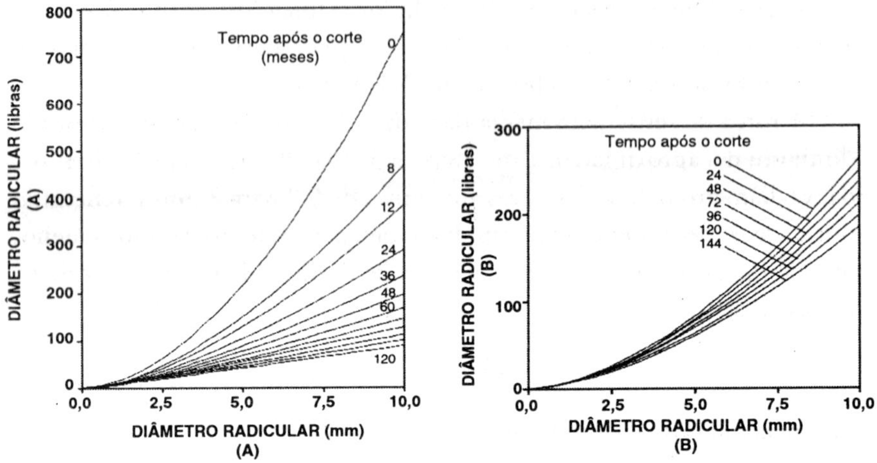

Figura 5.14 — Resistência radicular como função do diâmetro das raízes e do tempo após o corte em *Pseudotsuga mensieii.* (A) espécie da Costa do Pacífico; (B) espécie das Montanhas Rochosas.

Fonte: Burroughs e Thomas (1977).

5.6. Fortalecimento do Solo pelas Raízes e Fibras

5.6.1. Modelos de Equilíbrio de Forças

Várias pesquisas importantes foram realizadas em diversas frentes nas duas últimas décadas, pesquisas essas que melhoraram enormemente nossos conhecimentos sobre o fortalecimento do solo através das raízes e a sua contribuição à estabilidade das encostas. Esses estudos incluem a modelagem das interações solo-raiz, estudos de laboratório dos compostos fibra/solo e testes de cisalhamento *in situ* de solos permeados por raízes.

Modelos de equilíbrio de forças relativamente simples e diretos (Waldron, 1977; Wu *et al.*, 1979; Waldron e Dakessian, 1981) oferecem uma visão muito útil sobre a natureza das interações solo-raiz/fibra e a contribuição das fibras radiculares para a resistência ao cisalhamento do solo. Também foram desenvolvidos modelos mais sofisticados baseados nas características de deformação dos compostos reforçados por fibras (Shrewbridge e Sitar, 1989 e 1990) e modelos estatísticos que levam em consideração a distribuição aleatória e as características de ramificação dos sistemas radiculares (Wu *et al.*, 1988a e 1988b).

As fibras radiculares aumentam a resistência ao cisalhamento do solo, principalmente pela transferência das forças de cisalhamento, que se desenvolvem na matriz do solo em forças de resistência nas fibras, através do atrito na interface ao longo da extensão das fibras que estão fixas. Esse processo é apresentado esquematicamente na Figura 5.15, para uma fibra fixa ao solo, de forma perpendicular à superfície de cisalhamento. Quando o cisalhamento ocorre, a fibra é deformada conforme se pode observar. Essa deformação causa um alongamento da fibra, desde que haja atrito suficiente na interface raiz-solo e uma tensão limitada para manter as fibras no lugar e evitar deslizamento ou o arrancamento das raízes. Esse alongamento mobiliza a força de resistência na fibra. O componente dessa força tangencial à zona de cisalhamento resiste diretamente à ruptura, enquanto o componente normal aumenta a tensão limitada no plano de cisalhamento.

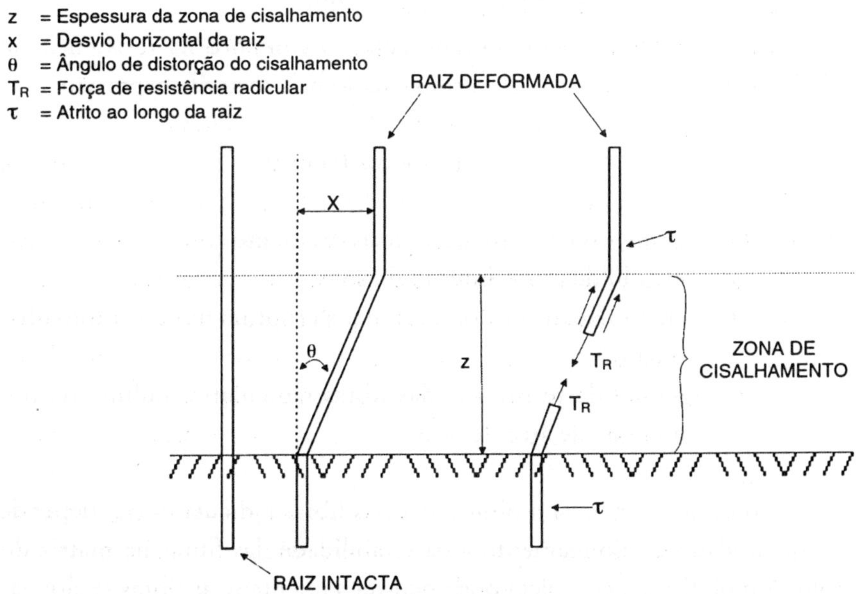

Figura 5.15 — Diagrama esquemático do modelo de fortalecimento da raiz perpendicular.
Fonte: Gray e Sotir (1996).

A hipótese da orientação inicial da fibra sendo perpendicular à superfície de cisalhamento necessita de uma discussão posterior. As fibras radiculares têm muitas orientações e são improváveis de ter a orientação perpendicular à superfície do plano de cisalhamento. Além do mais, tanto as análises teóricas quanto os estudos de laboratório (Gray e Ohashi, 1983) mostraram que a orientação perpendicular não é a melhor. As fibras com orientação inicial formando um ângulo agudo (< 90°) na direção da tensão principal máxima resultam em um aumento na resistência ao cisalhamento. Essa orientação corresponde ao ângulo de repouso ($45 + \phi/2$), ou aproximadamente 60° na maioria das areias. De forma contrária, uma orientação oblíqua com a superfície de cisalhamento (> 90°) pode, na verdade, resultar em um decréscimo na resistência ao cisalhamento, porque as fibras inicialmente sofrem compressão em vez de tensão. O modelo simples, perpendicular, é, na realidade, uma simulação muito útil, porque ele produz uma estimativa média de todas as orientações possíveis. Esse resultado é confirmado por estudos de laboratório em misturas de areia e fibra (Gray e Ohashi, 1983) e por estudos estatísticos em areias com fibras distribuídas aleatoriamente (Maher e Gray, 1990).

Baseado nesse modelo perpendicular, o aumento na resistência ao cisalhamento do composto fibra/solo é dado pela seguinte expressão:

$$\Delta s = t_R \,[\text{sen}\ \theta + \cos\theta \tan\phi] \qquad \text{Eq. 5.4}$$

onde: Δs = aumento na resistência ao cisalhamento

ϕ = ângulo de atrito interno do solo

θ = ângulo de distorção causado pela ruptura na zona de cisalhamento

t_R = tensão de resistência das fibras radiculares mobilizada por unidade de área de solo

A força de resistência mobilizada pelas fibras radiculares (t_R) depende da quantidade de alongamento e da estabilidade das fibras na matriz do solo. A mobilização completa pode ocorrer somente se as fibras se alongarem suficientemente e se as fibras radiculares fixas na matriz do solo forem impedidas de deslizar ou serem arrancadas. Para que não sejam arrancadas do solo, é necessário que as fibras sejam suficientemente longas, com suas extremidades fixas e/ou sujeitas a tensões de confinamento altas o bastante para aumentar o atrito na interface com o solo. Conseqüentemente, três diferentes respostas são possíveis durante o cisalhamento de um composto de solo reforçado com fibras, que são o rompimento, o alongamento ou o deslizamento das fibras.

Modo de Rompimento da Fibra. O aumento da resistência ao cisalhamento proveniente da mobilização total da força de tensão (resistência) das fibras radiculares exige o cálculo de sua força de resistência média, T_R, e a fração da seção transversal de solo ocupada pelas raízes ou A_R/A. A tensão mobilizada por unidade de área de solo (t_R) nesse caso é dada por:

$$t_R = T_R(A_R/A) \qquad \text{Eq. 5.5}$$

O ângulo de distorção causado pelo cisalhamento é:

$$\theta = \tan^{-1}(x/z) \qquad \text{Eq. 5.6}$$

onde: x = deslocamento causado pelo cisalhamento
z = espessura da zona de cisalhamento

A fração da seção transversal de solo ocupada pelas raízes, também chamada de taxa de área radicular, pode ser determinada pela contagem das raízes por classe de tamanho para um determinado solo, conforme:

$$\frac{A_R}{A} = \frac{\sum n_i a_i}{A} \qquad \text{Eq. 5.7}$$

onde: n_i = número de raízes na classe de tamanho i
a_i = área média da seção transversal ocupada por raízes da classe de tamanho i

Considerando a variação na resistência das fibras radiculares em função do diâmetro radicular, a pressão média das raízes (T_R) pode ser determinada por:

$$T_R = \frac{\sum T_i n_i a_i}{\sum n_i a_i} \qquad \text{Eq. 5.8}$$

onde: T_i = resistência radicular na classe de tamanho i

Substituindo-se a Equação 5.5 pela Equação 5.4, o aumento previsto na resistência ao cisalhamento proveniente da mobilização total da força de resistência radicular será dado por:

$$\Delta S = T_R\,(A_R/A)[\text{sen}\ \theta + \cos\theta \tan\phi] \qquad \text{Eq. 5.9}$$

O valor do termo entre colchetes [sen θ + cos θ tan ϕ] na Equação 5.9 é relativamente insensível às variações normais em θ e ϕ, de modo que Wu *et al.* (1979) propõem um valor médio de 1,2 para esse termo. A Equação 5.9 pode então ser simplificada para:

$$\Delta S = 1{,}2T_R\,(A_R/A) \qquad \text{Eq. 5.10}$$

Assim, o aumento previsto da resistência ao cisalhamento depende totalmente da força de pressão média das raízes e da taxa de área radicular. Esse modelo assume que as raízes estejam bem ancoradas e que não são arrancadas sob tensão. Para que essa hipótese seja satisfeita, as fibras radiculares devem ser longas o bastante e/ou sujeitas a um atrito adequado na interface com o solo. Se assumirmos uma distribuição uniforme e normal do atrito na interface entre o solo e a raiz, o comprimento mínimo radicular, L_{min}, necessário para se evitar o deslizamento e arrancamento, é dado por:

$$L_{min} = \frac{T_R D}{4\tau_b} \qquad \text{Eq. 5.11}$$

onde: T_R = força de resistência radicular
D = diâmetro radicular
τ_b = atrito na interface entre o solo e a raiz

O atrito de ligação entre as fibras radiculares e o solo pode ser estimado a partir da tensão confinada, agindo sobre as fibras e do coeficiente de atrito. Para fibras verticais, esse atrito varia com a profundidade e pode ser calculado pela equação:

$$\tau_b = z\gamma\,(1 - \text{sen}\ \phi\,) f \tan\phi \qquad \text{Eq. 5.12}$$

onde: z = profundidade abaixo da superfície do solo
γ = densidade do solo
ϕ = ângulo de atrito interno do solo
f = coeficiente de atrito entre a fibra radicular e o solo

O coeficiente de atrito entre o solo e a planta varia de 0,7 a 0,9. A textura áspera e a forma tortuosa das raízes significam que seus coeficientes de atrito provavelmente se situarão próximo à extremidade (*high end*).

As raízes geralmente excedem o critério de comprimento dado na Equação 5.11, exceto próximo à superfície do solo, onde a tensão confinada e, portanto, as forças de ligação serão menores. Essa afirmação é sustentada pelas observações de campo, onde uma preponderância de raízes quebradas, em comparação com as raízes que foram arrancadas, pode ser vista em cicatrizes de deslizamentos ou em superfícies de ruptura.

Modo de Alongamento das Fibras. A falta de um alongamento suficiente das fibras, em conjunto com as necessidades de compatibilidade com a tensão, pode impedir a mobilização da tensão da fibra radicular ou da força de rompimento. Nesse caso, o cálculo da força de pressão mobilizada (t_R) será regulado pela quantidade de alongamento da fibra e o módulo de tensão da fibra (E_R). Uma análise do equilíbrio de forças produz a seguinte expressão para a força de pressão mobilizada por unidade de área de solo:

$$t_R = \kappa\alpha\,(A_R/A) \qquad \text{Eq. 5.13}$$

onde: $k = (4z\tau_b\,E_R/D)^{1/2}$; $\alpha = (sec\ \theta - 1)^{1/2}$ Eq. 5.14

onde: E_R = módulo de tensão da fibra radicular
z = espessura da zona de cisalhamento
D = diâmetro da fibra
t_b = força de ligação solo/raiz
θ = ângulo de distorção causado pelo cisalhamento

A Equação 5.13 assume uma distribuição linear da força de resistência na fibra, o valor zero nas extremidades até um valor máximo no plano de cisalhamento. Uma distribuição parabólica da força produziria um valor levemente mais alto (Waldron, 1977). Substituindo-se a Equação 5.14 pela Equação 5.4, o aumento previsto na resistência ao cisalhamento proveniente da mobilização da resistência radicular à tensão pela sua extensão será dado por:

$$\Delta S = \kappa\alpha\ (A_R/A)\ [\text{sen}\ \theta + \cos\theta \tan\phi] \qquad \text{Eq. 5.15}$$

Essa expressão revela que o aumento da resistência ao cisalhamento varia inversamente com a raiz quadrada do diâmetro da fibra. Conseqüentemente, a taxas de área radicular semelhantes, as fibras de diâmetro pequeno serão mais eficientes do que as de diâmetros maiores.

Modo de Deslizamento das Fibras. Se as fibras são muito curtas e não estiverem contidas, e sujeitas a tensões de confinamento baixas, tenderão a deslizar ou ser arrancadas, quando o composto solo/fibra sofrer um cisalhamento. No entanto, elas continuarão a contribuir para um aumento do fortalecimento. Em um deslizamento incipiente, a tensão máxima em uma fibra radicular, T_N, é dada por:

$$T_N = 2\tau_b\, L/D \qquad \text{Eq. 5.16}$$

onde: D = diâmetro radicular
L = comprimento radicular no qual a tensão máxima ocorre no centro

O fortalecimento ou aumento da resistência ao cisalhamento proveniente de n raízes que deslizaram de uma classe de tamanho é dado por:

$$\Delta S = \{\pi\tau_b\, nLD/2A\}[\text{sen}\ \theta + \cos\theta \tan\phi\ ] \qquad \text{Eq. 5.17}$$

Se houver *j* classes de tamanhos de raízes que deslizaram com n_i raízes em cada classe de tamanho, então o aumento na resistência ao cisalhamento é dado por:

$$\Delta S = \{\pi\tau_b/2A\}[\text{sen}\ \theta + \cos\theta\tan\phi\ ]\ \sum n_i L_i D_i \qquad \text{Eq. 5.18}$$

Sob condições de campo, as raízes se apresentam em diferentes tamanhos e comprimentos e podem ter diferentes forças de resistência e graus de fixação. Conseqüentemente, todos os três mecanismos podem ocorrer simultaneamente. Waldron e Dakessian (1981) demonstram alguns procedimentos para a contagem sistemática de cada um. Esses modelos são idealizações das condições reais, mas eles mostram quais parâmetros são importantes e como eles afetam a resistência ao cisalhamento. Além disso, as tendências e os relacionamentos previstos por esses modelos simples de equilíbrio de forças foram validados por estudos de laboratório em solos reforçados por fibras.

5.6.2. Testes de Campo e de Laboratório

A presença de fibras (raízes) em um solo aumenta a sua resistência ao cisalhamento, sob formas que podem ser previstas pelos modelos de equilíbrio de forças descritos na Seção 5.6.1. O reforço das fibras em um solo arenoso sem aderência é manifestado no comportamento compressão-dilatação do composto solo/fibra e nas superfícies de ruptura, conforme pode ser observado nas Figuras 5.16 e 5.17, respectivamente.

O reforço dado pelas fibras tende a aumentar o pico de tensão e reduzir a perda de tensão pós-pico em solos densos. As superfícies de ruptura em areias reforçadas por fibras tendem a ser bilineares. A parte inicial do gráfico é íngreme e então se curva, tornando-se paralelo ao envelope não reforçado. O ponto de interrupção (*break point*) coincide com a tensão de confinamento crítica. Abaixo dessa tensão, as fibras tendem a deslizar, enquanto acima dessa tensão as fibras se travam e se esticam. O ponto de interrupção na superfície se desloca para a esquerda, isto é, a tensão de confinamento crítica é reduzida, conforme o comprimento da fibra aumenta e elas se fixam no local mais facilmente.

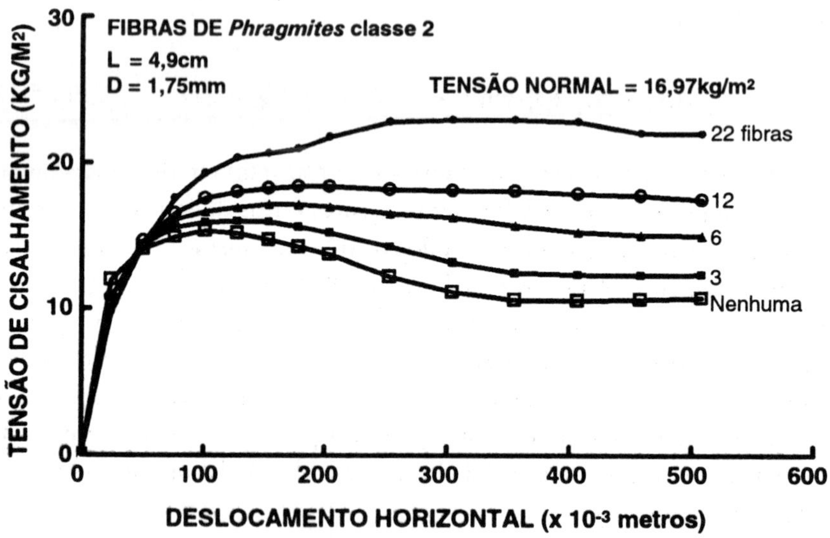

Figura 5.16 — Efeito de quantidades crescentes de fibras no comportamento compressão-dilatação de uma areia seca, em um teste direto de cisalhamento. Fibras com orientação perpendicular ao plano de falha. L = comprimento; D = diâmetro.

Fonte: Gray e Sotir (1996).

Uma superfície de ruptura bilinear ou curvilínea é uma marca registrada de todos os solos fortalecidos com fibras, independentemente do tipo de teste ou reforço. Superfícies de ruptura bilineares com uma interrupção precisa e bem definida são particularmente bem evidenciadas em areias angulares e bem homogêneas, como pode ser observado na Figura 5.17. A extrapolação da segunda parte da curva para a ordenada resulta na interceptação da aderência. No caso de areias secas e sem aderência reforçadas com fibras radiculares, essa interceptação define um aumento na resistência ao cisalhamento (às vezes referida como "aderência radicular").

Testes de laboratório mostram que o aumento na resistência ao cisalhamento, ou aderência radicular, é proporcional à quantidade de fibras ou taxa de área radicular, como mostrado na Figura 5.18, para uma duna de areia seca com fibras direcionadas testadas em tensão direta, e na

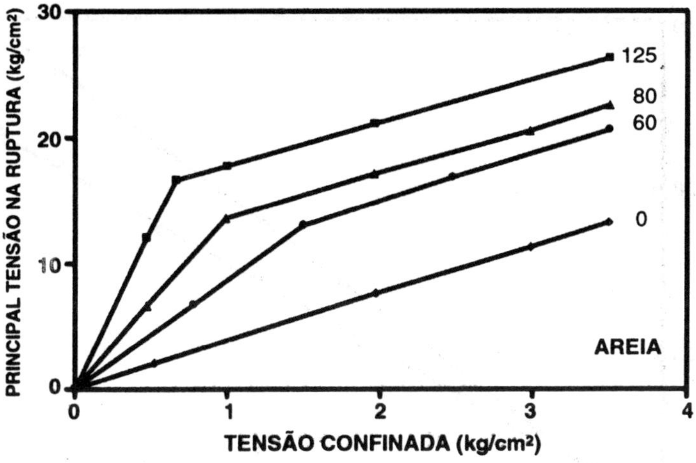

Figura 5.17 — Efeito de fibras nas superfícies de ruptura de uma areia seca angular, reforçada com fibras distribuídas aleatoriamente, com diferentes relações comprimento/diâmetro.

Fonte: Gray e Sotir (1996).

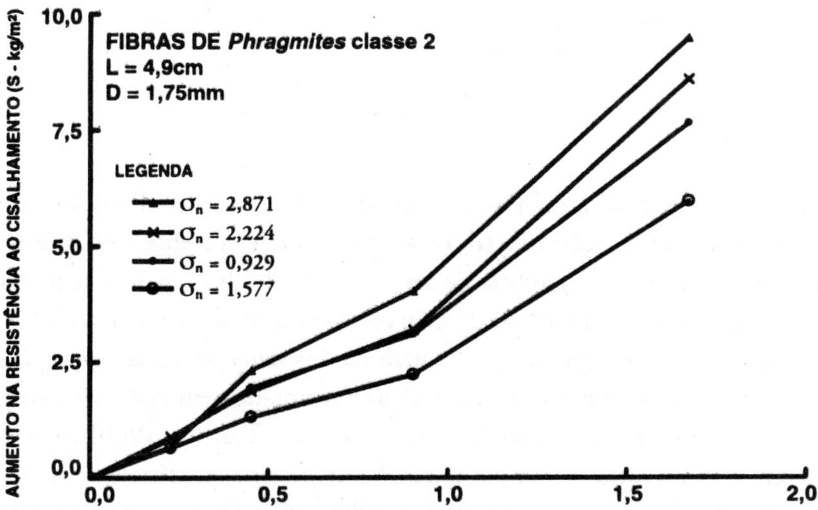

Figura 5.18 — Aumentos na resistência ao cisalhamento versus conteúdo de fibra para uma duna de areia com fibras orientadas testadas em cisalhamento direto, em diferentes tensões confinadas.

Fonte: Gray e Sotir (1996).

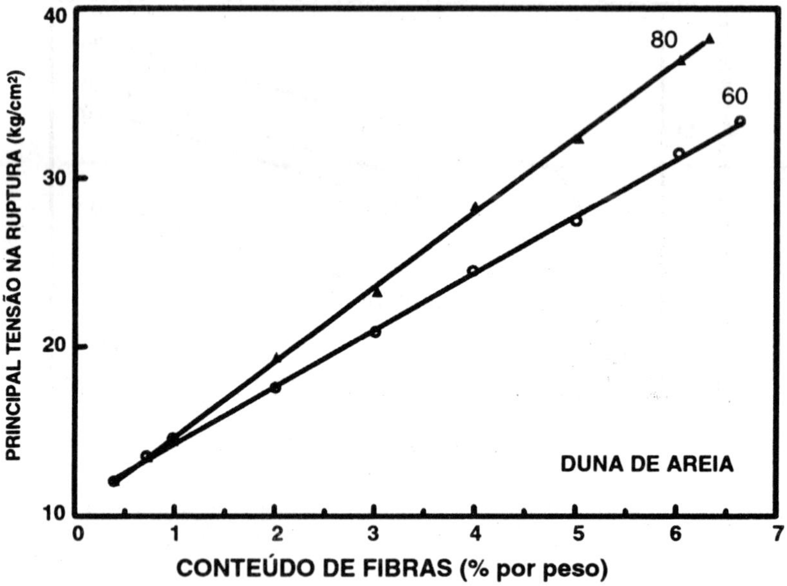

Figura 5.19 — Aumentos na resistência ao cisalhamento versus conteúdo de fibra para uma duna testada em compressão triaxial, com fibras distribuídas aleatoriamente, com diferentes relações comprimento/diâmetro.

Fonte: Gray e Sotir (1996).

Figura 5.19 para a mesma areia com fibras direcionadas aleatoriamente, testadas em compressão triaxial. Essa informação é coerente com as previsões dos modelos de equilíbrio de forças da Seção 5.6.1 e parece se manter a taxas de área radicular de até 2%, ou concentrações de carga de até 5% — variação de interesse prático para a maioria dos solos permeados por raízes.

Relacionamentos semelhantes já foram notados em testes de campo ou *in situ* em solos permeados por raízes. Endo e Tsuruta (1969) determinaram o efeito fortalecedor das raízes das árvores na resistência ao cisalhamento do solo, executando testes de cisalhamento diretos *in situ*, em larga escala, em blocos de um solo franco argiloso contendo raízes vivas de *Angus glutinosa*. Os resultados obtidos por eles mostraram que a resistência ao cisalhamento do solo aumentou em proporção direta com o peso das raízes (ou biomassa radicular), por unidade de volume de solo. Obteve-se uma relação empírica da seguinte forma:

$$\Delta S = a\,(\rho_R + b) \qquad \text{Eq. 5.19}$$

onde: ΔS = aumento na resistência ao cisalhamento, kg/cm^2
ρ_R = biomassa de raízes por unidade de volume de solo, g/m^3
a, b = constantes empíricas (a = 0,93 x 10^{-5}, b = 53 g/m^3)

Esse relacionamento é parecido com o aumento da resistência previsto pelo modelo de equilíbrio de forças teórico da Equação 5.10. A taxa de área radicular (A_R/A) pode ser substituída pela concentração de biomassa radicular (ρ_R), uma vez que a taxa de área radicular seja multiplicada pela unidade de peso das fibras radiculares (γ_F). A Equação 5.19 pode ser escrita da seguinte forma equivalente:

$$\Delta S = a\gamma_F\,(A_R/A) + ab \qquad \text{Eq. 5.20}$$

ou

$$\Delta S = \kappa_1\,(A_R/A) + \kappa_2 \qquad \text{Eq. 5.21}$$

De acordo com os dados do estudo de Endo e Tsuruta (1969), o segundo termo na Equação 5.21 pode ser desprezado pelo pequeno erro, para todas as taxas de área radicular que excedam a 0,1%. A Equação 5.21 desenvolvida empiricamente a partir de dados dos testes de campo é, assim, virtualmente idêntica na forma à Equação 5.10, que foi desenvolvida a partir de um modelo de equilíbrio de forças teórico.

Ziemer (1981) conduziu testes diretos de cisalhamento *in situ*, em areias permeadas com raízes vivas de pinheiros (*Pinus contorta*). As maiores raízes expostas nessa seção transversal de cisalhamento eram menores do que 17mm. Ziemer (1981) também observou um aumento aproximadamente linear na resistência ao cisalhamento, com o aumento da biomassa radicular, conforme observado na Figura 5.20.

Os resultados dos testes *in situ* de Ziemer (1981) em areia usando raízes de *Pinus* e os testes de laboratório de Gray e Ohashi (1983) em areia,

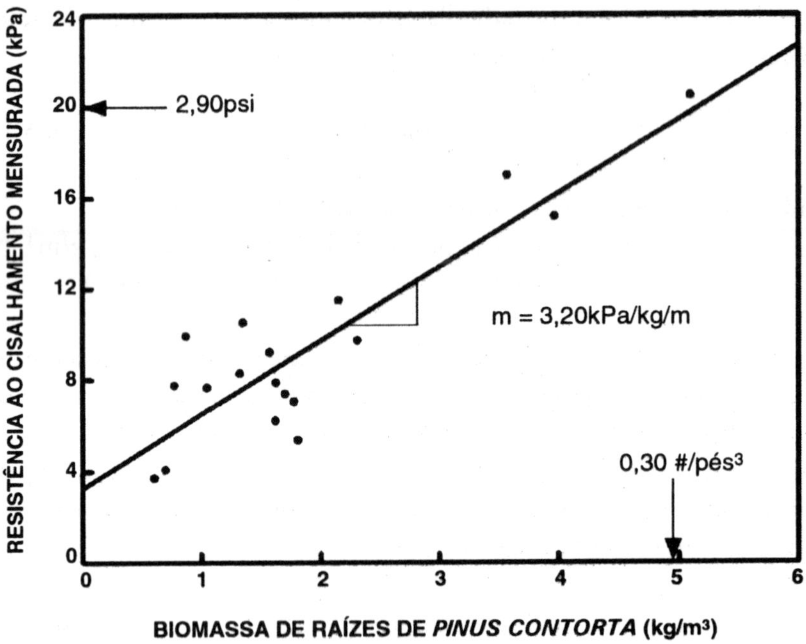

Figura 5.20 — Resultados de testes de cisalhamento diretos *in situ* em areias permeadas com raízes de *Pinus*.

Fonte: Ziemer (1981).

usando fibras de *Phragmites*, são comparados na Tabela 5.7. A resposta no aumento da resistência ao cisalhamento foi muito parecida em ambos os casos; o aumento na resistência ao cisalhamento por unidade de concentração de fibra variou de 3,2 a 3,7 kPa/kg de raízes/m³ de solo. Isso significa um valor médio de 3,5 psi/porcentagem da taxa de área radicular (assumindo-se uma raiz com peso de 40pcf).

Esses aumentos unitários na resistência ao cisalhamento podem ser utilizados para se obterem estimativas da ordem de grandeza da contribuição das raízes para a resistência ao cisalhamento nas análises de estabilidade. Tudo de que se necessita é uma medida da biomassa radicular na profundidade de interesse, utilizando as técnicas descritas na Seção 5.5.2. Nilaweera (1994) conduziu vários testes diretos de cisalhamento *in situ*, utilizando blocos de solo contendo as raízes de seis diferentes árvores tropicais.

Tabela 5.7 — Resumo das contribuições das fibras radiculares à resistência ao cisalhamento de areias baseado em testes *in situ* e de laboratório

	Máximo de fibras ou concentração de biomassa radicular		**Aumento na tensão de cisalhamento por unidade de concentração de fibra**	
Fibra ou sistema radicular	**Taxa de área radicular (%)**	**Concentração do peso (kg raízes/m³ solo)**	**psi lb/ft³**	**kPa kg/m³**
Testes *in situ* em areia permeada por raízes:				
Raízes de árvores (*Pinus contorta*)	0,78	5,04	7,4	3,2
Superfície de cisalhamento vertical, areia				
Raízes vivas, diâmetro < 17mm				
Teste direto de cisalhamento *in situ*				
Testes de laboratório em areia permeada por fibras:				
Fibras de *Phragmites communis*	1,70	11,0	8,7	3,7
Fibras naturais: diâmetro = 2,0mm				
Areia uniforme				
Teste direto de cisalhamento				
Médias			8,1	3,5

Fonte: Adaptada de Gray e Sotir (1996).

Além disso, ele mediu a tensão radicular, a biomassa radicular em função da profundidade, bem como a resistência ao arrancamento vertical e lateral de cada uma das espécies. Os resultados de seus testes estão resumidos na Tabela 5.8.

Os resultados dos testes para as árvores estão listados em ordem decrescente do aumento da resistência ao cisalhamento por unidade de concentração de biomassa radicular no solo, que variou de 4 a 15 kPa/kg/m³. Esses valores geralmente são maiores do que aqueles medidos por Ziemer (1981) e Gray e Ohashi (1983) em seus testes, em areias reforçadas por fibras (Tabela 5.7). Somente as raízes da seringueira (*Hevea bra-*

Tabela 5.8 — Força de tensão e influência das raízes de árvores na resistência ao cisalhamento do solo e de arrancamento das plantas

Nome da espécie	Força de tensão a 5mm de diâmetro (MPa)	Volume máximo da raiz (cm³)	Arrancamento Lateral (kN)	Arrancamento Vertical (kN)	Aumento na tensão de cisalhamento (kPa)	Aumento na tensão de cisalhamento/ unidade concentração biomassa (kPa/kg/m³)
Dipterocarpus alatus	33,6	95	61,6	1,81	1,64	15,5
Hopea oderata	28,5	90	43,9	1,94	1,29	12,2
Astonia macrophylla	13,5	200	40,8	2,46	1,51	9,5
Hibiscus macrophyllus	20,9	420	35,6	4,00	1,89	8,0
Ficus benjamina	12,7	500	88,0	4,67	2,10	6,2
Hevea braziliensis	10,7	120	25,8	1,36	0,83	4,3

Fonte: Adaptada de Nilaweera (1994).

ziliensis) exibiram valores comparáveis. As pressões para as diferentes raízes mostradas na primeira coluna são para diâmetros radiculares de 5mm, que representam uma média aproximada para as diferentes classes de tamanho radicular (Figura 5.14). *Ficus benjamina* exibiu a maior resistência ao arrancamento lateral e vertical, apesar de sua pressão radicular relativamente baixa, por causa de seu grande volume ou biomassa radicular. A resistência aos arrancamentos laterais foi razoavelmente bem correlacionada com o aumento na resistência ao cisalhamento pela presença das raízes, e a resistência vertical com a pressão radicular, normalizada pela multiplicação pelo máximo volume ou biomassa radicular (Figura 5.21).

O aumento da resistência ao cisalhamento por unidade de concentração de biomassa radicular versus a pressão radicular para árvores está apresentado na Figura 5.22. Pode-se observar uma boa correlação linear, que novamente sustenta a validade do modelo de equilíbrio de forças da Equação 5.15, que postula tal relacionamento.

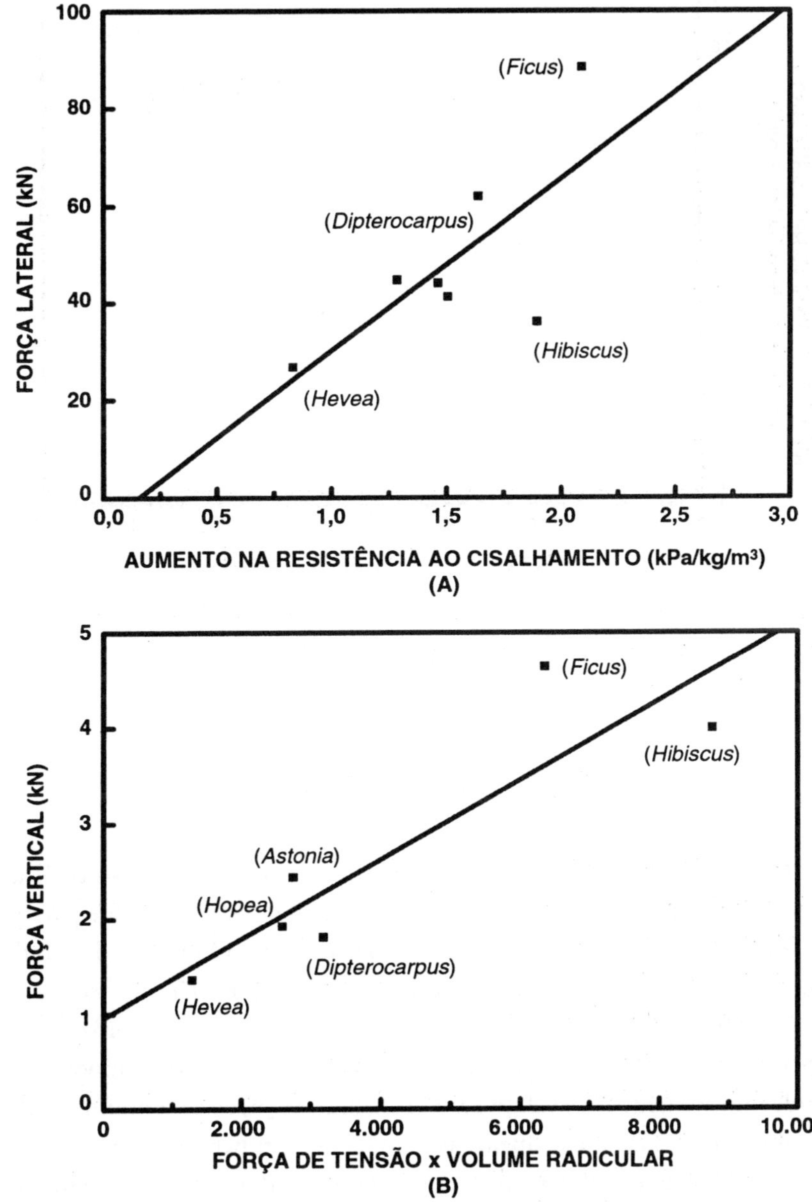

Figura 5.21. A e B — Resistência ao arrancamento como uma função dos parâmetros de resistência radicular para várias árvores.

Fonte: Adaptada de Nilaweera (1994).

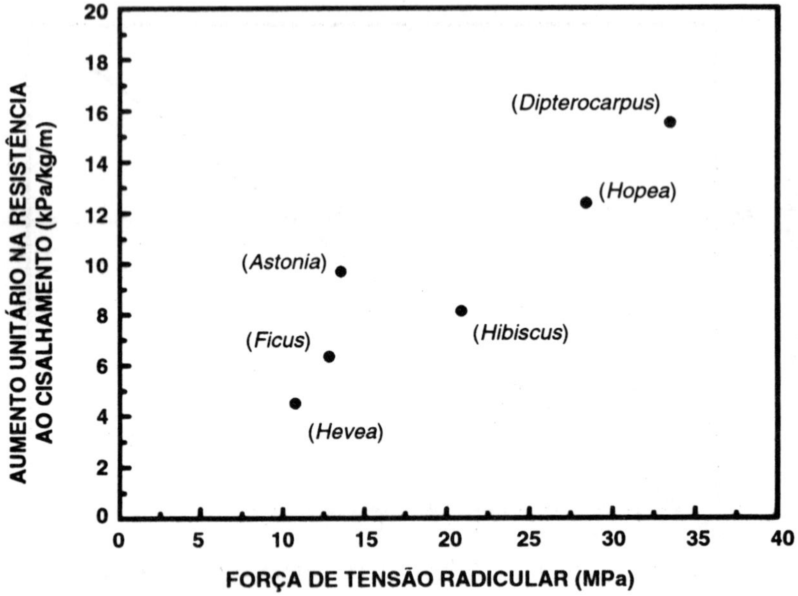

Figura 5.22 — Aumento na resistência ao cisalhamento por unidade de concentração de biomassa versus força de tensão radicular para várias árvores.

Fonte: Adaptada de Nilaweera (1994).

5.6.3. Análise da Estabilidade

O modelo do talude infinito é apropriado para a análise dos deslizamentos superficiais, no qual a superfície de cisalhamento é plana e paralela à encosta sobre a maior parte de seu comprimento. O modelo do talude infinito geralmente é aplicável em taludes arenosos que estão sujeitos a desmoronamentos superficiais. Solos sem coesão são mais fracos próximos à superfície e, portanto, a resistência ao cisalhamento é menor. O modelo do talude infinito também é válido para se analisarem encostas com um manto de solo residual sustentado apenas por um contato superficial com a rocha.

A influência das águas subterrâneas também deve ser considerada na análise da estabilidade. A água tem uma função muito importante, tanto nos movimentos de massa superficiais quanto nos processos de erosão superficial, ou pelo escoamento subsuperficial, ou pelo fluxo acima do solo (*runoff*). A presença de águas subterrâneas em uma encosta causa o aumento da poropressão, que pode aumentar a força de cisalhamento e diminuir a resistência deste. Além disso, o fluxo subsuperficial em uma encosta pode exercer tensões desestabilizadoras, dependendo de sua direção. O fluxo subsuperficial, que sai ou flui em direção à face de uma encosta, representa uma ameaça particular.

O fator de segurança de um talude infinito que está sujeito a um fluxo subsuperficial pode ser computado como uma função da profundidade vertical (H) e da direção do fluxo (q), em relação ao plano horizontal (Figura 5.23). O fator de segurança para esse caso é dado pelo seguinte relacionamento:

$$F = A\,[\tan(\phi)/\tan(\beta)] + B\,[(c + c_R)/\gamma H] \qquad \text{Eq. 5.22}$$

$$A = [1 - r_u/\cos^2(\beta)] \qquad \text{Eq. 5.23}$$

$$B = [1/\cos^2(\beta)\tan(\beta)] \qquad \text{Eq. 5.24}$$

$$r_u = [(\gamma_w/\gamma)\,\{1/(1 + \tan(\beta)\tan(\theta))\}] \qquad \text{Eq. 5.25}$$

onde:
β = ângulo da encosta
ϕ = ângulo de atrito interno
θ = ângulo do fluxo subsuperficial (em relação à horizontal)
H = profundidade vertical abaixo da superfície
c = coesão do solo
c_R = coesão radicular
γ = densidade do solo
γ_w = densidade da água

Estabilidade sem Raízes. A equação do talude infinito pode ser programada em uma planilha, e o fator de segurança, computado para diferentes valores assumidos de atrito do solo (ϕ), coesão do solo (c), coesão radicular (c_R), direção do fluxo (θ), profundidade (H) e ângulo da encosta (β). Os resultados de uma análise do talude infinito para uma encosta 2:1, com um ângulo de atrito de 34°, sem sobrecargas (q_0 = 0) e coesão desprezível (c = 0), estão representados na Figura 5.24. θ = 26,6° correspondente ao caso do fluxo subsuperficial paralelo à encosta, enquanto que o valor θ = 0° corresponde ao fluxo horizontal em direção à superfície da

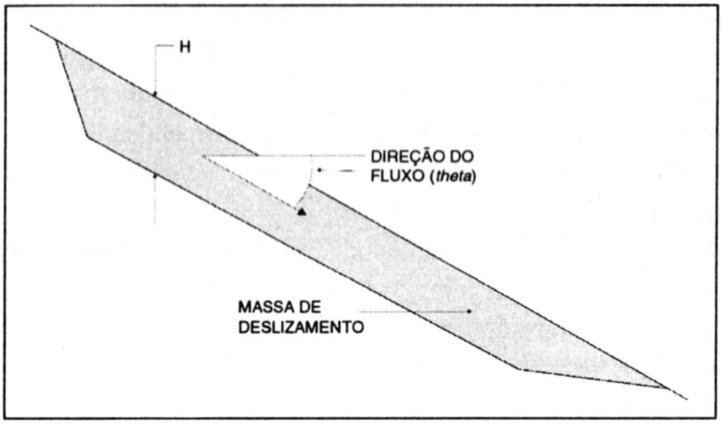

Figura 5.23 — Modelo do talude infinito para um solo sem coesão com fluxo subsuperficial paralelo à superfície da encosta (*theta* = β).
Fonte: Adaptada de Gray e Sotir (1996).

encosta. O ângulo q = 90° corresponde ao fluxo vertical (na direção encosta abaixo); essa condição produz um fator de segurança idêntico a uma encosta sem umidade. O fator de segurança é independente da profundidade quando $c = 0$ e $\theta_0 = 0$. O fator de segurança cai abaixo de 1 (plano de cisalhamento), quando o fluxo subsuperficial é paralelo à encosta (θ = 26,6°). O fluxo horizontal (*q* = 0°) resulta no menor fator de segurança (FS = 0,5). Assim, qualquer fluxo subsuperficial paralelo à encosta ou, pior ainda, surgindo da encosta poderá resultar em desmoronamento e instabilidade na vertente.

Estabilidade com Raízes. Os cálculos do fator de segurança para a mesma encosta mostrada na Figura 5.24 podem ser repetidos, levando-se em consideração a presença de raízes. Para se calcular o aumento da resistência ao cisalhamento (ou coesão radicular) contra o relacionamento com a profundidade, pode-se utilizar um fator de reforço do solo proveniente das raízes, determinado por ensaios de resistência ao cisalhamento, realizados em laboratório ou *in situ* (Tabelas 5.7 e 5.8), junto com uma estimativa da concentração de biomassa radicular (ou taxa de área radicular). Os métodos de determinação da biomassa ou taxa de área radicular (TAR), como uma função da profundidade, foram descritos previamente (Seção 5.5.2). Um fator de reforço do solo proveniente das raízes de 3,2 psi/% TAR,

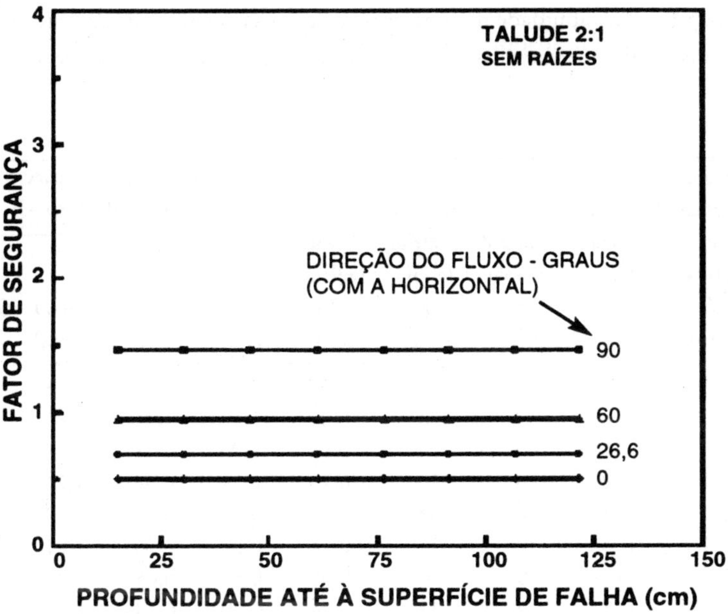

Figura 5.24 — Fator de segurança para um "talude infinito" 2:1 e sem coesão, como fusão da profundidade e direção do fluxo. Ângulo de atrito do solo = 34°.
Fonte: Adaptada de Gray e Sotir (1996).

baseado nos resultados dos ensaios de resistência ao cisalhamento, em areias permeadas por raízes, relatados na Tabela 5.7, pode ser utilizado para ilustrar o procedimento de cálculo. Para fins ilustrativos, a relação taxa de área radicular versus profundidade, mostrada na Figura 5.8, mensurada de forma adjacente a arbustos de sabugueiro crescendo em uma barragem arenosa, também foi selecionada. O produto desses dois parâmetros causa o aumento da resistência ao cisalhamento pela presença das raízes (ou coesão radicular) a cada profundidade. Essa coesão radicular (c_R) foi calculada e é mostrada na Tabela 5.9 para as mesmas condições da encosta mostrada na Figura 5.24.

Os resultados tabulados que explicam a influência da coesão radicular na estabilidade estão plotados na Figura 5.25. O reforço dado pelas raízes melhora enormemente a estabilidade a pequenas profundidades (aproximadamente 1m), mesmo para o caso de fluxo subsuperficial emergente ou lateral (θ < 26,6°). A profundidades maiores (> 1m), o efeito da coesão

Tabela 5.9 — Estabilidade de uma encosta arenosa versus deslizamentos superficiais mostrando a influência da coesão radicular variável com a profundidade. Encosta 2:1

Prof. até à superfície de ruptura H (metros)	Densidade do solo saturado γ (pcf)	Coesão do solo C (psi)	Ângulo de atrito do solo ϕ (graus)	Coesão radicular C_R (psi)	Fator de segurança para várias direções do fluxo – θ			
					$\theta = 0$ (graus)	$\theta = 26{,}6$ (graus)	$0 = 60$ (graus)	$\theta = 90$ (graus)
0,15	118	0	34	0,38	2,76	2,91	3,18	3,66
0,31	118	0	34	0,33	1,46	1,61	1,88	2,36
0,46	118	0	34	0,28	1,03	1,18	1,45	1,93
0,61	118	0	34	0,23	0,81	0,96	1,23	1,17
0,76	118	0	34	0,19	0,68	0,83	1,10	1,58
0,91	118	0	34	0,14	0,60	0,75	1,01	1,50
1,07	118	0	34	0,09	0,54	0,68	0,95	1,44
1,22	118	0	34	0,04	0,49	0,64	0,91	1,39

Fonte: Adaptada de Nilaweera (1994).

radicular diminui e as curvas se aproximam dos mesmos valores que para o caso de uma encosta não reforçada e sem coesão (Figura 5.24). Isso acontece porque existem menos raízes a maiores profundidades e porque a contribuição da coesão para a resistência ao cisalhamento total diminui com o aumento da profundidade.

Repare novamente na influência da direção do fluxo subsuperficial na estabilidade, com o fator de segurança quase duplicando a cada profundidade, conforme a direção do fluxo se modifica da horizontal (emergente) para a vertical (encosta abaixo). Essa observação é muito significativa, particularmente no caso da estabilização de encostas com camadas de ramos. As camadas de ramos vivos em uma encosta agem como uma série de drenos horizontais, que interceptam o fluxo subsuperficial, tanto o que emerge da encosta quanto o que flui paralelo a ela, e o direciona encosta abaixo, para as camadas de drenagem dos ramos. Somente esse mecanismo pode aumentar a estabilidade significativamente, além do reforço proveniente das raízes adventícias, que se desenvolvem ao longo do comprimento dos ramos inseridos no solo.

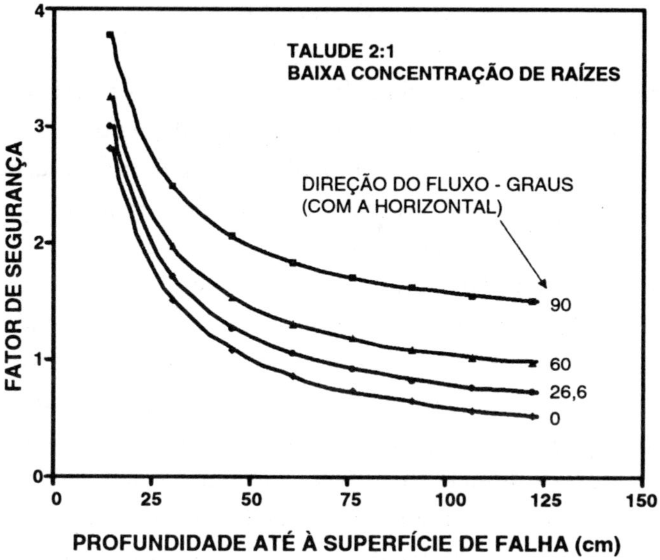

Figura 5.25 — Influência do reforço proveniente das raízes no FS de um talude infinito 2:1 e sem coesão, com uma função da profundidade e da direção do fluxo. Ângulo de atrito do solo = 34°.

Fonte: Adaptada de Gray e Sotir (1996).

5.7. Guia para Maximização dos Benefícios da Vegetação

5.7.1. Observações Gerais

Na maioria das vezes, a vegetação tem um efeito benéfico na estabilidade das encostas, mas ela também pode apresentar efeitos adversos ou prejudiciais (Figura 5.2). Felizmente, diversas estratégias e procedimentos podem ser adotados para maximizar os benefícios da vegetação e minimizar seu ônus. Essas estratégias incluem a seleção das espécies apropriadas para as condições específicas do local e os objetivos da estabilização, colocação ou localização da vegetação nos lugares corretos, e monitoramento da vegetação, de forma a mitigar quaisquer características indesejáveis (nesse caso, isso inclui procedimentos, tais como podas, desbastes, queimadas, capinas e adubação).

5.7.2. Seleção das Espécies

A vegetação deve ser selecionada de acordo com os objetivos desejados de estabilização e deve ser compatível com as condições do solo e do local. Isso inclui o tipo de solo, a disponibilidade de água, a fertilidade e o pH do solo, o clima, uma possível pressão de pastejo, legislações que restrinjam a utilização de espécies exóticas ou não nativas etc.

Certos tipos de plantas são, intrinsecamente, mais bem adaptados para fins específicos de estabilização. A vegetação arbórea é mais vigorosa e tem um sistema radicular mais profundo do que plantas herbáceas e gramíneas, fornecendo um maior fortalecimento mecânico e ação de sustentação. Conseqüentemente, plantas arbóreas são superiores para a estabilidade de massas. Gramíneas e herbáceas, por outro lado, crescem próximo à superfície e fornecem uma cobertura densa ao solo. Elas tendem a ser melhores, portanto, na interceptação da chuva e na prevenção da erosão superficial. Os arbustos não têm um sistema radicular tão profundo quanto as árvores e nem podem fornecer um reforço semelhante. Por outro lado, os arbustos são mais flexíveis, apresentam menor biomassa acima do solo e exercem uma menor sobrecarga na encosta. Conseqüentemente, podem ser preferíveis na estabilização de margens de rios e barragens, onde esses atributos seriam vantajosos. A Tabela 5.10 lista as vantagens e desvantagens relativas dos diferentes tipos de plantas para várias funções e aplicações da engenharia.

5.7.3. Estratégias de Posicionamento

Diversas estratégias diferentes de posicionamento podem ser executadas para maximizar a utilidade do plantio em encostas e minimizar os possíveis problemas. Uma das principais objeções levantadas contra a vegetação em encostas é que ela obstrui a paisagem e impede o acesso. Tais contestações foram levantadas por proprietários de casas em vertentes e por funcionários da inspeção de barragens em rios. Esses problemas podem ser gerenciados por técnicas de poda que são descritas na próxima seção. Eles também podem ser administrados pela colocação da vegetação em uma

Tabela 5.10 — Adequação dos tipos de plantas a diferentes funções e aplicações da engenharia

Tipos	Vantagens	Desvantagens
1. Grama	Versátil e barata; ampla escala de tolerância; rápida para se estabelecer; cobertura superficial com boa densidade	Sistema radicular pouco profundo; necessidade de manutenção regular
Cana-da-índia	Se estabelece bem em margens de rios; rápido crescimento	Semeadura manual muito cara; difícil de se obter
2. Herbáceas	Sistema radicular mais profundo; algumas vezes são atraentes	Sementes caras; algumas vezes são difíceis de se estabelecer; muitas espécies fenecem no inverno
Leguminosas	Baratas para se estabelecer; fixam nitrogênio; se dão bem com as gramíneas	Não muito tolerantes a locais adversos
3. Arbustivas	Robustas e razoavelmente baratas; muitas espécies podem ser semeadas; cobertura do solo substancial; enraizamento profundo; baixa manutenção; muitas espécies perenes	Plantio mais caro; algumas vezes apresentam um estabelecimento difícil
4. Árvores	Sistema radicular vigoroso; algumas espécies podem ser semeadas; sem manutenção uma vez estabelecidas	Estabelecimento a longo prazo; crescimento lento; caras
Salix spp. e *Populus* spp.	Enraízam fácil a partir de estacas; versáteis, muitas técnicas de plantio; estabelecimento rápido	Cuidado na seleção do tipo correto; não podem ser utilizadas a partir de sementes

Fonte: Coppin e Richards (1990).

encosta, de acordo com sua altura e forma ou densidade da folhagem da copa. Os arbustos menores devem ser cultivados próximo ao topo da encosta e as árvores maiores colocadas próximo à base, conforme apresentado esquematicamente na Figura 5.26. Esse procedimento simples melhorará a

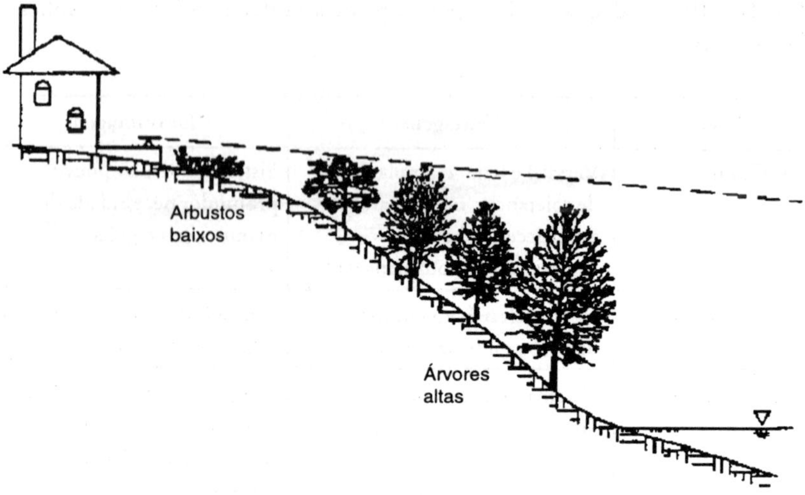

Figura 5.26 — Ilustração esquemática da disposição de um plantio em uma encosta, mantendo a vista e maximizando a sua proteção.
Fonte: Adaptada de Gray e Sotir (1996).

visão do topo, eliminará o peso no topo da encosta e colocará a máxima contenção, suporte e reforço próximo à base, onde é mais necessária. No caso de barragens de rios, as plantas podem ser colocadas de tal modo que alcancem os objetivos de estabilização e criem campos de visão relativamente claros para fins de inspeção e acesso.

Uma outra abordagem é colocar a vegetação em conformidade com as práticas de "terraplenagem natural" (Schor, 1980 e 1992). A terraplenagem natural imita as formas irregulares de encostas naturais e estáveis. Encostas com esse tipo de terraplenagem são caracterizadas por uma série contínua de formas côncavas e convexas intercaladas com depressões e bermas que se integram ao perfil. A revegetação em conjunto com a terraplenagem natural envolve o plantio da vegetação em padrões que ocorrem na natureza, em contraste com a especificação de uma cobertura uniforme ou aleatória. As árvores e os grandes arbustos tendem a necessitar de mais umidade, e também são melhores na estabilização contra rupturas superficiais na encosta do que a vegetação herbácea. Portanto, as árvores devem ser agrupadas em depressões e vales, onde o *runoff* tende a se concentrar e a evaporação é minimizada. Os arbustos e árvores também devem ser concentrados maciçamente ao longo das linhas de fluxo de drenagem de cada depressão. De forma recíproca, o fluxo subsuperficial e o *runoff* tendem a ser desviados das áreas com formas convexas. Essas áreas devem ser plantadas com vegetação herbácea mais tolerante à seca. As necessidades de irrigação, portanto, são reduzidas pelo controle cuidadoso do modelo de drenagem em uma encosta e pela seleção e posicionamento da vegetação apropriada para as diferentes áreas.

5.7.4. Poda

Uma abordagem interessante para mitigar os efeitos adversos da vegetação na estabilidade de encostas é a prática da poda ou desbaste. A talhadia é um método de poda ou desbaste radical que envolve a produção de novas árvores a partir de caules antigos. Esse procedimento deixa o sistema radicular intacto, enquanto gera vários ramos menores próximos à área de corte. Muitas espécies arbóreas que têm a capacidade de se regenerar ou brotar a partir de gemas dormentes ao longo de seus ramos são propícias à talhadia.

Os melhores resultados com a talhadia são obtidos se os caules forem cortados logo após as folhas caírem, no caso de árvores caducifólias. Conforme os novos brotos se desenvolverem, eles podem ser afinados e podados na altura e número de árvores por toco desejados. A talhadia mitiga os dois principais efeitos adversos apresentados na Figura 5.2, isto é, a sobrecarga (nº 7) e a queda pelo vento (nº 8), enquanto mantém os efeitos benéficos. Pode haver alguma perda inicial da influência benéfica que é a *interceptação* (nº 1), mas isso é apenas temporário. A talhadia permite que se desfrute da vista (uma razão freqüente para a remoção de árvores em encostas), que se utilize de árvores menores e que se mantenham todos os benefícios hidromecânicos oferecidos pelo sistema radicular de uma árvore viva.

5.7.5. Estratégias de Plantio e/ou Manejo

Diversas estratégias diferentes de plantio e/ou manejo podem ser empregadas para melhorar as características desejadas da vegetação em um determinado local. Pode-se alcançar um sistema radicular mais vigoroso e profundo de diversas maneiras:

- Pela irrigação por tempos mais longos e em intervalos maiores
- Pela descompactação ou aração do solo antes do plantio
- Por evitar-se o uso excessivo de adubação por cobertura
- Pelo controle de ervas daninhas para minimizar a competição com plantas não desejadas

O fogo freqüentemente é utilizado como uma ferramenta de manejo — algumas vezes com conseqüências imprevistas. Ele é muito utilizado em barragens, de forma a controlar as ervas daninhas do local. As queimadas, entretanto, promovem o crescimento explosivo das espécies adaptadas ao fogo, que pode não ser, necessariamente, a vegetação selecionada para o controle da erosão do solo e outras finalidades.

Uma outra técnica de manejo simples, mas eficiente, é controlar o tráfego de veículos e pedestres em áreas críticas que são protegidas pela vegetação. As dunas costeiras são um bom exemplo. As dunas frontais exercem uma função crítica em um sistema de proteção do litoral. A vegetação nas dunas é muito eficiente em manter a areia, que é carreada e ajuda a criá-las e sustentá-las, mas são muito vulneráveis ao pisoteio e ao tráfego.

5.8. Conclusões

A vegetação melhora a resistência das encostas em relação à erosão do solo e aos movimentos de massa, ao contrário de sua remoção, que tende a acelerar ou aumentar as rupturas nas encostas. Os mecanismos hidromecânicos específicos podem ser identificados através da vegetação, que afeta a estabilidade de forma benéfica ou prejudicial. A vegetação arbórea melhora a estabilidade das massas de solo superficiais, principalmente pelo aumento da resistência ao cisalhamento, através do reforço proveniente das raízes e pelo efeito de sustentação proveniente dos caules bem ancorados. A vegetação também modifica o regime hidrológico por meio da interceptação da chuva pela folhagem e pela extração e transpiração da umidade do solo por meio das raízes. A contenção mais eficiente é oferecida onde as raízes penetram, através do manto de solo, em fraturas ou fissuras na rocha subjacente, ou onde as raízes penetram em um solo residual ou zona de transição, cuja densidade e resistência ao cisalhamento aumentem com a profundidade.

O efeito mecânico ou reforçador das raízes das plantas na estabilidade das encostas pode ser descrito e estimado de uma maneira sistemática. As fibras radiculares reforçam o solo pela transferência da tensão de cisalhamento na matriz do solo para a resistência à tensão nos locais onde as raízes se inserem. Modelos simples de equilíbrio de forças são úteis na identificação dos parâmetros que afetam o reforço oferecido pelas raízes e no prognóstico do aumento da resistência pela presença das fibras no solo. Os aumentos na resistência ao cisalhamento provenientes do reforço das fibras podem ser incorporados na análise-padrão de estabilidade de encostas. A presença das raízes e seu efeito reforçador podem melhorar o fator de segurança contra deslizamentos, principalmente em profundidades rasas.

Embora a vegetação arbórea geralmente tenha um efeito benéfico na estabilidade, também pode apresentar efeitos adversos sob certas condições. Esses efeitos incluem a sobrecarga, o tombamento pelo vento e o atrito de caules grandes e rígidos que se desenvolvem em margens de rios. Outras influências indesejáveis não relacionadas à estabilidade, tais como a obstrução da paisagem e o impedimento do acesso, também foram citadas. A maioria desses efeitos negativos pode ser mitigada ou minimizada, sem comprometer as influências benéficas da vegetação, através de estratégias, tais como a seleção das espécies apropriadas, o posicionamento correto, a poda e os procedimentos de manejo adequados.

CAPÍTULO 6

INTRODUÇÃO À BIOENGENHARIA

As técnicas de Bioengenharia dependem do conhecimento biológico para construir estruturas geotécnicas e hidráulicas e para fortalecer encostas e margens de rios instáveis. Plantas inteiras ou suas partes são utilizadas como materiais de construção para reforçar locais instáveis, em combinação com materiais de construção tradicionais. Dessa forma, a engenharia biotécnica não substitui a engenharia hidráulica ou geotécnica tradicional (como, por exemplo, geotêxteis ou blocos de concreto), mas complementa e melhora os outros métodos de engenharia.

A grande variedade de métodos de Bioengenharia pode ser classificada de acordo com a finalidade, o material ou as características da construção. Entretanto, nem sempre é fácil distinguir esses diferentes grupos de métodos e estratégias biotécnicas. Tal diferenciação geralmente é artificial, já que técnicas semelhantes com mínimas modificações são utilizadas tanto no contexto geotécnico clássico quanto na engenharia ripária. As estruturas biotécnicas para estabilização do solo podem ser sistemas pontuais (estruturas com uma única raiz), sistemas lineares (estruturas com filas de raízes) ou sistemas de cobertura (mantas e telas vegetais para cobertura do solo). Para se projetar qualquer um destes sistemas é necessário o entendimento dos mecanismos que eles utilizam no próprio processo de construção. O material utilizado e a finalidade da estrutura permitem que as técnicas sejam classificadas como se segue:

(a) Métodos de proteção da superfície (métodos de cobertura)
(b) Métodos de estabilização usando materiais vivos
(c) Métodos que combinam materiais vivos e inertes

(d) Métodos suplementares

(e) Estruturas de apoio que utilizam materiais inertes

Os métodos de cobertura (a) são utilizados antes de mais nada para fornecer uma proteção superficial rápida para a conservação do solo. O fortalecimento das camadas mais profundas do solo é somente secundário. Utilizando-se um grande número de plantas, tais como gramíneas e leguminosas, por unidade de área, a superfície do solo fica protegida contra a erosão. As estruturas que consistem somente de materiais vivos (b) podem melhorar a estabilidade das encostas e evitar a erosão. Sob condições menos favoráveis, as estruturas de apoio com materiais inertes (c) podem ser necessárias para melhorar as construções feitas de materiais vivos (d). Sob condições extremas (solo desfavorável e condições climáticas adversas) ou se um local necessita de estabilização antes que as plantas vivas possam ser utilizadas, materiais como madeira, concreto, pedras e galhos secos podem ser usados como construções de apoio. Em locais muito úmidos ou em áreas de drenagem de difícil acesso, os métodos biotécnicos podem auxiliar ou mesmo substituir outros métodos. Os sistemas de drenagem biotécnicos agem através da diminuição da poropressão, evitando, portanto, a saturação dos solos e impedindo a erosão interna. Os métodos suplementares (e) são específicos e eficientes na promoção da emergência da vegetação clímax (por exemplo, o plantio de árvores ou técnicas de melhoramento do solo). Essas técnicas são caras e, portanto, têm seu uso limitado.

6.1. Vantagens dos Métodos Biotécnicos

Historicamente, os engenheiros dependiam primordialmente de soluções rígidas/convencionais ou inertes para a estabilização de encostas e taludes. Não questionamos se a Bioengenharia é melhor do que as técnicas tradicionais, o que queremos é fornecer alternativas adicionais e encorajar uma integração dessas duas práticas. Os profissionais necessitam de todas as ferramentas disponíveis para realizar seu trabalho eficientemente.

A Bioengenharia é uma excelente ferramenta para a estabilização de áreas que apresentam instabilidade no solo. Esses métodos, entretanto, não devem ser vistos como a única solução para a maioria dos problemas de erosão e de movimentos de massa. A Bioengenharia tem requisitos únicos e não é apropriada para todos os locais e situações. Em determinadas áreas com erosão superficial, por exemplo, a hidrossemeadura pode ser satisfatória e mais barata do que tratamentos de Bioengenharia mais extensivos. Em áreas que apresentam sérios problemas de movimentos de massa pode ser melhor utilizar sistemas geotécnicos isoladamente ou em combinação com a Bioengenharia.

Em comparação com as técnicas tradicionais de engenharia, os benefícios não-técnicos que as plantas oferecem geralmente são enfatizados, junto com as vantagens técnicas normais. Podem ser descritos os benefícios dos métodos de Bioengenharia em quatro grupos gerais:

1. Vantagens técnicas:
   — proteção contra a erosão superficial
   — aumento na estabilidade das encostas através do reforço e drenagem do solo pelas raízes
   — proteção contra a queda de rochas
   — proteção contra o vento
2. Vantagens ecológicas:
   — regulação da umidade e temperatura próximas à superfície, criando condições ideais para o desenvolvimento vegetal
   — aperfeiçoamento do regime hídrico do solo através da interceptação, evapotranspiração e armazenamento
   — melhoramento da estrutura do solo e formação de um horizonte superior
   — criação e provisão de *habitats* para a fauna e flora locais
   — utilização de materiais biodegradáveis
3. Vantagens econômicas:
   — redução dos custos de construção e manutenção
   — criação de áreas agricultáveis e de lazer
4. Vantagens estéticas:
   — as estruturas se integram à paisagem
   — redução da poluição visual
   — a paisagem se torna mais atraente

Essas vantagens dão às técnicas de Bioengenharia uma importância considerável na restauração e conservação de encostas e margens de cursos e corpos d'água.

6.2. História da Bioengenharia

A Bioengenharia é a utilização de materiais provenientes de plantas vivas e mortas, e técnicas flexíveis de engenharia para mitigar problemas ambientais, tais como encostas erodidas e desestabilizadas, margens de rios, sistemas de trilhas, aterros sanitários, áreas mineradas etc. Ao contrário de outras tecnologias, nas quais as plantas são meramente um componente estético do projeto, nos sistemas de Bioengenharia as plantas são um dos componentes mais importantes.

O sistema de tecnologias, que hoje chamamos de bioengenharia, pode ser encontrado desde os povos antigos da Ásia e da Europa. Historiadores chineses, por exemplo, registraram o uso de técnicas de Bioengenharia no reparo de diques desde o ano 28 a.C. (Figura 6.1). Antigos visitantes ocidentais à China falam sobre margens de rios e barragens estabilizados com grandes cestos tecidos com salgueiro, cânhamo ou bambu, preenchidos com pedras (Figura 6.2). Na Europa, camponeses celtas desenvolveram técnicas para tecer galhos de salgueiro para criar cercas e paredes. Mais tarde, os romanos utilizaram caniçadas e fardos de varas de salgueiro para a hidroconstrução.

Por volta do século XVI, técnicas de Bioengenharia do solo estavam sendo utilizadas e sistematizadas por toda a Europa, a partir dos Alpes em direção ao Mar Báltico e para oeste, na direção das Ilhas Britânicas. Um dos escritos mais antigos que levava em consideração a utilização de técnicas de Bioengenharia é uma publicação de Woltmann, de 1791, que ilustrava o uso de estacas vivas para vegetar e estabilizar margens de rios (Stiles, 1991). Mais ou menos na mesma época, outros bioengenheiros de solo trabalhando na Áustria estavam desenvolvendo técnicas de construção de barreiras vivas contra a sedimentação, plantando linhas de estacas de plantas em cursos d'água para o aprisionamento de sedimentos e para a reforma de canais.

Figura 6.1 — China, 28 a.C. Formação de feixes com ramos vivos para utilização no reparo de margens de rios e diques. Fonte: Lewis (2000).

Figura 6.2 — China, início do século XX. Homens transportando feixes de fibras. Fonte: Lewis (2000).

Figuras 6.3 e 6.4 — Europa, início do séc. XX. Corte de estacas vivas para Bioengenharia. Fonte: Finney (1993).

Muito do desenvolvimento e da documentação das técnicas de Bioengenharia, desde a Revolução Industrial, foi realizado em áreas montanhosas da Áustria e no sul da Alemanha. A derrubada extensiva das florestas na região resultou no aumento dos problemas ambientais. Tais problemas, como a erosão extrema das encostas, os deslizamentos e as avalanches freqüentes, e a degradação severa das margens de rios, necessitavam de reparos. Na virada do século, os bioengenheiros europeus começaram a encontrar novas aplicações para antigas tecnologias locais, usando-as para desenvolver métodos para lidar com os novos problemas ambientais (Figuras 6.3 e 6.4). Esses primeiros bioengenheiros de solo, na maioria engenheiros agrônomos, florestais e civis, por experiência, começaram a estudar as técnicas tradicionais e a publicar seus trabalhos. É nesse conjunto de conhecimentos compilados que a profissão da Bioengenharia deve se desenvolver nas próximas décadas.

O maior impulso ao desenvolvimento de novas técnicas de Bioengenharia na Europa veio como resultado dos desenvolvimentos políticos durante os anos 30. As restrições financeiras dos anos pré-guerra na Alemanha e na Áustria favoreceram o uso de materiais locais, de baixo custo e métodos de construção tradicionais para os projetos públicos. A construção do sistema rodoviário alemão, o *Autobahn*, durante essa época, envolveu a aplicação extensiva de tecnologias de Bioengenharia. A utilização de materiais nativos e métodos tradicionais também era coerente com a disseminação da ideologia nacionalista. Em 1936, Hitler estabeleceu um instituto de pesquisa em Munique com a responsabilidade de desenvolver técnicas de Bioengenharia para a construção de estradas (Stiles, 1988). Embora esse trabalho de desenvolvimento tenha se perdido, um engenheiro florestal chamado Arthur von Kruedener, o chefe do instituto, continuou a trabalhar na área e é conhecido na Europa Central como o pai da Bioengenharia.

Ao mesmo tempo em que os alemães estabeleciam seu instituto de pesquisas, alguns dos mais antigos e importantes trabalhos de Bioengenharia nos Estados Unidos estavam sendo realizados na Califórnia (Figura 6.5). Charles Kraebel, que trabalhava para o *USDA Forest Service*, estava desenvolvendo suas técnicas de "caniçadas de contorno" para a estabilização de taludes de corte em estradas. Kraebel usava uma combinação de técnicas de Bioengenharia, que incluía estacas vivas, caniçadas vivas e transplantio para estabilizar encostas degradadas nos parques nacionais do sul e centro da Califórnia. O uso que ele deu ao termo "caniçada" (*wattle*) para descrever seus sistemas de caniçadas vivas ficou conhecido e é bastante utilizado atualmente. O trabalho de Kraebel foi bem documentado na Circular nº 380 do USDA (*United States Department of Agriculture*), publicada em 1936. Dois anos depois, o *Natural Resource Conservation Service* (NRCS) começou um estudo sobre técnicas de estabilização ao longo das margens do Lago Michigan. Esse trabalho, que incluía o uso de caniçadas vivas, barragens feitas de ramos e estacas vivas, foi publicado em 1938 (Gray e Leiser, 1982).

Durante o período pós-guerra, os bioengenheiros europeus voltaram a estudar, desenvolver e avaliar novas técnicas. Em 1950, foi formado um comitê de bioengenheiros da Alemanha, Áustria e Suíça para padronizar as tecnologias emergentes que se tornaram parte do Sistema Nacional Alemão de Especificações na Construção, o DIN.

O livro de Arthur von Kruedener, *Ingenieubiologie* (*Engenharia Biológica*), foi publicado em 1951. A tradução malfeita do título alemão foi que deu origem ao termo inglês *bioengineering*, utilizado atualmente.

Os bioengenheiros alemães e austríacos continuaram a aperfeiçoar suas técnicas e a publicar seus trabalhos durante os anos 50 e 60. Esse fato foi um passo importante no lançamento de uma abordagem mais estrutural, plantando os alicerces para o desenvolvimento do campo profissional da Bioengenharia. Nos EUA, dois projetos importantes foram realizados nos anos 70 e 80 (Figura 6.5), os ensaios com técnicas de Bioengenharia na Bacia do Lago Tahoe, conduzidos por Leiser *et al.* (1974), e o trabalho de revegetação no Parque Nacional de Redwood (Weaver e Madej, 1981). Ambos os estudos foram bem documentados e fornecem informações importantes sobre a aplicação de técnicas de Bioengenharia no oeste dos EUA.

Em 1980, o livro de Hugo Schiechtl *Bioengineering for Land Reclamation and Conservation* foi publicado no Canadá. Ele apresenta, pela primeira vez em inglês, o trabalho dos mais importantes bioengenheiros da Europa: Lorenz, Hassenteufel, Hoffman, Courtorier e ele próprio. O livro tornou acessível para a língua inglesa as tecnologias e a história do seu

Figura 6.5 — Estados Unidos da América, anos 30. Instalação de caniçadas vivas.
Fonte: Finney (1993).

desenvolvimento e as aplicações possíveis. Em 1997, outro livro de Schiechtl foi publicado: *Ground Bioengineering Techniques for Slope Protection and Erosion Control.* Até hoje seus escritos permanecem como os trabalhos mais importantes em Bioengenharia na língua inglesa. Publicações subseqüentes tornaram as tecnologias de Bioengenharia mais conhecidas no exterior. Entretanto, ainda há resistência às técnicas em muitos países, inclusive o Brasil, justamente pelo fato de ainda ser pouco conhecida e divulgada.

As abordagens da Bioengenharia geralmente utilizam materiais disponíveis localmente e um mínimo de equipamentos pesados, podendo oferecer uma forma barata de resolver os problemas ambientais locais. A crescente conscientização ambiental da sociedade geralmente torna as soluções de Bioengenharia mais aceitáveis do que as técnicas "rígidas" tradicionais de engenharia.

Entretanto, e talvez por causa das diferenças nas abordagens e na filosofia entre a Bioengenharia e os outros métodos de engenharia em lidar com os problemas ambientais, as tecnologias da Bioengenharia são especialmente apropriadas hoje em dia. A escala e o alcance dos problemas ambientais necessitam que novas tecnologias sejam levadas em consideração mesmo quando tenham na realidade séculos de existência.

6.3. Conceitos Básicos da Bioengenharia

Conhecendo-se o clima e a vegetação de uma área é possível prever a natureza dos solos. Entretanto, há muitas exceções resultantes de diferenças nos materiais de origem, drenagem, declividade e o tempo que o solo ficou exposto a essas condições ambientais.

Os projetos exigem mais do que a avaliação e as medidas do local. Eles devem considerar a história natural e a evolução, bem como os usos sociais e culturais da área circunvizinha. Ter ciência desses fatores, e como eles moldam a paisagem atual e a futura, é decisivo para o sucesso do projeto. A proposta de um projeto de Bioengenharia em uma área de floresta, por exemplo, exige conhecimento da história geológica do local, sua propensão a incêndios, tempestades e alagamentos, ocorrência e tendências de erosão natural ou induzida, as práticas de manejo atuais; a seqüência de remoção da vegetação e as tentativas de revegetação. Essas informações fornecem um conhecimento e uma percepção importantes sobre o potencial e a capacidade da área do projeto.

Além do conhecimento sobre os padrões na escala da paisagem, é importante observar as tendências nos locais de erosão. Independentemente de a erosão ocorrer naturalmente ou por intermédio de atividades antrópicas, um local começa a se recuperar imediatamente após a "ruptura". Em terrenos montanhosos, por exemplo, as árvores podem ficar inseridas na encosta, formando um terraço com o solo erodido: Uma vez que o ângulo de repouso seja alcançado entre esses terraços naturais, a vegetação começa a se estabelecer. As plantas herbáceas geralmente fornecem uma cobertura vegetativa inicial nesses locais. Essa cobertura inicial também ajuda no estabelecimento dos microorganismos do solo. Os modelos de sucessão típicos vão do solo exposto, passam por um estágio herbáceo, para as arbustivas e árvores pioneiras e, finalmente, para o estágio de uma floresta clímax. O objetivo principal é examinar e documentar essas tendências. Os projetos de Bioengenharia têm a intenção de acelerar a recuperação do local atingido através da imitação ou aceleração do que está acontecendo naturalmente.

CAPÍTULO 7

PRINCÍPIOS DA ESTABILIZAÇÃO BIOTÉCNICA

Todas as encostas estão sujeitas à erosão do solo e a movimentos de massa. Várias abordagens podem ser utilizadas para reduzir ou evitar completamente essa degradação. As perdas por erosão podem ser minimizadas seguindo-se os princípios básicos de controle da erosão, tais como a preservação da vegetação nativa sempre que possível, limpando o local em áreas trabalháveis, instalando dispositivos para manipular o aumento do escoamento superficial e estabelecendo medidas de controle tão cedo quanto possível. As perdas por erosão também podem ser minimizadas pela adoção de práticas de terraplenagem natural e que imitam as encostas naturais. As encostas tratadas com essa técnica são caracterizadas por uma variedade de formatos, inclusive formas côncavas, convexas e padrões de paisagem que são ajustados à hidrogeologia das encostas naturais.

Vários novos produtos manufaturados foram introduzidos, durante as últimas décadas, para o controle da erosão e proteção das encostas. Esses produtos aumentam as opções e melhoram nossa capacidade de tratar a erosão. Eles também estabelecem um possível perigo, isto é, de passarmos a confiar exclusivamente nos produtos e perdermos de vista o impacto dos procedimentos de terraplenagem, da necessidade de lidar com o escoamento superficial (*runoff*) do local e da importância de observarmos os princípios básicos de controle da erosão. O manejo e a disposição apropriada da água superficial e subsuperficial, provavelmente, têm um impacto maior na estabilidade superficial e da massa de solo do que qualquer outro fator. Além disso, devemos sempre lembrar a importância de se preservar e aproveitar a vegetação natural da encosta, sempre que possível, e de aproveitar as vantagens dos métodos de Bioengenharia que capitalizam os benefícios da vegetação, através da inserção de estacas vivas no solo, em vários arranjos e combinações.

Este capítulo se refere a essas questões e preocupações, apresentando uma classificação dos diferentes métodos para proteção de encostas e controle da erosão, descrevendo as características importantes da Bioengenharia e da estabilização biotécnica. Também são incluídos os recentes desenvolvimentos, assim como as potenciais áreas para a aplicação da Bioengenharia.

7.1. Classificação dos Diferentes Sistemas

Os métodos de proteção das encostas e controle da erosão podem ser classificados de diferentes maneiras. Os métodos listados na Tabela 7.1 são classificados em três categorias principais: *construções vivas* (uso tradicional de grama e outras plantas, principalmente para o controle da erosão), *construções mistas* (utilização da Bioengenharia e métodos biotécnicos) e *construções inertes* (uso de estruturas inertes ou sistemas mecânicos). Esse importante sistema de classificação é mencionado freqüentemente neste livro e é aplicável tanto no controle da erosão quanto na prevenção de movimentos de massa. Os sistemas de cobertura do solo que podem ser usados para o controle da erosão e proteção temporária de cursos d'água podem ser classificados de forma semelhante.

7.2. Abordagens Convencionais para a Proteção de Encostas e Controle da Erosão

7.2.1. Construções Inertes

Os engenheiros tendem a contar, principalmente, com sistemas inertes para a estabilização de encostas e o controle da erosão. Uma grande gama de produtos e técnicas se enquadra nessa categoria. As razões pelas quais seus usos são tão difundidos incluem a disponibilidade, a facilidade

Tabela 7.1 — Classificação das medidas de proteção de encostas e controle da erosão

Categoria	Exemplos
Plantio convencional	*Construções vivas* Semeadura Grama em tapetes Transplantio
Plantas arbóreas utilizadas como reforço e barreira ao movimento do solo	*Construções mistas* Estacas vivas Caniçadas vivas Camadas de ramos Empacotamento de ramos
Associações planta/estrutura	Muros de pedra com plantio na face da encosta Revestimentos com plantio na face da encosta Estruturas niveladas com plantio nos terraços
Plantas arbóreas cultivadas nas aberturas ou interstícios frontais de estruturas de contenção	*Crib walls* vivas Gabiões vegetados Muros de pedra vegetados
Plantas arbóreas cultivadas nas aberturas ou interstícios frontais de revestimentos e coberturas do solo porosas	Plantios em conjunto Gabiões estaqueados Revestimento de blocos de concreto vegetados Geogrelhas vegetadas
Estruturas convencionais	*Construções inertes* Estruturas de concreto Paliçadas Cortinas atirantadas

Fonte: Gray e Sotir (1996).

de instalação, a familiaridade, a propaganda e a promoção, a existência de padrões e a aceitação pelos projetistas. Assume-se que os materiais inertes têm propriedades previsíveis e invariáveis. De fato, os materiais inertes como o aço, o concreto e os polímeros sintéticos se degradam, se decompõem e/ou se deterioram lentamente ao longo do tempo.

Vários exemplos de tecnologias e produtos que fazem parte dessa categoria estão assim resumidos:

Estruturas de contenção

- Cortinas atirantadas, muros de arrimo, gabiões, *crib* e *bin walls*
- Muros de pedra
- Muro de blocos articulados (Loffelblock®, Dynablock® etc.)
- Estruturas em solos reforçados (geogrelhas ou geotêxteis)
- Sistemas de confinamento celular

Sistemas de revestimentos

- *Rip-rap* (rochas e cascalhos)
- Gabiões
- Revestimentos de concreto
- Sistemas de confinamento celular (tecidos em três dimensões que cobrem a superfície e são preenchidos com agregados)
- Sistemas de blocos articulados (blocos de concreto ligados por cabos ou outros métodos)

Coberturas do solo

- *Mulches* artificiais (fibra de vidro, fibra de celulose)
- Telas, mantas e redes (coberturas que protegem a superfície e promovem/melhoram o desenvolvimento da vegetação)
- Sistemas de confinamento celular (rede em forma de favo de mel, em três dimensões, que cobre a superfície e é preenchida com solo ou agregados)

É interessante notar que muitos desses sistemas, ou produtos, se prestam a um uso integrado ou combinado com a vegetação. Basicamente, a vegetação pode ser incorporada em qualquer estrutura de contenção, revestimento ou cobertura inerte do solo, que seja porosa ou que tenha aberturas (interstícios) na face frontal. Entretanto, para que a planta sobreviva, é indispensável a presença de umidade e luz solar. Outras exigências para o estabelecimento e a manutenção da vegetação são discutidas no Capítulo 9.

7.2.2. *Construções Vivas*

Embora o valor da vegetação na prevenção da erosão do solo já esteja bem conhecido, sua função na estabilização de encostas contra movimentos de massa é menos clara e não muito bem entendida. Entretanto, o valor da vegetação arbórea, em particular, para a proteção de encostas contra deslizamentos e movimentos de massa superficiais ganhou um reconhecimento considerável nos últimos anos (Greenway, 1987; Coppin e Richards, 1990).

As construções vivas usam plantios convencionais, principalmente para o controle da erosão. Uma cobertura do solo densa, feita com vegetação, aumenta enormemente a resistência dos solos à erosão. Vários tipos de gramíneas e vegetação herbácea são melhores para esse fim. A vegetação pode ser estabelecida a partir de estaquia, transplantio, tapetes de grama ou semeadura direta. Em muitos casos, as técnicas convencionais de plantio oferecem a proteção com melhor custo versus benefício, contra a erosão superficial de encostas. Exemplos de usos convencionais de plantas herbáceas para o controle da erosão superficial são apresentados na Figura 7.1.

Figura 7.1 — Utilização de plantas herbáceas para controlar a erosão superficial ao longo de estradas.

Fonte: Gray e Sotir (1996).

Embora as gramíneas e a vegetação herbácea sejam muito eficientes para o controle da erosão, às vezes são difíceis de se estabelecer em encostas, por causa das condições adversas como a declividade, as condições de umidade, a alta velocidade do *runoff* etc. Uma grande variedade de produtos está disponível para melhorar e promover o estabelecimento da vegetação para fins do controle da erosão. Esses consistem de *mulches* hidráulicos, condicionadores de solo, telas, mantas para controle da erosão, mantas de reforço e sistemas de contenção geocelular.

Também é necessária uma abordagem diferente para a proteção de encostas íngremes contra movimentos de massa superficiais. A vegetação arbórea geralmente é mais adequada na prevenção de movimentos de massa. Mas o plantio somente de árvores e arbustos pode não ser suficiente, onde as encostas sejam muito íngremes, onde a estabilidade superficial e das massas de solo é um problema ou onde as condições do local tornam o estabelecimento da vegetação muito difícil. Sob essas condições, é necessário usar uma construção mista ou uma abordagem biotécnica. Os métodos de Bioengenharia, que são caracterizados pela localização e colocação de estacas vivas no solo, em vários arranjos e configurações, se enquadram nessa categoria de técnicas de proteção de encostas e controle da erosão.

7.3. Sistemas de Construção Mistos

7.3.1. Descrição Geral

Estabilização Biotécnica. Expressão que se refere ao uso de inclusões naturais, vivas ou inertes, para reforçar o solo e estabilizar as encostas. A expressão *proteção biotécnica da encosta* descreve o uso integrado ou combinado da vegetação e componentes estruturais ou mecânicos inertes. Os componentes inertes incluem concreto, madeira, pedra e geotêxteis. O termo *geotêxtil* se refere a geotêxteis e geogrelhas, tecidos ou não tecidos, feitos de polímeros sintéticos ou de materiais naturais, como fibras de juta ou coco (Yamanouchi, 1986).

Bioengenharia. Termo mais específico que se refere principalmente ao uso de plantas vivas e/ou partes de plantas. Estacas vivas e ramos são encravados e arranjados no solo, ou em estruturas feitas de terra, onde servem como reforçadores do solo, drenos hidráulicos, barreiras contra movimentos de terra e bombas hidráulicas. Técnicas como estaquia, caniçadas vivas, camada de ramos e outras se enquadram nessa categoria. Partes de plantas vivas, isto é, caules e ramos, também podem ser utilizadas em conjunto com geotêxteis.

A vegetação pode ser utilizada com elementos estruturais ou mecânicos inertes em uma grande variedade de maneiras, conforme resumido na Tabela 7.1. As gramíneas e outras plantas podem se estabelecer no solo por baixo da rede. As gemas e ramos crescem através da rede e apresentam múltiplas funções, particularmente o sombreamento, a filtragem e a aparência visual. Uma seqüência de fotos mostrando a construção e o tratamento vegetativo de um contraforte de terra reforçado com geogrelha é mostrado nas Figuras 7.2 e 7.3. A vegetação pode ser introduzida em, virtualmente, qualquer tipo de sistema de revestimento poroso. O plantio em conjunto, por exemplo, que é uma variante de um estaqueamento (uma técnica de Bioengenharia), consiste em inserir estacas vivas entre os espaços das pedras do *rip-rap*.

Grama Reforçada. Expressão que designa uma superfície gramada, que é reforçada com uma armação rígida (por exemplo, blocos articulados) ou flexível. Um sistema típico com armação flexível consiste de mantas tridimensionais sintéticas e muito porosas (*turf reinforcement mats*) que são instaladas na superfície, preenchidas com solo e semeadas. Essas mantas melhoram o desempenho da vegetação, mantendo juntas as raízes das plantas e fazendo a ligação entre os pontos de fraqueza. Superfícies gramadas, reforçadas dessa forma, resistem melhor à força de tração do fluxo d'água em alta velocidade do que uma superfície gramada por si só.

(*A*)

(*B*)

Figura 7.2 — Seqüência da construção de uma estrutura de Bioengenharia reforçada com geogrelhas. (*A*) Durante a construção. (*B*) Após a construção, mostrando a aparência da encosta antes do crescimento da vegetação.

Fonte: Gray e Sotir (1996).

(*A*)

(*B*)

Figura 7.3 — (*A*) Aparência da estrutura passados três meses do tratamento vegetativo. (*B*) Vista de detalhe da superfície vegetada mostrando as plantas se desenvolvendo através da geogrelha.

Fonte: Gray e Sotir (1996).

7.3.2. Características e Limitações da Bioengenharia

A estabilização biotécnica difere de forma significativa das abordagens convencionais de proteção e recuperação de encostas e oferece vantagens importantes. No entanto, a estabilização biotécnica não deve ser vista como uma panacéia para todos os danos que ocorrem em encostas e problemas de erosão superficial. A vegetação é inadequada, por exemplo, onde existem condições altamente tóxicas ou em locais sujeitos a altas velocidades d'água ou extrema ação das ondas. A Bioengenharia, da mesma forma, não é apropriada a todos os locais e situações. Em certos casos, um tratamento vegetativo convencional, como, por exemplo, a aplicação de grama e a hidrossemeadura, funciona satisfatoriamente com menor custo. Em outros casos, a solução mais apropriada e mais eficiente é um sistema estrutural de contenção somente ou possivelmente em combinação com a Bioengenharia.

Os seguintes atributos têm grande importância nos sistemas de Bioengenharia:

Exigências em Mão-de-Obra/Conhecimento Profissional. As medidas de Bioengenharia tendem a ser intensivas em mão-de-obra e proficiência, ao contrário dos modelos intensivos em energia/capital. A Bioengenharia exige a utilização de trabalho manual. A implementação bem-sucedida exige orientação antes da contratação, treinamento da força de trabalho no local e supervisão e inspeção cuidadosas. Certas técnicas, como as camadas de ramos, podem ser instaladas utilizando-se máquinas pesadas e outros equipamentos mecanizados. Apesar da utilização relativamente grande de mão-de-obra, os trabalhos de Bioengenharia geralmente custam menos do que os tratamentos convencionais, porque normalmente são executados na época da seca, uma época do ano em que a mão-de-obra está geralmente mais disponível.

Utilização de Materiais Naturais e/ou Nativos. A Bioengenharia preconiza o uso, principalmente, de materiais nativos, tais como plantas ou partes delas (ramos ou galhos), pedra, madeira e terra. Estacas vivas, por exemplo, que são coletadas nas matas, amarradas em fardos e depois colocadas no solo em trincheiras superficiais, são os principais componentes na construção de caniçadas vivas (Figura 7.4). A vegetação apropriada geralmente pode ser obtida em *stands* locais. Essas plantas já estão bem adaptadas ao clima, às condições do solo e à umidade disponível na área; portanto, mais bem preparadas para sobreviver.

Viabilidade Econômica. Estudos de campo mostram exemplos onde sistemas combinados de proteção de encostas provaram ser mais viáveis economicamente do que tratamentos vegetativos ou soluções estruturais. A utilização de materiais nativos é um dos responsáveis pela maior economia, já que os custos com a vegetação geralmente estão limitados à mão-de-obra para a coleta, manuseio e transporte até o local. Onde os métodos de construção são intensivos em mão-de-obra e os custos com ela são razoáveis, os sistemas combinados podem ser particularmente interessantes economicamente. Mesmo onde a mão-de-obra é escassa ou relativamente cara, seus custos geralmente podem ser compensados pela redução ou, até mesmo, a exclusão dos custos em materiais estruturais, terraplenagem, equipamentos pesados e outros.

Compatibilidade Ambiental. Os sistemas de Bioengenharia geralmente exigem uma utilização mínima de trabalhadores e equipamentos e causam impactos relativamente pequenos ao local durante a instalação. Ao longo do tempo, os sistemas se tornam visualmente agradáveis e se misturam com o entorno natural, conforme mostrado na seqüência de fotos da Figura 7.5. Esses são atributos favoráveis em áreas ambientalmente sensíveis, tais como parques, florestas, áreas ripárias e corredores ambientais, onde a qualidade estética, o *habitat* silvestre, a restauração ecológica e outros valores semelhantes são importantes.

Características de Auto-reparação. Ao contrário dos sistemas convencionais, inertes, os sistemas de Bioengenharia se tornam mais fortes com o tempo, conforme o sistema radicular da vegetação se torne bem estabelecido. A vegetação tem a habilidade de se regenerar, quando sujeita a estresses que não matam as plantas. O replantio e a semeadura em excesso também podem ser utilizados para reparar áreas danificadas.

Épocas de Plantio. Os sistemas de Bioengenharia são mais eficientes quando instalados durante o período de estiagem. Isso geralmente coincide com uma diminuição nos outros trabalhos de construção. As restrições nas épocas de plantio ou a disponibilidade das quantidades necessárias de

(*A*)

(*B*)

Figura 7.4 — Utilização de material vegetativo local na fabricação de caniçadas vivas. (*A*) Uma moita de salgueiro (*Salix* sp.) é uma boa fonte de estacas. (*B*) Fabricação de caniçada com estacas de salgueiro.

Fonte: Gray e Sotir (1996).

(*A*)

(*B*)

(*C*)

Figura 7.5 — Vistas sucessivas de um talude de estrada tratado com camadas de ramos. (*A*) Durante a construção. (*B*) Após dois meses. (*C*) Um ano após. Fonte: Gray e Sotir (1996).

material vegetativo apropriado, durante a época de plantio permitida, podem limitar a utilidade dos métodos de Bioengenharia em certas circunstâncias. Essa restrição pode ser potencialmente contornada, colocando-se as estacas ou o material vegetativo em temperaturas baixas até que sejam utilizados na época correta.

Locais de Difícil Acesso. A Bioengenharia geralmente é uma alternativa útil para locais íngremes ou altamente sensíveis, onde o uso de máquinas não é viável e o trabalho manual é uma necessidade. Por outro lado, a utilidade dos métodos de Bioengenharia pode ser limitada por um meio pobre para o desenvolvimento das plantas, tais como encostas rochosas ou pedregosas que não apresentam partículas finas ou umidade suficiente, ou por uma acidez extrema, ou outras condições tóxicas no solo. A vantagem biotécnica da vegetação também é limitada em encostas que estão expostas a um fluxo d'água periódico de alta velocidade (que, no entanto, pode ser contornada utilizando-se o reforço estrutural com coberturas biotécnicas do solo) ou inundações constantes.

7.3.3. Compatibilidade entre Plantas e Estruturas

À primeira vista, os métodos de construção biotécnica podem parecer impraticáveis por causa de problemas de compatibilidade, isto é, as exigências impostas pela engenharia quanto à estabilidade estrutural podem ir de encontro às exigências biológicas da vegetação. O preenchimento por trás de uma estrutura de contenção, por exemplo, deve ter certas propriedades mecânicas e hidráulicas específicas para que a estrutura tenha um desempenho satisfatório. O preenchimento ideal deve ser feito com um material com drenagem livre e textura grosseira. A presença de quantidades excessivas de argila, silte e matéria orgânica não é desejável. A exigência de uma drenagem livre — tão essencial para a estabilidade de estruturas de contenção — também é importante para a vegetação que, geralmente, não tolera as condições de encharcamento do solo. O estabelecimento da vegetação, por outro lado, geralmente exige a presença de partículas finas no solo, de forma a reter alguma umidade e nutrientes. Em muitos exemplos, essas exigências biológicas podem ser satisfeitas sem comprometer o desempenho da engenharia. Existem procedimentos e técnicas para o estabelecimento da vegetação dentro e em torno dos preenchimentos estruturais e em aberturas frontais de revestimentos porosos e estruturas de contenção; essas técnicas dizem respeito a esta preocupação.

Uma outra preocupação, freqüentemente levantada sobre o uso de plantas em conjunto com estruturas, é o perigo do dano físico ou rompimento causado pelo tronco e raízes da vegetação arbórea. Idéia predominante é que as raízes das plantas irão interferir, desacomodar ou empurrar a estrutura, conforme mostrado esquematicamente na Figura 7.6. A evidência para tal dano é pequena. As raízes exibem uma propriedade chamada "edafoecotropismo" (Vanicek, 1973), que consiste simplesmente em se evitar o estresse. Isso significa que as raízes das plantas tendem a evitar zonas de estresse, tais como áreas com deficiência de umidade, luz, alta temperatura, obstáculos mecânicos (rochas) e baixa porosidade (alta densidade aparente). Portanto, as raízes evitarão a face de uma estrutura de contenção aberta e porosa, por causa dos déficits de umidade e do estresse

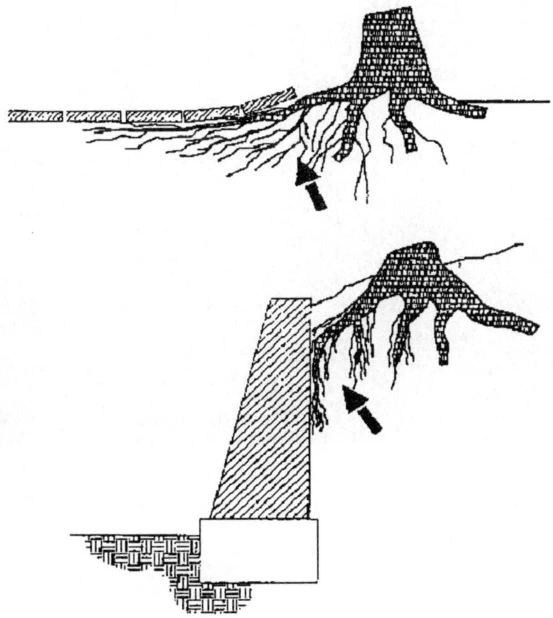

Figura 7.6 — Ilustração esquemática do perigo proveniente de raízes arbóreas.
Fonte: Adaptada de Gray e Sotir (1996).

fototrópico, conforme mostrado na Figura 7.7. As árvores também têm uma habilidade extraordinária para, literalmente, fluir ao redor e "abraçar" os obstáculos, sem qualquer interrupção ou deformação do próprio obstáculo, como pode ser observado nas Figuras 7.8 e 7.9. Mesmo assim, é aconselhável não se plantarem mudas que irão se transformar em árvores de grande diâmetro nas aberturas frontais de uma estrutura.

O principal perigo de se plantarem árvores em estruturas, ou em torno delas, parece vir da extração da umidade do solo, que resulta no assentamento do solo nos arredores da árvore. Um pinheiro grande e maduro pode remover até 750 litros de água do solo, por dia, pela evapotranspiração. A área afetada se estende por, aproximadamente, uma a uma e meia vez a altura da árvore. A extração da umidade do solo pela vegetação se torna um problema sério somente quando as árvores são plantadas muito próximas a construções em solos com estabilidade baixa (Bozozuk e Burn, 1960).

Figura 7.7 — Árvore grande e madura localizada em um muro de contenção. As raízes das plantas evitam o crescimento em direção ao muro. O reforço oferecido pelas raízes compensa a sobrecarga do peso da árvore.

Fonte: Gray e Sotir (1996).

(*A*)

(*B*)

Figura 7.8 — Fotos mostrando a habilidade dos caules arbóreos em absorver obstáculos mecânicos. (*A*) Tela de arame. (*B*) Muro de pedra.

Fonte: Gray e Sotir (1996) (*A*).

Foto: Gustavo Araujo (*B*).

Figura 7.9 — Árvore grande e madura em um talude de corte. Não se nota evidência que comprometa a integridade estrutural da encosta.

Fonte: Gray e Sotir (1996).

7.3.4. Aplicações

Os métodos de estabilização biotécnica e de Bioengenharia têm sido adotados para uma variedade de aplicações, desde a estabilização de taludes de corte e aterro até a proteção de margens de rios (Tabela 7.2). Sotir (1991) apresentou uma revisão dos projetos de Bioengenharia nos Estados

Tabela 7.2 — Aplicações da Bioengenharia

	Situações												
Aplicações	Mineração e recuperação	Rodovias e ferrovias	Canteiros de obras	Disposição de resíduos	Aeroportos e heliportos	Cursos d'água	Drenagem	Reservatórios e barragens	Proteção de margens	Locais de construção	Áreas de lazer	Linhas de transmissão	Avaliação ambiental
Estabilização de encostas – taludes de corte e aterro	■	■	■					■	■				
Estabilização de encostas – penhascos e faces rochosas	■	■							■				
Controle da erosão hídrica – precipitação e escoamento superficial	■	■	■	■			■	■	■		■	■	
Controle da erosão hídrica – voçorocas	■	■	■			■	■	■	■		■	■	
Proteção de margens e da costa – canais de fluxo contínuo						■	■						
Proteção de margens e da costa – canais de fluxo descontínuo	■	■		■		■	■		■	■			
Proteção de margens e da costa – grandes corpos d'água (margens)								■	■				
Controle da erosão eólica	■								■		■	■	
Barreiras vegetativas	■	■	■	■					■	■	■		
Barreiras vegetativas – redução de ruídos		■		■						■			
Proteção da superfície do solo			■		■	■		■	■	■	■	■	
Controle do *runoff* em pequenas bacias	■	■	■	■		■	■				■		
Plantas como indicadores	■			■		■						■	■

Fonte: Coppin e Richards (1990).

Unidos, durante os últimos anos. Kropp (1989) descreve o uso de rolo de fibras em combinação com drenos subsuperficiais, para o reparo e estabilização da cicatriz de um movimento de massa em uma ravina rasa preenchida com material coluvial, no norte da Califórnia.

7.4. *Impacto da Terraplenagem de Encostas*

Tanto os corredores de transporte como a urbanização em terrenos íngremes exigem que sejam realizados alguns trabalhos de escavação e terraplenagem, de forma a acomodar estradas ou habitações. A maneira na qual este nivelamento é planejado e executado e a natureza da topografia que é criada afetam não somente o impacto visual ou estético do desenvolvimento, mas também a estabilidade das encostas e a eficiência das tentativas de revegetação (Schor e Gray, 1995). São apresentadas na Tabela 7.3 as descrições sucintas e as comparações dos diferentes projetos de nivelamento.

Tabela 7.3 — Comparações entre os diferentes projetos de nivelamento

A. Terraplenagem convencional
1. Taludes apresentando terraplenagem convencional caracterizam-se essencialmente por superfícies lineares planas com gradientes invariáveis e interseções angulares; a configuração resultante é retangular.
2. As estruturas de drenagem geralmente são construídas em uma configuração retilínea e em posições expostas.
3. O paisagismo é aplicado em padrões aleatórios ou geométricos de forma a produzir uma "cobertura uniforme".
B. Em contorno
1. Encostas niveladas em contorno são basicamente similares a encostas niveladas convencionalmente, exceto por serem curvilíneas (no plano); os gradientes são invariáveis, e os perfis são planos; a configuração resultante é levemente curvilínea.
2. As estruturas de drenagem geralmente são construídas em uma configuração geométrica e em posições expostas.
3. O paisagismo é aplicado em padrões aleatórios ou geométricos, de forma a produzir uma "cobertura uniforme".

C. Nivelamento ou terraplenagem natural
1. Imita as formas irregulares de encostas naturais e estáveis; as encostas niveladas naturalmente são caracterizadas por uma série contínua de formas côncavas e convexas entremeadas por depressões e bermas que se misturam nos perfis, não-lineares, gradientes variáveis, e zonas de transição importantes entre encostas naturais e feitas pelo homem; as configurações resultantes são irregulares.
2. As estruturas de drenagem ou seguem os caminhos d'água "naturais" da encosta ou são escondidos em combinações especiais de depressões e bermas; os segmentos expostos em áreas de alta visibilidade são tratados com pedras.
3. O paisagismo se torna um processo de "revegetação" e é aplicado em padrões que ocorrem na natureza: as árvores e arbustos são concentrados em áreas côncavas, enquanto que as áreas convexas mais secas são plantadas principalmente com plantas rasteiras.

Fonte: Schor e Gray (1995).

7.4.1. Terraplenagem Convencional

A prática convencional da terraplenagem geralmente resulta em encostas drasticamente alteradas e a substituição das formas naturais da vertente por modelos e padrões artificiais, estéreis e uniformes. Encostas com terraplenagem convencional podem ser caracterizadas por superfícies essencialmente lineares e planas com gradientes constantes e interseções angulares. Os dispositivos de drenagem na encosta geralmente são construídos de uma forma retilínea e exposta; o paisagismo e as plantas são aplicados aleatoriamente ou em padrões geométricos, conforme apresentado nas Figuras 7.10 e 7.11.

Figura 7.10 — Exemplo de terraplenagem convencional com taludes planos e vala de drenagem retilínea em local altamente exposto e visível.
Foto: Gustavo Araujo.

Figura 7.11 — Encosta terraplenada convencionalmente e projeto paisagístico com talude plano, vala de drenagem retilínea e plantio uniformes.
Fonte: Gray e Sotir (1996).

7.4.2. *Terraplenagem Natural* (*Landform Grading*)

A terraplenagem natural basicamente tenta imitar as encostas como elas ocorrem na natureza. Essa abordagem foi desenvolvida pioneiramente por Schor (1980 e 1992), que a aplicou de forma bem-sucedida em diversos empreendimentos e comunidades no sul da Califórnia. Muito poucas encostas são encontradas na natureza com faces lineares e planas. Pelo contrário, as encostas naturais são constituídas por formas cobertas pela vegetação, que se desenvolvem em padrões ajustados à sua hidrogeologia. Arbustos e outras plantas arbóreas, que crescem em encostas naturais, tendem a se agrupar em vales e depressões, onde a umidade é mais abundante.

As encostas tratadas com a técnica de terraplenagem natural são caracterizadas por uma grande variedade de formas, inclusive côncavas e convexas. Os dispositivos de drenagem ou seguem os caminhos d'água naturais ou são escondidos em combinações especiais de depressões côncavas e bermas convexas. Os padrões de vegetação que são encontrados na natureza também são imitados. Os padrões aleatórios ou a cobertura uniforme devem ser evitados. A vegetação é estabelecida onde ela tem uma melhor chance de sobrevivência e onde cumpre melhor a função de segurar o solo. Árvores e arbustos necessitam de mais umidade, e também cumprem melhor a função de estabilizar um manto de solo contra movimentos de massa superficiais. Conseqüentemente, faz sentido agrupá-las em depressões e vales de uma encosta, onde o escoamento superficial (*runoff*) tende a se concentrar. Os arbustos também devem ser concentrados intensivamente ao longo do fluxo de drenagem de cada depressão.

CAPÍTULO 8

COMPONENTES VEGETATIVOS E OUTRAS CONSIDERAÇÕES

8.1. INTRODUÇÃO

8.1.1. NECESSIDADES BÁSICAS PARA UMA REVEGETAÇÃO BEM-SUCEDIDA

Como a maioria das atividades, uma revegetação bem-sucedida necessita que se entenda claramente o projeto, a execução e a manutenção. Ela merece o mesmo tipo de atenção e zelo profissional prestado às atividades de engenharia, tais como o projeto e a construção de estruturas de contenção. A revegetação bem-sucedida começa com uma análise do local, o que exige a avaliação de todas as variáveis importantes que possam afetar o desenvolvimento e o crescimento da vegetação. A análise do local inclui a pesquisa do clima, da vegetação nativa e dos parâmetros microlocais, tais como solos, topografia e possíveis condições tóxicas.

A revegetação pode ser executada por meio de uma variedade de plantas e métodos de plantio. Diferentes critérios de seleção podem ser usados para se decidir qual o tipo de vegetação — árvores, arbustos ou rasteiras (gramíneas) — que melhor se adapte a cada situação. Cada tipo tem suas vantagens e limitações. Devem ser levados em consideração, logo no princípio, o uso de espécies nativas versus exóticas e as implicações da sucessão vegetal. A legislação e outras restrições, tais como a disponibilidade e o custo, também podem interferir na seleção das plantas. A vegetação pode ser introduzida e estabelecida de diversas maneiras. Dependendo das condições do local, dos objetivos de estabilização, do custo e de outros fatores, pode-se escolher desde uma mistura de sementes, transplantio e estaqueamento até uma combinação deles.

A preparação do local é fundamental para que a revegetação seja bem-sucedida e inclui atividades, tais como o nivelamento e o controle da drenagem. A terraplenagem ou a forma da superfície exerce uma função muito importante na drenagem. A prática da terraplenagem natural (*landform grading*) geralmente é preferível em relação à terraplenagem convencional. As encostas niveladas naturalmente são caracterizadas por uma série contínua de formas côncavas e convexas, intercaladas por depressões e bermas, que se integram ao perfil. A revegetação, em conjunto com o nivelamento natural, envolve o plantio da vegetação em padrões que ocorrem na natureza, ao contrário da especificação da cobertura uniforme ou aleatória. A vegetação não se desenvolverá em solos que não apresentam aeração e porosidade suficientes, nem em locais que são muito úmidos ou muito secos. Várias técnicas podem ser utilizadas para melhorar as condições do solo e controlar as drenagens superficial e subsuperficial, de forma a aumentar o estabelecimento e o crescimento da vegetação.

A principal fonte de material vegetal para construções de bioengenharia é composta de estacas vivas coletadas localmente e no entorno. Os procedimentos para o estabelecimento da vegetação por métodos convencionais, isto é, semeadura e transplantio, podem ser encontrados com maiores detalhes em outras publicações. Com relação ao estabelecimento bem-sucedido de estacas vivas, deve-se dar uma atenção significativa à aquisição e manuseio das estacas nativas, o que inclui procedimentos para coleta, transporte e armazenamento das estacas. Os procedimentos adequados para a produção e instalação devem ser seguidos para que as estacas cresçam e "peguem". Isso requer considerações sobre o momento, a análise e a preparação do solo para o plantio. A instalação e o estabelecimento bem-sucedido de estacas vivas também necessitam de um procedimento bem definido de inspeção, monitoramento e manutenção.

A revegetação de estruturas, como, por exemplo, revestimentos, muros e estruturas de contenção, apresenta problemas e necessidades especiais. Os mesmos princípios da seleção e qualidade das plantas, a época de plantio e a manipulação ainda se aplicam, mas uma consideração adicional deve também ser dada às necessidades da engenharia, impostas ao solo que fica por trás dessas estruturas. Diversas técnicas podem ser adotadas para satisfazer ambas as necessidades.

8.1.2. Obstáculos à Revegetação

Físicos. As restrições físicas podem limitar a revegetação de diversas maneiras. Terrenos em áreas montanhosas muito íngremes podem constituir alguns problemas para a criação de taludes de corte e aterro para a revegetação. Quando técnicas de Bioengenharia são utilizadas em combinação com medidas estruturais, algumas considerações especiais devem ser necessárias ao projeto nos estágios de planejamento e execução. Os limites físicos geralmente existem devido à disponibilidade de terras, onde aquelas adjacentes e adequadas não podem ser adquiridas por causa do custo ou outras razões. Sob tais circunstâncias, terras mais íngremes e de mais difícil acesso podem ter de ser usadas, devendo ser consideradas as soluções mais caras.

A drenagem também pode causar problemas e impedir ótimas soluções de revegetação. A demanda da engenharia por preenchimentos com drenagem livre por trás das estruturas de contenção pode entrar em conflito com as necessidades vegetativas por um conteúdo suficiente de partículas finas no preenchimento, de forma a oferecer umidade e maior capacidade de manter os nutrientes no solo.

As necessidades de acesso e visão constituem ainda uma outra forma de restrição física para a revegetação. Proprietários de casas geralmente insistem em vistas desimpedidas. A inspeção de barragens e as operações de combate ao alagamento necessitam de acesso e campo de visão desobstruídos.

Legais. Os órgãos ambientais podem exigir o uso exclusivo de certas espécies, tais como plantas nativas, e banir o uso de outras espécies que, de outro modo, poderiam ser excelentes para fins de estabilização e com um estoque abundante no entorno. Restrições quanto à altura das plantas podem ser impostas onde se deseja ter uma vista panorâmica.

A questão de se utilizarem plantas nativas em vez de espécies exóticas é uma medida legal muito importante. Muitos órgãos ambientais exigem que só se utilizem espécies de plantas nativas. Essa exigência é cada dia mais comum, especialmente em áreas ripárias. Determinadas espécies também podem ser banidas porque servem como hospedeiros para doenças ou são consideradas invasoras muito agressivas ou ervas daninhas. É geralmente o caso de espécies introduzidas que se tornaram "naturalizadas". Algumas dessas plantas introduzidas já se adaptaram tão bem que às vezes são difíceis de serem diferenciadas das espécies nativas. Apesar de as nativas normalmente serem adequadas para áreas rurais, geralmente são consideradas muito selvagens e com uma aparência desarrumada para áreas urbanas. É importante que a vegetação, a longo prazo, tenha uma aparência compatível com o local e que as exigências de manutenção sejam bem compreendidas.

Outras questões legais também merecem ser mencionadas. Quando a semeadura for considerada como a forma de estabelecimento da vegetação, a fonte de sementes deve ser bem inspecionada. Algumas áreas requerem que as sementes sejam provenientes da mesma fonte. Estritamente falando, isso significa que a semente deve vir de fontes da área do entorno. Finalmente, o uso de fertilizantes, herbicidas e inseticidas pode ser restrito em determinadas áreas. É necessário verificar a legislação local, principalmente para áreas próximas a lagos, rios e outros sistemas de drenagem.

Econômicos. Os custos da revegetação são altamente afetados pela época do ano em que o trabalho é realizado. Tipicamente, as estruturas biotécnicas e de Bioengenharia mais baratas e mais eficazes são instaladas durante a estiagem. Essa é uma época do ano em que as folhas e gemas não estão se desenvolvendo ativamente. Quando existe a necessidade de os projetos serem realizados fora dessa época, ficam geralmente mais caros e, algumas vezes, menos eficientes, como nos projetos de construção de estradas, em que os taludes são cortados e aterrados o ano todo. As alternativas podem incluir a instalação de medidas temporárias até que a temporada de estiagem retorne, haja a pré-colheita e a refrigeração das estacas vivas até a sua utilização, bem como a reavaliação do projeto de revegetação no sentido de se utilizarem estacas já enraizadas, ou uma combinação de revegetação convencional e da Bioengenharia. Essas alternativas "fora de temporada" necessitam de medidas temporárias adicionais, que acabam aumentando os custos.

Os custos da revegetação também são afetados pela antecipação do planejamento. Os custos são minimizados quando se permite tempo suficiente para assegurar que a maioria das espécies desejadas e as quantidades necessárias estejam disponíveis. Normalmente, o melhor procedimento, o menos caro, é instalar os componentes vegetativos de um projeto ao mesmo tempo ou, em alguns casos, imediatamente após a terraplenagem.

8.2. Análise do Local

As condições locais afetam o desempenho de qualquer tratamento de Bioengenharia. Essas condições devem ser investigadas e compreendidas logo no princípio, de modo que um tratamento de estabilização apropriado possa ser selecionado e projetado. Uma investigação do local compreende a revisão das informações existentes sobre os fatores climáticos, topográficos, botânicos e outros, que provavelmente afetariam a revegetação. Uma análise do local deve incluir informações sobre microclima, solo, topografia e vegetação do entorno. Os dados topográficos são mais bem obtidos a partir de uma pesquisa recente e de seções transversais da encosta. Os dados sobre os solos podem ser obtidos por meio de trados e de amostras de solo coletadas para análise do perfil, análises de fertilidade e pH, e outras propriedades do solo que afetam o crescimento das plantas, tais como a permeabilidade e a densidade aparente.

8.2.1. Clima

Algumas variáveis climáticas que afetam o crescimento das plantas e devem ser avaliadas incluem o seguinte:

- Médias e flutuações da temperatura ambiente (inclusive máximas e mínimas)
- Temperatura máxima da superfície do solo
- Tempo do período de crescimento (levando em consideração altitude e latitude)

- Volume total e distribuição sazonal da precipitação
- Duração e época do ano em que ocorrem secas

Esses dados geralmente podem ser obtidos nos órgãos ambientais, de pesquisa ou universidades. Outros dados mais específicos podem ser obtidos localmente. O microclima pode diferir substancialmente das médias regionais, e essa informação pode ser crítica para as espécies de plantas selecionadas e o método de instalação ou propagação.

8.2.2. Vegetação Nativa

Plantas vivas e estacas de galhos obtidas no entorno do local do projeto geralmente são as mais adequadas. Em áreas rurais, espécies nativas apropriadas devem ser selecionadas no lugar de exóticas. A vegetação nativa é influenciada por parâmetros, tais como a encosta, o aspecto, o clima, a elevação e o tipo de solo; portanto, quanto mais próximos forem os parâmetros do local da coleta do material e do projeto, maior a chance de estabelecimento da vegetação nativa e de se encorajar a invasão natural da comunidade de plantas do entorno.

Outros fatores que favorecem a escolha da vegetação nativa coletada nas matas incluem as restrições legais contra o uso de espécies exóticas ou introduzidas, o déficit ou ausência de viveiros produzindo o estoque necessário e, possivelmente, um conhecimento limitado dos métodos de propagação. Os fatores que limitam a utilização de material vegetativo proveniente de plantas nativas incluem as restrições sobre sua remoção e disponibilidade limitada de *stands* naturais que sejam compatíveis de forma a produzir as estacas.

8.2.3. Parâmetros do Microlocal

Microclima. A temperatura, a precipitação e a exposição ao sol podem variar dramaticamente, dependendo da orientação ou de qual direção a encosta está exposta. No Hemisfério Norte, as temperaturas nas encostas expostas para o norte e nordeste normalmente são menores do que aquelas das encostas expostas para o sul e o oeste. As temperaturas mais brandas nas encostas expostas para o norte e o nordeste reduzem a evapotranspiração e o estresse proveniente da falta de umidade do solo, nas plantas. O inverso ocorre nas encostas mais quentes expostas para o sul e o oeste. Essas diferenças de temperatura afetam o tipo de vegetação que é selecionado e também o método de instalação. As orientações mais quentes e mais secas do sul e sudoeste podem exigir uma vegetação tolerante à seca, bem como métodos de Bioengenharia que são instalados relativamente na profundeza do solo. Locais mais secos também exigem que a água disponível seja retida na encosta. Sistemas de Bioengenharia instalados profundamente, tais como a camada de ramos construída em curvas de nível, geralmente satisfazem essas necessidades e objetivos. Por outro lado, uma orientação que receba grandes quantidades de precipitação pode ser mais bem adaptada a sistemas que estão instalados em profundidades relativamente superficiais, e orientadas na encosta, de forma a aumentar a drenagem da superfície, tal como caniçadas vivas instaladas fora do contorno.

A exposição ao vento também afeta as condições do microclima. Em áreas com muito vento, a evapotranspiração será maior, com o aumento conseqüente do estresse hídrico nas plantas. A presença de sombras ao longo das margens também é uma outra consideração microclimática muito importante. Uma vegetação intolerante à sombra não deve ser plantada em tais áreas.

Topografia. Vales e áreas baixas apresentam condições diferentes do microlocal, comparados a áreas altas ou divisores topográficos. Os solos dos vales geralmente apresentam temperaturas mais frias e têm mais umidade. As plantas devem ser selecionadas levando-se em consideração essas diferenças. Normalmente, uma vegetação mais tolerante à seca, tal como gramíneas, se dá melhor em interflúvios mais secos ou em áreas mais altas de uma encosta, enquanto os arbustos e árvores são mais bem adaptados para as áreas de vales e depressões mais úmidos. Essas considerações devem ser levadas em conta integralmente quando da revegetação associada a práticas de terraplenagem natural.

Solos. Tanto as propriedades físicas quanto as propriedades químicas devem ser analisadas para determinar o tipo de solo e a sua capacidade de suporte para o crescimento das plantas.

As propriedades *físicas* incluem:

- Percentual de finos
- Textura e estrutura do solo
- Densidade aparente ou grau de compactação
- Profundidade até a camada impermeável
- Grau de resistência à água
- Teor de umidade do solo

As propriedades *químicas* incluem:

- Concentração e disponibilidade de nutrientes
- pH do solo (acidez/alcalinidade)
- Salinidade da água do solo (força iônica)
- Sódio trocável
- Toxinas (tipo e quantidade)

É necessário que se faça uma análise química do solo antes que se proceda com os planos de revegetação. Essas análises devem ser realizadas por um laboratório de análise de solos competente ou em universidades ou instituições de pesquisa.

Os tipos de solo variam desde aqueles não consolidados até argilas pesadas e moldáveis. O primeiro tende a ser deficiente em partículas finas e nutrientes, e tem uma baixa capacidade de retenção d'água. O último é pouco aerado, exibe uma alta absorção da umidade e impede o crescimento radicular. Os melhores solos para o crescimento das plantas são os ricos em matéria orgânica. Esses têm partículas finas suficientes para uma retenção adequada de água e nutrientes, ao mesmo tempo em que exibem boas propriedades de aeração e transmissão de água. O grau de compactação também é importante. Solos densos e muito compactados tendem a ter baixas condutividades hidráulicas, aeração pobre e alta resistência à penetração das raízes.

8.3. Estoques de Sementes e Material Vegetativo

A disponibilidade, qualidade e quantidade do estoque de sementes e material vegetativo são considerações muito importantes nos projetos de revegetação. Para assegurar um alto padrão das espécies de plantas selecionadas são necessárias algumas especificações.

8.3.1. Sementes

Quando for necessário um coquetel de sementes específico para um projeto, elas devem ser obtidas de uma fonte comercial ou coletadas na natureza. A última opção é uma tarefa difícil e deve ser realizada por pessoas conhecedoras do assunto. Plantas silvestres diferem amplamente na qualidade e quantidade da produção de sementes, ano a ano. Muitas variáveis devem ser consideradas: (1) as plantas podem produzir sementes em anos alternados; (2) variações climáticas, tais como secas ou geadas, podem afetar a produção de sementes; (3) as sementes podem ser consumidas por pássaros e outros animais silvestres ou dispersadas naturalmente pelo vento antes que possam ser coletadas.

Após a coleta, as sementes devem ser limpas, manipuladas e armazenadas cuidadosamente. Sementes diferentes têm distintas necessidades de armazenamento, com respeito à umidade, temperatura, luz e oxigênio. Espécies individuais também têm períodos de dormência específicos e diferentes períodos de armazenamento.

8.3.2. Transplantes

Os transplantes geralmente são utilizados isoladamente ou em conjunto com outros sistemas de estabilização para a revegetação de um local. Um estoque com mudas de boa qualidade que seja manipulado, instalado e mantido de forma apropriada geralmente é bem-sucedido. É importante que a qualidade seja cuidadosamente especificada e que o estoque seja verificado quando chegar ao local do projeto. Quando for necessário armazenamento, o período máximo não deve ultrapassar duas semanas. Os transplantes devem ser tratados, irrigados e mantidos à sombra e fora do vento para evitar o secamento.

8.3.3. Estacas

As estacas compreendem o principal material vivo utilizado nas construções de Bioengenharia. Elas, geralmente, são coletadas na natureza, embora existam algumas fontes comerciais (apesar da dificuldade de serem encontradas). Quando se coleta na natureza, as diversas áreas devem ser localizadas antecipadamente. As estacas normalmente são retiradas de ramos que estejam 20 a 25cm do solo e amarradas em fardos que possam ser manipulados por uma pessoa. O tempo compreendido entre a coleta e a instalação das estacas deve ser o menor possível. Quanto mais fresco o material coletado, maiores as chances para um estabelecimento bem-sucedido. As estacas que não forem utilizadas imediatamente podem ser armazenadas por alguns dias, em água ou solo úmido, devendo também ser mantidas fora do sol e protegidas do vento.

As estacas utilizadas nos projetos de Bioengenharia geralmente são retiradas e instaladas durante a época de estiagem. Se a instalação for atrasada, é necessário um armazenamento refrigerado especial.

8.3.4. Capim-Vetiver

A gramínea vetiver (*Vetiveria zizanioides*) é mencionada separadamente, por causa de sua utilização freqüente para o controle da erosão e recuperação de áreas degradadas em regiões tropicais e subtropicais do mundo. O vetiver geralmente é plantado bem adensado, como uma sebe, em curva de nível na encosta, onde age como uma barreira ao movimento do solo encosta abaixo, formando terraços.

Características. O vetiver não é uma gramínea de pastagem; é uma gramínea rude que cresce em moitas de até 1 metro de largura em sua base e com uma massa agrupada de caules densos. Ela é parecida com a citronela (ou erva-cidreira) ou o capim-limão. Certos tipos de capim-vetiver produzem sementes estéreis e não lançam estolões ou rizomas, de modo que permanecem no local onde foram plantados. Isso pode ser uma característica importante, se existirem restrições ou preocupações sobre a introdução e propagação da flora exótica, não-nativa. O capim-vetiver tem um sistema radicular profundo e uma boa capacidade de sustentação do solo, podendo sobreviver em vários tipos de solo (inclusive areias, argilas, cascalhos e até solos ricos em alumínio), com limitações mínimas no que diz respeito à fertilidade, acidez, alcalinidade ou salinidade. Ele também é capaz de se desenvolver em uma ampla variedade de climas, que vão de 300 a 3.000mm de chuva por ano, e de temperaturas um pouco abaixo de 0°C e um pouco acima de 50°C.

Usos e Aplicações. O capim-vetiver tem sido empregado amplamente nas regiões tropicais e subtropicais do mundo para fins de controle de erosão com bons resultados (NAS-NRC, 1993). É utilizado para controlar a erosão em regiões agrícolas e para fins de engenharia, como, por exemplo, para o controle da erosão em taludes de corte e aterro ao longo de estradas. O capim funciona melhor quando plantado em sebes ou em curvas de nível, com um espaçamento de 15cm entre as plantas. O espaçamento entre linhas recomendado varia com o grau de declividade e a extensão da encosta. A partir de uma perspectiva ecológica, o capim-vetiver se desenvolve em uma monocultura e não auxilia a sucessão natural ou biodiversidade.

8.4. Fonte e Seleção do Material Vegetativo

8.4.1. Variação do Material Vegetativo

Uma imensa variedade de plantas pode ser utilizada com a finalidade de se revegetar uma área; o melhor é decidir quais tipos de plantas são compatíveis com as condições do local e bem adaptados para se alcançar os objetivos de estabilização. O material vegetal não é diferente dos outros materiais, os quais têm de ser selecionados com cuidado para a finalidade pretendida. Entretanto, diferem substancialmente dos materiais inertes, no sentido de que estão constantemente em um estado de evolução e mudança. Um grupo de plantas colocado no solo hoje pode produzir um conjunto com uma semelhança muito pequena dez anos depois, em termos de aparência e composição de espécies. Cada geração de plantas modifica um pouco o local e prepara o solo para uma nova geração, que pode incluir uma nova espécie.

As plantas são muito reativas às condições do solo e do local; portanto, as taxas de crescimento e a composição de espécies dependem muito dos parâmetros microlocais, tais como a topografia, o solo, a disponibilidade hídrica e a orientação das encostas. Em nenhum local isso é mais evidente do que nas dunas costeiras ou em ribanceiras, onde os graus relativos de exposição ao vento, salinidade e disponibilidade de umidade determinam os tipos de plantas que se desenvolvem, conforme observado na Figura 8.1.

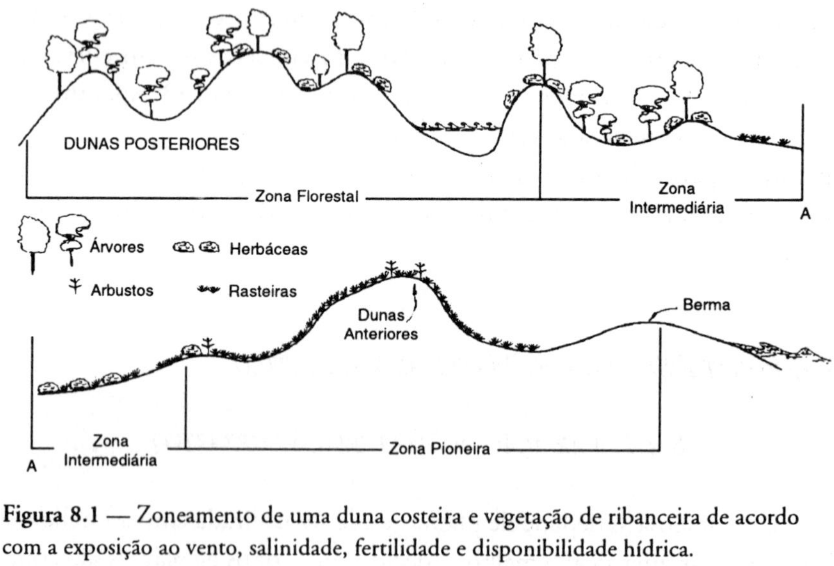

Figura 8.1 — Zoneamento de uma duna costeira e vegetação de ribanceira de acordo com a exposição ao vento, salinidade, fertilidade e disponibilidade hídrica.
Fonte: Gray e Sotir (1996).

8.4.2. Espécies Nativas Versus Exóticas

Uma controvérsia que sempre surge nos trabalhos de revegetação é a utilização de espécies nativas versus espécies exóticas (ou introduzidas). Argumentos plausíveis podem ser utilizados a favor de ambos os tipos de planta. Em algumas ocasiões, as escolhas são impedidas por restrições legais. Uma boa situação para a utilização de espécies exóticas é no caso de encostas altamente degradadas ou construídas pelo homem, tais como taludes de corte e diques, onde solos estéreis ou altamente modificados são expostos. Deve haver pouca ou nenhuma espécie nativa disponível que se desenvolva prontamente em tais condições de solo e do local. Por outro lado, pode ser possível encontrar espécies exóticas que sejam bem adaptadas a essas condições, podendo também servir como pioneiras ou para cobertura, que modificam bastante o local, de modo que as espécies nativas possam se estabelecer. Entretanto, deve-se tomar bastante cuidado uma vez que as exóticas podem se espalhar incontrolavelmente, competir de forma prejudicial com as espécies nativas e formar monoculturas artificiais e não-desejadas na paisagem.

A principal vantagem de se utilizarem espécies nativas é que elas estão disponíveis localmente e devem estar adaptadas às condições climáticas e outras do local. Um inventário da área revelará que tipos de plantas estão prosperando no local e que parâmetros microlocais afetam a composição das espécies e as taxas relativas de crescimento. Essa informação pode ser usada para se selecionar uma variedade de plantas nativas para utilização no trabalho de revegetação das encostas.

8.4.3. Sucessão Vegetal

A sucessão vegetal se refere à variação ou mudança da composição das espécies em um local ao longo do tempo. Essa variação continua até que o chamado clímax (ou composição final) se torne estabelecido, que é, então, relativamente estável. A remoção dessa cobertura clímax pelo fogo ou desmatamento ativa uma nova sucessão. Interrupções na sucessão também podem fazer o processo voltar a estágios evolucionais anteriores ou impedir que a comunidade vegetal chegue ao estágio clímax.

As plantas pioneiras são as primeiras a invadir e se estabelecer. Essas plantas pioneiras modificam o local o suficiente para que as plantas em estágios sucessionais posteriores ganhem suporte. O material vegetativo usado na maioria dos métodos de construção de Bioengenharia pertence aos estágios iniciais ou pioneiros da sucessão vegetal. Uma das modificações mais importantes provenientes das plantas pioneiras é a adição de matéria orgânica ao solo e a proteção contra a erosão superficial e movimentos de massa pouco profundos. A vegetação arbórea nativa e os estágios sucessionais tardios podem ter grandes dificuldades em se estabelecer em encostas instáveis.

As plantas pioneiras podem desaparecer do local posteriormente. É interessante revisitar um local onde os métodos de Bioengenharia foram empregados. A área, uma década mais tarde, pode produzir uma semelhança muito pequena, tanto na aparência como na composição de espécies, com o plantio e a instalação iniciais. No Hemisfério Norte, utilizam-se amplamente como principal material vegetativo *Salix* spp. e *Alnus* spp. Entretanto, muito poucos indivíduos permanecem no local, anos após a vegetação nativa ter invadido e tomado conta da área. Alguns exemplos são significativos em relação a esse fato, como mostram as Figuras 8.2 e 8.3, onde

Figura 8.2 — Duna costeira estabilizada por um sistema de Bioengenharia que enraizou e se desenvolveu em linhas em contorno ao longo da encosta.
Fonte: Gray e Sotir (1996).

Figura 8.3 — Mesma duna da figura anterior, 40 anos após a implantação do projeto. A duna está coberta por um *stand* denso de vegetação nativa e não apresenta nenhum indivíduo do gênero *Salix* e nenhuma erosão.
Fonte: Gray e Sotir (1996).

foram utilizadas essas espécies para estabilizarem uma área ao longo do Lago Michigan (*USDA Soil Conservation Service*, 1940). Quatro décadas mais tarde, havia um *stand* denso de vegetação arbórea na encosta, poucos indivíduos do gênero *Salix* e nenhuma erosão.

8.4.4. Critérios de Seleção

Condições do Local. As condições do local têm uma influência muito grande na escolha ou seleção das plantas para o trabalho de revegetação. As plantas nativas que crescem atualmente no local ou no entorno são ótimas candidatas, porque já estão adaptadas às condições locais. As plantas que são utilizadas para fins de Bioengenharia são pioneiras que invadem e colonizam áreas degradadas. As plantas pioneiras geralmente toleram uma grande variedade de condições do solo; entretanto, aqueles com pH muito alto (> 7,5) ou muito baixo (< 4,5) necessitam de correção para a sobrevivência e o desenvolvimento da vegetação.

As condições locais podem ser classificadas de uma forma sistemática para caracterizar sua adequação para o crescimento das plantas e para ajudar na seleção das espécies. A Tabela 8.1, adaptada de Schiechtl (1980), pode ajudar a esse respeito. Os fatores que afetam e as classificações da tabela permitem que um local seja avaliado ou classificado em termos de seu clima, solos e risco de erosão. Isso é efetuado considerando-se cada um dos fatores que influenciam uma área específica de classificação. Por exemplo, suponha que um local tenha sido classificado da seguinte maneira: solo pobre (A4), clima bom (B2) e risco de erosão médio (C3). Nesse caso, seria aconselhável escolher espécies de plantas que apresentem um sistema radicular profundo, rápido desenvolvimento e que não necessite de alta fertilidade.

Tabela 8.1 — Classificação das condições locais para revegetação

Classificação		**Fatores que afetam**
A. Condições do solo	1 = muito bom 2 = bom 3 = médio 4 = pobre 5 = muito pobre	Granulometria; permeabilidade; textura; retenção de umidade; pH; fertilidade (especialmente os níveis de nutrientes no solo); materiais tóxicos; densidade aparente (grau de compactação)
B. Clima	1 = muito bom 2 = bom 3 = médio 4 = pobre 5 = muito pobre	Quantidade e distribuição da precipitação; umidade relativa; evaporação (vento, sol); freqüência de períodos secos; temperatura média e flutuações; condições de luminosidade
C. Risco de erosão	1 = muito baixo 2 = baixo 3 = médio 4 = alto 5 = muito alto	Declividade (inclinação da encosta); erodibilidade do solo; condições climáticas (freqüência e intensidade de tempestades); águas subterrâneas (surgência); geologia (orientação das superfícies de cisalhamento e planos de acamamento)

Fonte: Adaptada de Schiechtl (1980).

Funções e Objetivos da Estabilização. As plantas têm diversas funções e exercem diferentes papéis na estabilização de encostas. Essas funções estabilizadoras diferem a respeito da erosão superficial e movimentos de massa. As funções de estabilização ou de melhoramento do solo provenientes da vegetação e as características vegetais desejáveis associadas estão resumidas na Tabela 8.2. Em geral, as funções de cobertura e proteção são mais importantes no caso de erosão superficial, e as de reforço e suporte, no caso de estabilidade de massas de solo. Conseqüentemente, uma cobertura vegetal baixa e densa que forme um tapete fibroso e superficial de raízes é mais eficiente na prevenção da erosão superficial, ao passo que uma boa profundidade e resistência do enraizamento e uma alta relação raízes/parte aérea são mais importantes no caso de estabilidade de massas de solo.

Tabela 8.2 — Funções estabilizadoras e de melhoramento do solo provenientes da vegetação

Função	Características desejáveis das plantas
Ancoragem e retenção	Caules múltiplos, fortes e flexíveis; rápido crescimento do caule; capacidade de rebrotar após um dano; propagação rápida a partir de estacas de galhos e raízes
Cobertura e proteção	Dossel baixo, denso e extenso; crescimento superficial denso e expansivo (por exemplo, gramas, leguminosas e herbáceas); manta fibrosa de raízes
Reforço e suporte	Raízes múltiplas, vigorosas e profundas; desenvolvimento rápido do sistema radicular; alta taxa de biomassa raízes/parte aérea; bom potencial de transpiração das folhas
Melhoramento do *habitat*	Sombra e cobertura proporcionando temperaturas amenas e melhoramento da retenção de umidade; desenvolvimento de húmus do solo pela decomposição da serapilheira; alto potencial de fixação de nitrogênio

Fonte: Gray e Sotir (1996).

As funções estabilizadoras e as necessidades da vegetação, em margens de rios e barragens, são um caso especial. Essas superfícies estão sujeitas a um atrito substancial e a forças de tração superficiais. Tanto a proteção da superfície quanto o reforço do solo são funções importantes. Caules com flexibilidade suficiente para se envergarem e cobrirem a margem e raízes profundas para estabilizar e reforçar o solo até determinadas profundidades são características desejáveis.

Adequação à Estabilização de Encostas. Tanto plantas herbáceas quanto arbóreas podem ser usadas para a estabilização de encostas. A adequação dos diferentes tipos de vegetação para a estabilização de encostas está resumida na Tabela 8.2. Cada tipo tem vantagens e limitações naturais. Em geral, gramíneas e herbáceas são superiores para a prevenção e o controle da erosão superficial, enquanto que a vegetação arbórea (arbustos e árvores) é melhor para a prevenção de rupturas superficiais na encosta e movimentos de massa.

Como mencionado, as margens de rios estão sujeitas aos processos de erosão superficial e movimentos de massa. Nesse caso, a proteção e a cobertura são funções importantes, além de um reforço mais profundo do solo. Os arbustos geralmente são melhores a esse respeito, porque eles combinam algumas das características desejáveis das árvores e plantas rasteiras, ao mesmo tempo que reduzem seus respectivos riscos (Tabela 8.2).

Um outro modo de capitalizar vantagens e compensar os riscos de cada tipo de vegetação é fazendo o plantio de uma mistura de espécies. Isso é feito até um certo limite, mesmo dentro de um único tipo de vegetação. Misturas de sementes de gramíneas para o controle de erosão, por exemplo, geralmente contêm plantas anuais de rápido estabelecimento e perenes de crescimento lento para uma proteção a longo prazo.

Adequação para Construções de Bioengenharia. As espécies de plantas que forem selecionadas devem ser apropriadas para o uso pretendido e bem adaptadas ao clima e às condições de solo do local. Tanto plantas enraizadas como estacas são utilizadas em obras de Bioengenharia. Espécies que enraízam e se propagam prontamente a partir de estacas são necessárias para medidas, tais como caniçadas vivas, camadas de ramos, estacas vivas e empacotamento de ramos. Plantas pioneiras, tais como *Salix* sp., *Cornus* sp. e *Ligustrum* sp., funcionam bem.

Os atributos mais importantes que uma planta deve ter para ser utilizada na Bioengenharia incluem a disponibilidade, o valor que ela tem para o *habitat*, tamanho/forma, tipo de raiz e a facilidade de propagação a partir de estacas. Outras características importantes incluem a tolerância das plantas a condições adversas, tais como seca, alagamento, salinidade e sedimentação.

8.4.5. *Fontes de Materiais Vegetativos*

Sementes e Mudas. A disponibilidade de sementes e mudas de espécies pioneiras normalmente não é problema, pois essas espécies produzem geralmente sementes em grande quantidade todos os anos e são bastante freqüentes e abundantes.

Estacas. As estacas vivas para o trabalho de Bioengenharia podem ser recolhidas nas matas, isto é, coletadas de locais de desenvolvimento de matas nativas.

8.5. *Preparação do Local*

8.5.1. *Mudança da Geometria da Encosta*

A terraplenagem e a formatação exercem funções-chave na preparação do local e na revegetação bem-sucedida. A importância da mudança da geometria da encosta pode ser avaliada na seguinte lista de condições que devem ser satisfeitas para o estabelecimento bem-sucedido da vegetação nas encostas:

- Mudar a geometria da encosta para uma forma e um ângulo estáveis
- Proteger o sopé da encosta contra abrasão e escavação
- Proteger a superfície da encosta contra o efeito *splash* da chuva

- Interceptar e desviar o fluxo d'água do topo da encosta
- Interceptar e evitar a surgência de água na face da encosta

Mudar a geometria da encosta para um ângulo estável significa, para a maioria das encostas, um gradiente ou inclinação de não mais que 1,5:1 (*Horizontal: Vertical*). Essa inclinação pode ser superada se determinadas técnicas de Bioengenharia forem empregadas. Um ângulo de 2:1 (*H:V*), ou menor, é preferível para facilitar o plantio e o estabelecimento da vegetação.

A maioria dos taludes projetados é nivelada com um gradiente linear, plano e invariável. Essa não é a configuração mais adequada; além do mais, as evidências sugerem (Schor e Gray, 1995) que ela não é a mais estável ao longo do tempo. A prática da terraplenagem natural, por outro lado, é caracterizada por uma série contínua de formas côncavas e convexas intercaladas por depressões e bermas, que se integram ao perfil. Esse tipo de mudança da geometria da encosta também leva a uma modificação favorável do regime hidrológico da encosta, o que também pode melhorar o estabelecimento da vegetação.

Taludes de Corte. Tanto os corredores de transporte quanto o crescimento urbano em terrenos íngremes necessitam que algum trabalho de escavação e terraplenagem seja realizado para acomodar as estradas ou canteiros de obras. O terraceamento pode ser benéfico em taludes íngremes, estáveis e longos para ajudar no controle da erosão superficial. Os terraços podem ser relativamente pequenos ou em banquetas largas, conforme pode ser observado na Figura 8.4. Os terraços reduzem o escoamento superficial e mantêm as sementes e as plantas no local. Uma banqueta no meio do talude tem a vantagem adicional de fornecer acesso para manutenção, e/ou um bom local para a instalação de drenos horizontais ou valetas para a coleta da água superficial (Figura 7.11).

Pode ser necessária a remoção de matacões, tocos e outros escombros no topo das encostas. Protuberâncias e todas as rochas soltas devem ser removidas, trabalhando-se do topo para a base da encosta. Os grandes matacões devem ser quebrados em pedaços menores para se evitar danos à encosta em um nível mais baixo. As grandes rochas que forem retiradas podem ser utilizadas para que sejam construídos muros de arrimo na base.

(*A*)

(*B*)

Figura 8.4 — Uso do terraceamento em taludes para controlar a erosão superficial e ajudar no estabelecimento da vegetação. (*A*) Talude serrilhado. (*B*) Talude em banquetas.

Foto: Gustavo Araujo (*A*).

Foto: Deflor Bioengenharia (*B*).

Outros materiais retirados podem ser apropriados para utilização como preenchimento dos muros de arrimo ou gabiões.

Pode ser necessário o nivelamento da face de taludes antigos para eliminar ravinas e voçorocas, que devem ser preenchidas ou destruídas durante as operações de escavação. As voçorocas maiores podem necessitar de preenchimentos e tratamento com caniçadas ou empacotamento de ramos para manter o preenchimento no local.

Taludes de Aterro. Taludes de aterro antigos podem necessitar de preparação semelhante àquela utilizada para taludes de corte, isto é, a retirada de ravinas e voçorocas, e o preenchimento das voçorocas maiores. Um problema freqüente em taludes antigos de barragens é a compactação excessiva do solo próximo à face. Apesar de a erodibilidade diminuir com o aumento da densidade aparente, a compactação excessiva do solo também torna o estabelecimento da vegetação mais difícil, se não impossível. Os efeitos adversos da compactação sobre o desenvolvimento das raízes das plantas são mostrados na Figura 8.5.

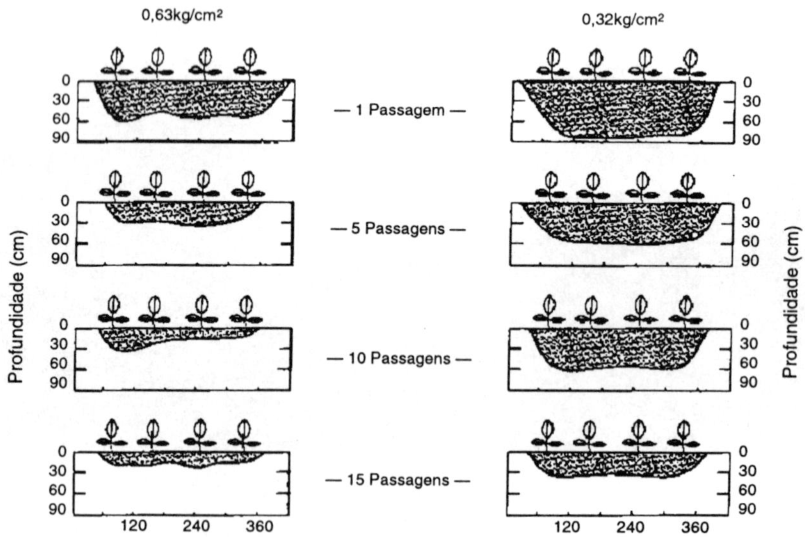

Figura 8.5 — Efeito sobre a penetração radicular do número crescente de passagens de um rolo compressor sobre o solo antes da semeadura.

Fonte: Adaptada de Cassel (1983).

A compactação excessiva pode ser corrigida pela escarificação da superfície com um subsolador ou outro dispositivo mecânico. Esse procedimento pode aumentar as chances de erosão a curto prazo, mas melhorará muito o estabelecimento da vegetação que fornece a melhor proteção a longo prazo. Além do mais, podem ser utilizados *mulchings*, mantas e telas vegetais, ou outras coberturas temporárias do solo, para aumentar a proteção contra a erosão a curto prazo.

8.5.2. Drenagem e Controle Hídrico

Fluxo Superficial. O *runoff*, ou fluxo superficial da água sobre as encostas, é uma causa comum de erosão. Valas, desvios e bermas podem ser utilizados para controlar a ação da água. Um dique de interceptação ou berma (Figura 8.6) é uma elevação permanente ou temporária, feita com solo compactado, construído no topo de taludes de corte e aterro. Ele

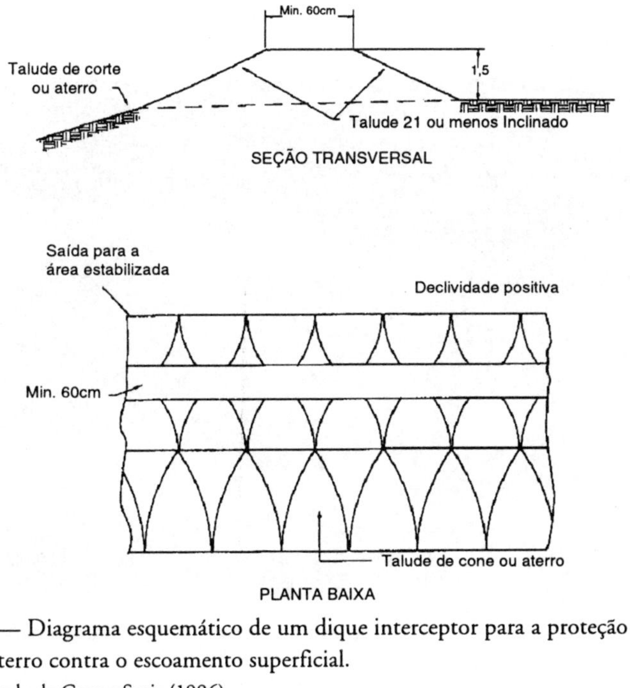

Figura 8.6 — Diagrama esquemático de um dique interceptor para a proteção de taludes de corte e aterro contra o escoamento superficial.

Fonte: Adaptada de Gray e Sotir (1996).

intercepta e desvia o fluxo superficial para fora de taludes instáveis, não protegidos ou novos. Os diques de interceptação normalmente são utilizados como medidas temporárias, mas também são apropriados como instalações permanentes. Eles são eficientes, quando utilizados como bermas em estradas, em conjunto com drenos flexíveis, protegendo as faces de taludes recém-construídos da água que flui para fora da superfície da estrada, conforme pode ser observado na Figura 8.7.

Desvio é um canal, com ou sem uma cumeeira de suporte no lado mais baixo, construído a partir do topo de uma encosta ou de qualquer superfície inclinada. É uma estrutura relativamente permanente, cujo objetivo é desviar o escoamento superficial para fora de áreas críticas e transferir o transporte de sedimentos para locais onde estes possam ser dispostos de uma forma segura (por exemplo, para uma bacia de sedimentação).

As valetas (ou canais) devem ser dimensionadas para lidar com os fluxos máximos esperados e também ser estáveis às forças de tração erosivas do fluxo. A vegetação no canal (principalmente gramíneas) pode fornecer essa proteção necessária, se a velocidade do fluxo não é excessiva nem de

Figura 8.7 — Utilização de bermas em combinação com drenos flexíveis para a proteção contra o fluxo d'água que sai da estrada.
Fonte: Gray e Sotir (1996).

longa duração. A Tabela 8.3 mostra as velocidades permitidas para canais revestidos com vegetação rasteira. A velocidade em uma valeta ou canal pode ser controlada, limitando-se o gradiente do canal e selecionando-se uma seção transversal apropriada. Se as velocidades forem altas e/ou de longa duração, pode ser necessário aumentar ou reforçar a cobertura vegetal com um sistema de proteção suave ou rígido. O primeiro inclui mantas vegetais para controle de erosão e mantas de reforço; o último inclui gabiões e blocos articulados de concreto.

Tabela 8.3 — Velocidades permitidas para proteção vegetativa em canais e cursos d'água temporários

Cobertura	Declividade (%)	Velocidade permitida[a] (m/s)	
		Solos resistentes à erosão	**Solos facilmente erodidos**
Phragmites sp.	0 – 5	2,1	1,5
Festuca sp.	5 – 10	1,8	1,2
Kentucky bluegrass	Acima de 10	1,5	0,9
Coquetel gramínea-leguminosa[b]	0 – 5	1,5	1,2
	5 – 10	1,2	0,9
Anuais[c]: Centeio, aveia, cevada	0 – 5	1,1	0,8

a As velocidades podem exceder 1,5m/s somente onde podem ser obtidas uma boa cobertura vegetal e uma manutenção apropriada.
b Não use em encostas com declividade acima de 10%, exceto para taludes laterais em um canal.
c Plantas anuais são usadas com proteção temporária até que as coberturas permanentes estejam estabelecidas.
Fonte: *USDA Soil Conservation Service* (1973).

Dissipação da Energia. A dissipação da energia é necessária quando a velocidade do fluxo superficial é excessiva ou quando o fluxo d'água está concentrado em áreas erodíveis. O último, algumas vezes, é um problema próximo à saída ou ponto de descarga de valetas e desvios. A dissipação de energia pode ser executada distribuindo-se o fluxo ou aumentando-se a quantidade de turbulência e atrito. O primeiro é alcançado por meio de separadores de nível; o último pela utilização de camadas de pedras e defletores. Um separador de nível (Figura 8.8) é uma saída construída em declividade zero, transversalmente em uma encosta, onde o escoamento superficial concentrado pode ser espalhado a velocidades que não causam erosão, por áreas com a vegetação já estabelecida.

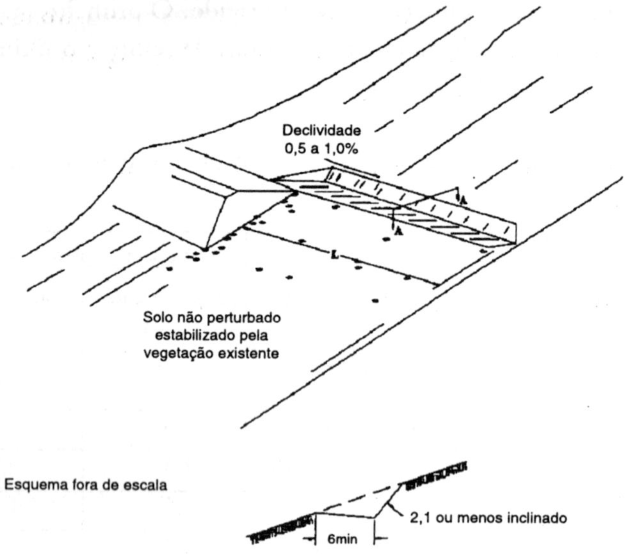

Figura 8.8 — Diagrama esquemático de um separador de nível usado para converter o fluxo concentrado para um fluxo laminar não erosivo.
Fonte: Adaptada de Gray e Sotir (1996).

Fluxo Subsuperficial. A surgência d'água em taludes de corte pode ser a causa principal de desmoronamentos e voçorocas. A surgência geralmente se origina do lençol freático. De forma recíproca, a infiltração d'água no topo da encosta pode fluir verticalmente para baixo, e então se mover lateralmente em direção à face do talude, quando encontra um horizonte de solo de mais baixa condutividade hidráulica. A surgência d'água na face do talude pode ativar as erosões superficial e subsuperficial (*piping*), o que pode eventualmente levar à formação de grandes voçorocas, conforme pode ser observado na Figura 8.9.

A surgência superficial pode ser controlada pela utilização de drenos de trincheira. Geralmente, eles têm 0,60 a 1,20m de profundidade e 0,45

Figura 8.9 — Formação de voçorocas em margem de rio terraplenada como resultado de surgência d'água na face da encosta.
Foto: Gustavo Araujo.

a 0,60m de largura; ele intercepta a surgência superficial e conduz a água para fora de áreas críticas, como, por exemplo, a cabeceira de taludes íngremes. Uma variante de dreno de trincheira é apresentada na Figura 8.10. O projeto mais simples é chamado de dreno francês, que consiste de uma trincheira preenchida com agregado de textura grosseira. Uma maior eficiência de drenagem pode ser alcançada colocando-se na base um tubo coletor perfurado de seis polegadas e preenchido com um agregado homogêneo. Outra opção é a utilização de geossintéticos de filtragem em combinação com pedras.

A surgência profunda pode ser interceptada e desviada pela utilização de drenos horizontais, tubos fendidos ou perfurados que penetram na encosta, conforme observado na Figura 8.11. Os drenos horizontais também melhoram a estabilidade das massas de solo de uma encosta pelo alívio da pressão hidrostática. As saídas dos drenos horizontais devem se prolongar até áreas protegidas, tais como calhas ou bueiros. Mais informações sobre o planejamento e o projeto (espaçamento, profundidade, nível e outros parâmetros) de drenos horizontais podem ser encontradas na literatura especializada (Smith e Stafford, 1957).

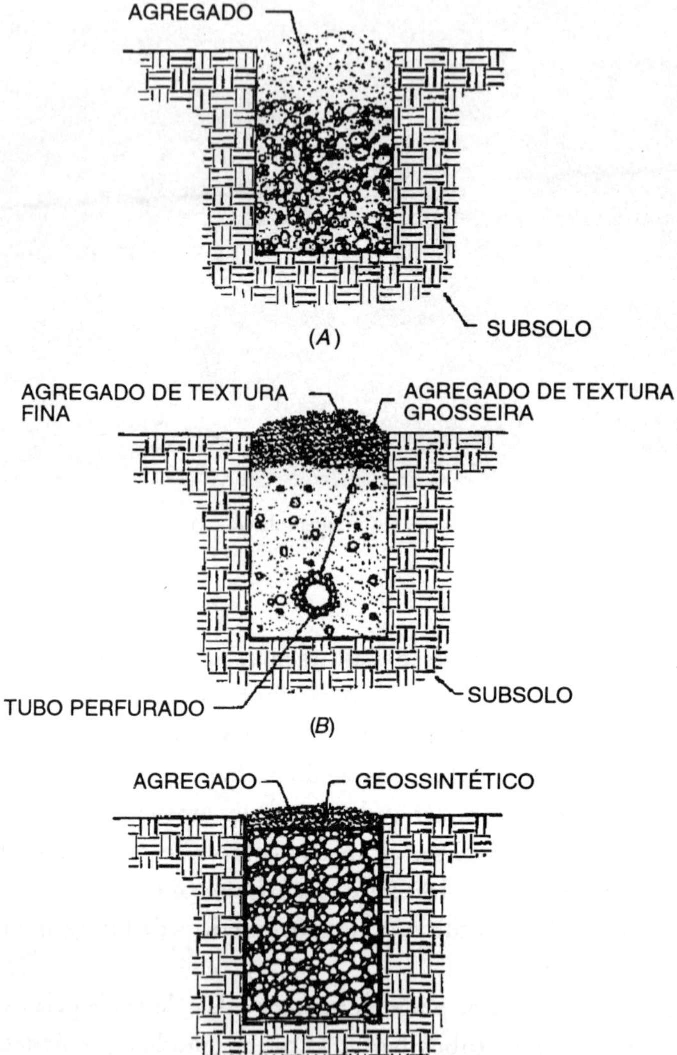

Figura 8.10 — Seções transversais de drenos subsuperficiais.
(*A*) Dreno francês.
(*B*) Dreno de trincheira convencional com preenchimento de agregados homogêneos.
(*C*) Dreno francês com geossintético.
Fonte: Gray e Sotir (1996).

(*A*)

(*B*)

Figura 8.11 — Instalações de drenos horizontais. (*A*) Na base de um talude de corte de estrada, descarregando em uma valeta. (*B*) Em um terraço no meio do talude, descarregando em um tubo coletor.

Fonte: Gray e Sotir (1996).

8.6. Aquisição e Manipulação das Estacas Nativas

8.6.1. Coleta

Motosserras, machados e tesouras de poda são recomendados para a poda de material vegetativo vivo, como observado na Figura 8.12. Incentivamos a implantação de medidas de segurança, tais como o uso de EPI (Equipamentos de Proteção Individual — óculos de proteção, luvas e capacete), quando são usadas essas ferramentas (Figura 8.12). Em algumas áreas, seções inteiras podem ser cortada e em outros locais o corte deve ser feito seletivamente. O corte pode ser grosseiro e realizado de 25 a 30cm do solo. Isto assegura que esses locais se regenerarão rapidamente e de uma forma saudável.

Figura 8.12 — Utilização de equipamento de proteção individual para a coleta de estacas.

Fonte: Gray e Sotir (1996).

(*A*)

(*B*)

Figura 8.13 — Fardos amarrados de estacas vivas de galhos em preparação para serem transportados para a área do projeto.
(*A*) Fardo amarrado.
(*B*) Colocação do fardo no caminhão.
Fonte: Gray e Sotir (1996).

8.6.2. *Manipulação*

As estacas de ramos devem ser amarradas juntas, de forma segura, no local de coleta, em fardos, para um fácil carregamento, manipulação e para proteção durante o transporte. As estacas são agrupadas de tal forma que permanecem juntas quando manipuladas.

As estacas do material vegetativo devem chegar ao local de trabalho dentro de oito horas após o corte. As plantas que não forem instaladas no dia da chegada ao local de trabalho devem ser armazenadas e protegidas até que sejam utilizadas. Sob condições normais, todo material vegetativo vivo deve ser utilizado dentro de dois dias após o corte. Locais de armazenamento externos devem estar continuamente sob a sombra e protegidos contra o vento. As estacas vivas de material vegetativo devem ser colocadas em solo úmido ou mantidas em água e ficar sempre protegidas contra o secamento.

8.6.3. *Transporte*

Durante o transporte, os grupos ou fardos de estacas devem ser colocados nos veículos de uma forma ordenada para evitar danos e facilitar a manipulação e o descarregamento. Vários tipos de veículos podem ser utilizados para esse fim. As extremidades basais devem ficar orientadas para a traseira da carroceria visando facilitar o descarregamento. As estacas devem ficar cobertas por lonas enceradas durante o transporte, de forma a se evitar seu secamento e, portanto, um estresse adicional.

8.7. *Instalação e Estabelecimento das Estacas*

8.7.1. *Instalação das Estacas*

Época de Instalação. A instalação das estacas vivas deve começar ao mesmo tempo que as operações de movimentação de terra ou terraplenagem. A melhor época para essa instalação é durante a temporada de dormência. As variações anuais também devem ser levadas em consideração. As estacas vivas não devem ser colocadas no solo uma vez que tenham quebrado o broto.

Meio de Cultivo. Os sistemas de Bioengenharia devem ser instalados em um meio de cultivo que inclua partículas finas e matéria orgânica e que seja capaz de suportar o crescimento das plantas. O solo deve estar livre de quaisquer materiais ou substâncias que possam ser prejudiciais ao crescimento das planta e devendo ser realizada a análise da sua fertilidade. O cascalho não é um material adequado para se utilizar em torno das estacas. Solos enlameados (saturados) que, de outra forma, reúnem esses requisitos não devem ser utilizados como preenchimento adequado, até que tenham sido secados a um conteúdo de umidade viável. Argilas altamente plásticas devem ser misturadas com solos arenosos e orgânicos para aumentar a porosidade.

Análises e Preparação do Solo. Devem ser retiradas amostras agronômicas do solo, antes da instalação das plantas, assim como as amostras de todo material de aterros que for levado para o local antes de sua utilização. As análises devem incluir grande parte dos nutrientes (nitrogênio, fósforo, potássio) e pH, bem como quaisquer toxinas presentes que possam ser prejudiciais ao desenvolvimento das plantas. Todo solo de aterro, em torno das estacas, deve ser compactado a densidades que se aproximem à do solo nativo.

8.7.2. Inspeção e Controle de Qualidade

A manutenção de um bom controle de qualidade através de um programa de inspeção adequado ajudará a garantir o sucesso de um projeto de Bioengenharia. Os seguintes procedimentos são recomendados:

Pré-construção

- Selecione as espécies de plantas que correspondam às necessidades
- Localize e proteja as fontes de material vegetativo
- Defina os limites da área de construção (canteiro de obras)
- Cerque os locais que requeiram proteção especial

- Complete e inspecione os seguintes passos:
  — *Layout*
  — Escavação
  — Ângulo, forma e tamanho do terraço
  — Preparação do local, isto é, limpeza, nivelamento e formatação
  — Descarte do excesso de cascalho e entulhos
  — Vegetação a ser preservada/removida

Durante a construção

- Inspecione cada componente do sistema, em todos os estágios, com relação ao seguinte:
  — Ângulo de colocação e orientação das estacas
  — Material de aterro/rochas e pedras
  — Fertilizantes → tipo, método e quantidade aplicada
  — Cal → tipo, método e quantidade aplicada
  — Preparação de trincheiras ou terraços em taludes de corte/aterro
  — Estaqueamento
  — Poda
- Garanta a ocorrência de manutenção adequada durante e após a instalação
- Inspecione diariamente para manter o controle de qualidade:
  — Verifique todas as estacas, remova o material indesejável
  — Examine as condições de armazenamento do material

Período de estabelecimento

- Inspecione a cada duas semanas nos primeiros dois meses. As inspeções devem levar em consideração infestações, umidade do solo e outros fatores
- Inspecione mensalmente nos próximos seis meses. Devem ser notados os sistemas que não estejam em condições satisfatórias de desenvolvimento
- O trabalho necessário de restabelecimento deve ser realizado a cada seis meses, durante os primeiros dois a cinco anos do período de estabelecimento
- Inspeções extras devem ser sempre realizadas durante períodos de secas ou chuvas pesadas

Inspeção Final. Uma inspeção final deve ser realizada dois a cinco anos após a instalação ser efetuada. As condições de crescimento devem ser saudáveis e vigorosas quando da inspeção. Um desempenho satisfatório pode ser avaliado da seguinte forma:

- Condições de desenvolvimento saudáveis em todas as áreas referem-se ao desenvolvimento global da área foliar e dos ramos enraizados, definidos como se segue:

  — Estacas vivas .... 70-100% de crescimento
  — Caniçadas vivas .... 20-50% de crescimento
  — Camadas de ramos .... 40-70% de crescimento
  — Empacotamento de ramos .... 40-70% de crescimento
  — *Crib wall* viva .... 30-60% de crescimento
  — Restauração viva de voçorocas .... 30-50% de crescimento
  — Plantio em conjunto .... 50-70% de crescimento
  — Geogrelhas vegetadas .... 40-60% de crescimento

- O crescimento deve ser contínuo, sem a presença de espaços abertos maiores que 60cm em sistemas lineares. Os espaços menores que 60cm serão preenchidos sem atrasar a integridade do sistema vivo instalado.

8.7.3. Manutenção e Cuidados Posteriores

Sob condições normais, as necessidades de manutenção devem ser pequenas após a inspeção e aprovação do sistema estabelecido. Em geral, a manutenção consiste de podas leves e remoção da vegetação indesejada. Uma poda mais vigorosa pode ser necessária para reduzir a competição por luz ou estimular um novo crescimento.

Uma manutenção mais intensiva pode ser necessária para consertar áreas problemáticas causadas por chuvas muito intensas ou outras condições pouco comuns, como, por exemplo, o pastoreio muito intenso de animais silvestres. Locais que forem desbarrancados devem ser consertados imediatamente. Geralmente, o restabelecimento deve ocorrer durante um período de um a dois anos após a construção estar completa e consiste das seguintes práticas:

- Substituição dos ramos em seções mortas e não enraizadas
- Controle de pragas, doenças e ervas daninhas
- Controle do acesso de pessoas e da vida silvestre

Voçorocas, ravinas ou outras seções prejudicadas devem ser reparadas através do uso de estacas de ramos vigorosos e saudáveis. O sistema de empacotamento de ramos pode ser utilizado para se consertarem grandes depressões ou quebras do sistema.

CAPÍTULO 9

TÉCNICAS E MÉTODOS DE BIOENGENHARIA

9.1. Introdução

9.1.1. Definição

As medidas de Bioengenharia são um caso especial de estabilização biotécnica, no qual plantas e partes de plantas, principalmente estacas vivas, são incrustadas e arranjadas no solo em padrões e configurações especiais. Essas estacas agem como: (1) reforço para o solo, (2) barreiras contra o movimento de terra, (3) concentradores de umidade e (4) drenos hidráulicos. As raízes adventícias ao longo do comprimento das estacas e ramos oferecem um reforço secundário.

9.1.2. Características Importantes

Os sistemas de Bioengenharia estão em seu estado mais vulnerável logo após a instalação. Entretanto, adquirem mais resistência ao longo do tempo, conforme a vegetação enraíza, a folhagem cai e as plantas se tornam mais bem estabelecidas. Os sistemas são projetados para fornecer estabilidade e reforço suficientes para um talude ou estrutura de contenção, no princípio. Eles também podem ser considerados como sistemas pioneiros ou precursores que fornecem estabilidade suficiente para um local, de modo que a invasão e a colonização natural pela vegetação nativa possam ocorrer, ultrapassando eventualmente a função de estabilização.

9.1.3. Usos e Aplicações

Os métodos de Bioengenharia podem ser utilizados para que sejam evitados e controlados a erosão e os movimentos de massa superficiais. Diferentes métodos ou combinações de métodos podem ser utilizados para: (1) encostas naturais, (2) taludes de corte e aterro ao longo de rodovias, (3) aterros sanitários, (4) orlas destruídas e (5) margens de rios. Alguns métodos são bem mais adaptados do que outros para as condições e os objetivos do local. Caniçadas vivas (*live fascines*), por exemplo, oferecem uma boa proteção contra a erosão e são relativamente fáceis de se instalar em taludes de corte e aterro. A camada de ramos, por outro lado, oferece o melhor reforço e proteção contra movimentos de massa superficiais, mas é mais difícil de se instalar em taludes de corte. Muros de pedra vegetados fornecem uma contenção adicional na base das encostas e também protegem-lhes o sopé.

Os métodos de Bioengenharia podem ser utilizados sozinhos ou em combinação com métodos estruturais ou convencionais. O estaqueamento, por exemplo, pode ser utilizado para fornecer uma proteção auxiliar ao redor de uma barragem em um canal erodido, ou as estacas podem ser inseridas em aberturas de um revestimento de rochas ou gabiões, na margem de um rio, para aumentar tanto o desempenho quanto a aparência da armação feita de pedras. Os sistemas de Bioengenharia, por sua natureza, drenam o excesso de água em encostas úmidas; entretanto, algumas formas auxiliares de drenagem, tais como desvios superficiais ou medidas de drenagem subsuperficiais, podem ser necessárias.

9.2. Estacas Vivas

9.2.1. Descrição

O estaqueamento envolve a inserção de estacas vegetativas, vivas e enraizadas no solo, conforme apresentado na Figura 9.1. Se preparadas e colocadas corretamente, as estacas enraizarão e vingarão. O procedimento é simples, econômico e rápido. Repare que as condições de enraizamento

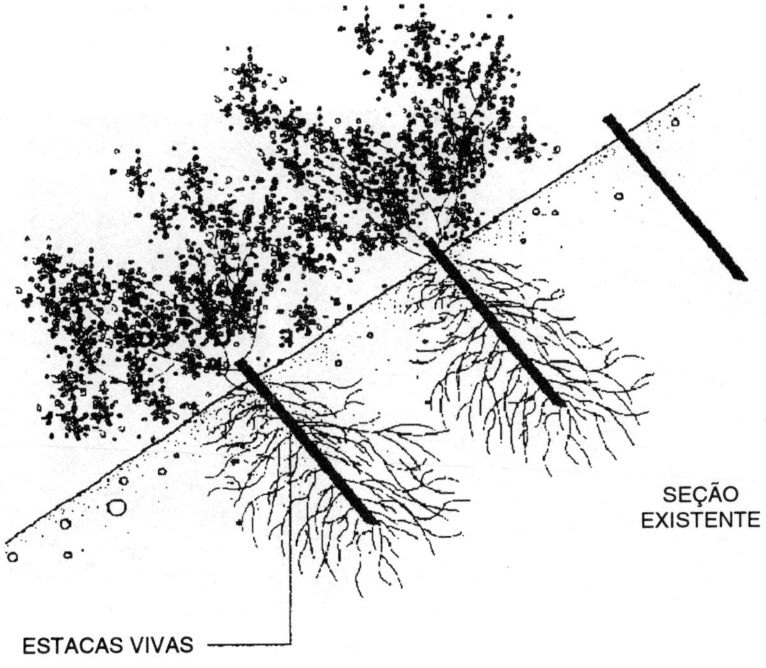

Figura 9.1 — Diagrama esquemático da instalação de um sistema de estacas vivas já estabelecido e em pleno desenvolvimento.
Fonte: Lewis (2000).

do material vegetativo mostrado na figura e nos diagramas esquemáticos sucessivos não são representativas das condições na época da instalação.

9.2.2. Usos

As estacas podem ser utilizadas como um tratamento primário, ou em conjunto com caniçadas vivas, ou outras medidas de Bioengenharia. Podem ser utilizadas sozinhas para consertar pequenas depressões e deslizamentos que estão muito úmidos. As estacas vivas podem ser colocadas em linhas através de uma encosta para ajudar a controlar movimentos de massa superficiais, conforme mostrado na Figura 9.2. Elas também podem ser colocadas através de redes de juta ou coco, conforme mostrado na

Figura 9.3. A instalação de estacas de salgueiro em grupos (renques) ao longo das bordas de voçorocas pode ser benéfica na diminuição da veloci-

Figura 9.2 — Estacas vivas sendo instaladas em linhas através de uma encosta.
Fonte: Gray e Sotir (1996).

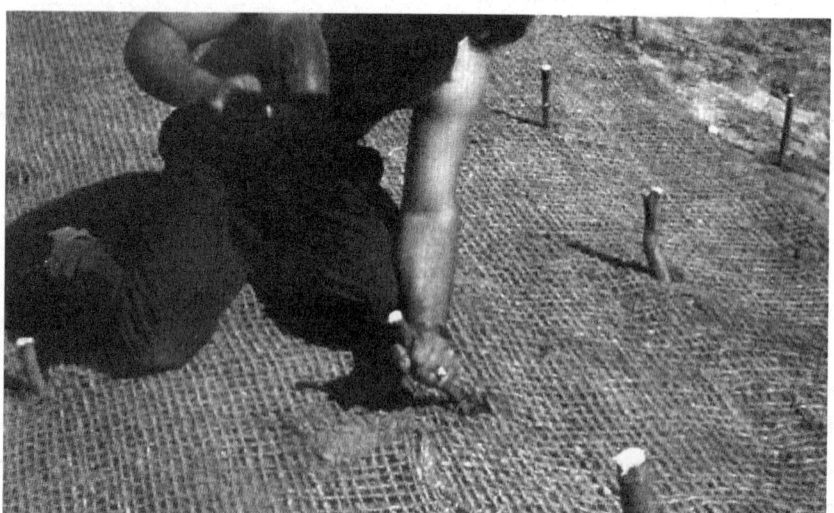

Figura 9.3 — Uso de estacas vivas em conjunto com redes de juta para proteger o talude.
Fonte: Gray e Sotir (1996).

dade da água, ancoragem de sedimentos e controle da erosão. As estacas são instaladas em forma de V encosta abaixo. As linhas devem se estender do topo da encosta até o sopé. As estacas devem ficar espaçadas de 0,30 a 0,45m dentro das linhas. As estacas vivas também podem ser utilizadas para se fornecer uma proteção auxiliar em torno de barragens e cabeceiras de voçorocas.

9.2.3. Vantagens

Ao longo do tempo, desenvolve-se uma manta de raízes vivas no solo, reforçando-o e mantendo juntas as partículas do solo e extraindo a umidade excessiva. Essa técnica é apropriada para o reparo de pequenos deslizamentos de terra e depressões que contenham solos muito úmidos.

9.2.4. Desvantagens

Não resolve os problemas de erosão já existentes (excluindo os benefícios do *mulch* geralmente associado). Não é uma solução a curto prazo para a instabilidade de encostas.

9.2.5. Preparação

As estacas geralmente têm de 1 a 4mm de diâmetro e 0,60 a 0,90m de comprimento. As estacas devem ter suas ramificações laterais removidas e as cascas intactas. As extremidades basais devem ser cortadas em um ângulo que facilite a sua inserção no solo. O topo deve ser cortado transversalmente, conforme observado na Figura 9.1.

Estacas são materiais vivos e devem ser manipuladas adequadamente para se evitar o estresse excessivo, como o ressecamento ou a exposição ao calor. Elas devem ser instaladas em solo úmido e cobertas adequadamente com *mulch* ou outra cobertura do solo.

9.2.6. Instalação

As seguintes normas e procedimentos devem ser seguidos na instalação de estacas vivas no solo:

- Insira a estaca viva no solo em ângulos positivos, com relação à encosta. Use um martelo de borracha para não rachar as estacas.
- Instale as estacas separadas de 60 a 90cm, usando um espaçamento triangular. A densidade da instalação deve variar de duas a cinco estacas por m^2.
- Devem ser enterrados no solo 2/3 a 3/4 do comprimento da estaca e o solo apertado firmemente em torno dela (Figura 9.4). Quanto mais ficar exposta ao ar, mais umidade é perdida. Essa umidade é crítica para o desenvolvimento das raízes.

As gemas devem ficar orientadas para cima. A foto de uma estaca viva, saudável e em pleno desenvolvimento é mostrada na Figura 9.5.

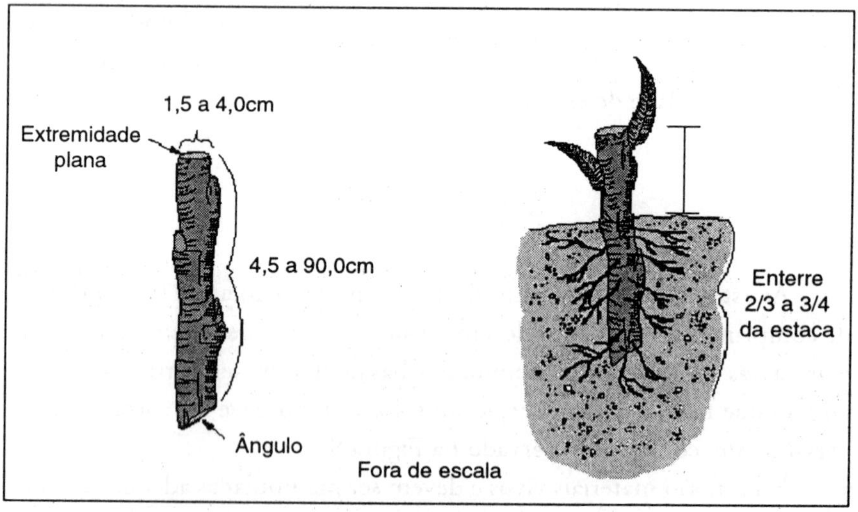

Figura 9.4 — Diagrama esquemático de uma estaca viva.
Fonte: Lewis (2000).

Figura 9.5 — Estaca viva e em pleno desenvolvimento no 1º ano de crescimento.
Fonte: Gray e Sotir (1996).

9.3. Caniçadas Vivas (Live Fascines)

9.3.1. Descrição

Galhos e ramos de material vegetativo enraizável são amarrados em grandes fardos e instalados em trincheiras rasas. Os fardos são amarrados com cordas e ancorados na trincheira com estacas de madeira e/ou estacas vivas, conforme pode ser observado na Figura 9.6. As trincheiras são escavadas com as mãos e normalmente seguem as curvas de nível da encosta ou talude. Em encostas muito úmidas, as trincheiras devem ser escavadas fora das curvas de nível em ângulos muito tênues para facilitar a drenagem. Após as caniçadas vivas estarem seguras com as estacas, as trincheiras são preenchidas com terra até que somente suas extremidades estejam expostas (Figura 9.7).

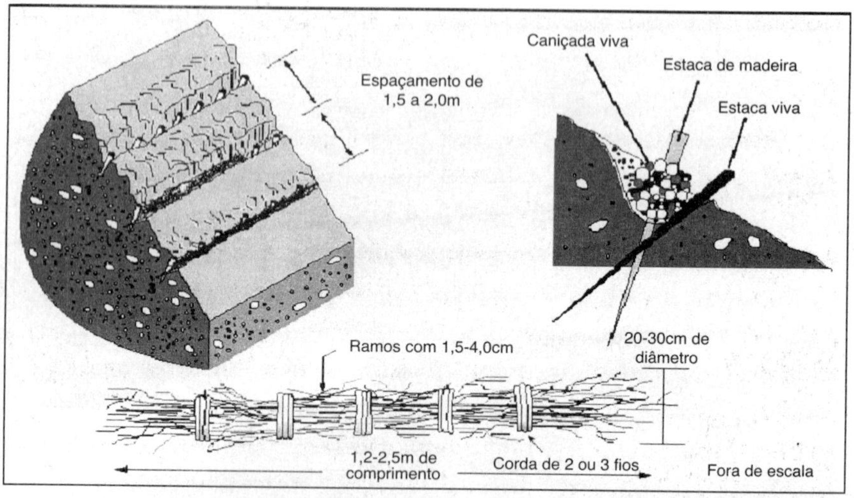

Figura 9.6 — Diagrama esquemático de uma caniçada viva.
Fonte: Lewis (2000).

Figura 9.7 — Caniçada viva colocada em uma trincheira rasa, estaqueada no local e enterrada.
Fonte: Gray e Sotir (1996).

9.3.2. Usos

As caniçadas vivas são utilizadas para várias finalidades na estabilização de encostas, tais como estabilização de taludes de corte e aterro em estradas, voçorocas e outras áreas onde a erosão é um problema. As de linhas de caniçadas criam uma série de banquetas em uma encosta, que diminuem a velocidade do escoamento superficial e ancoram os sedimentos, conforme mostrado na Figura 9.8. As caniçadas são mais fáceis de se instalar do que camadas de ramos (*brushlayers*) em taludes de corte porque são instaladas mais superficialmente. As caniçadas oferecem uma proteção excelente contra a erosão superficial. São menos eficientes do que as camadas de ramos (*brushlayers*), no entanto evitam movimentos de massa superficiais, porque o reforço não se estende tão profundamente na encosta. Contudo, ao longo do tempo as raízes das caniçadas penetram na encosta e oferecem alguma proteção contra deslizamentos superficiais.

Figura 9.8 — Fotografia tirada durante a primeira temporada de crescimento de caniçadas vivas, mostrando como elas criam uma série de ramos e barreiras nas curvas de nível que diminuem o escoamento superficial, aprisionam sedimentos e oferecem um local seguro para as sementes.
Foto: Gustavo Araujo.

9.3.3. *Vantagens*

As caniçadas vivas reduzem a erosão imediatamente. São apropriadas para encostas íngremes e rochosas, onde a escavação é difícil. Capaz de capturar e manter o solo na face do talude, transformando, portanto, uma encosta longa em uma série de pequenos terraços. Também pode ser usada para controlar pequenas voçorocas e pode servir como drenos, quando os fardos são dispostos em ângulos. Mais apropriada para condições de solo úmido.

9.3.4. *Desvantagens*

Em encostas muito íngremes ou muito longas, a alta velocidade do escoamento superficial (*runoff*) pode minar as caniçadas, próximo aos canais de drenagem. Uma quantidade significativa de material vegetativo é necessária e pode ressecar se não for instalada apropriadamente. Adapta-se melhor em ambientes ripários ou muito úmidos. De outro modo, pode ocorrer uma alta mortalidade de plantas.

9.3.5. *Preparação*

Estacas retas, finas e compridas funcionam melhor. As estacas são amarradas em fardos (caniçadas vivas) que variam de 1,5 a 9m de comprimento, dependendo das condições do local e das limitações de manipulação. O fardo final (Figura 9.6) deve ter de 15 a 20cm de diâmetro, com todas as gemas orientadas na mesma direção.

9.3.6. *Estaqueamento*

Estacas de madeira são utilizadas para manter os fardos de caniçadas nas trincheiras. As estacas de madeira devem ter 70cm de comprimento para taludes de corte e 90cm de comprimento para taludes de aterro. As estacas de madeira devem ser serradas na diagonal, conforme mostrado na

Figura 9.9. Elas são conduzidas através das caniçadas vivas, como pode ser observado na Figura 9.6. Estacas vivas também podem ser empregadas. As extremidades das estacas vivas devem se projetar aproximadamente 1cm acima do topo da caniçada após ser colocada na trincheira.

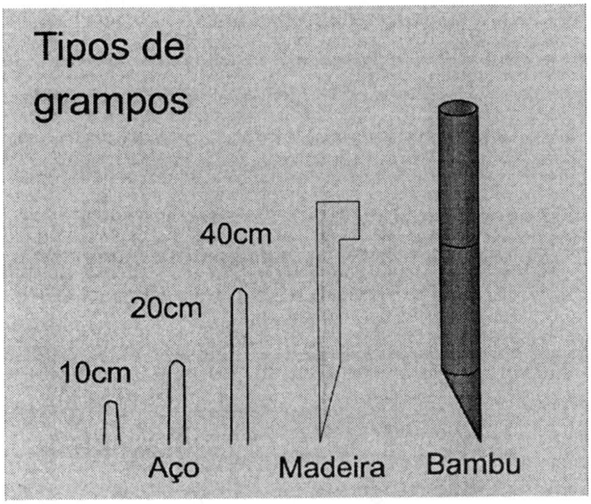

Figura 9.9 — Tipos de grampos utilizados para segurar as caniçadas vivas. Foto: Deflor Bioengenharia.

9.3.7. Instalação

A instalação de caniçadas vivas começa na base da encosta e prossegue encosta acima. As seguintes normas e procedimentos devem ser seguidos na instalação de caniçadas vivas no solo:

- Começando na base da encosta, cave uma trincheira na curva de nível, grande o suficiente para conter um fardo de caniçadas. Cave a trincheira até uma profundidade um pouco menor do que o tamanho dos fardos.
- Coloque uma caniçada viva na trincheira e enfie uma estaca diretamente no fardo a cada 60 a 90cm, ao longo de seu comprimento. Devem ser utilizadas estacas extras nas conexões ou onde os fardos se sobrepõem.

- Coloque terra úmida ao longo das laterais dos fardos. As caniçadas vivas não devem ser enterradas completamente; pequenos ramos e folhas devem se projetar acima da superfície.
- Cave trincheiras extras em intervalos, encosta acima, e repita os passos precedentes até o topo da encosta, usando o espaçamento mostrado na Tabela 9.1. Quando possível, coloque uma ou duas linhas no topo da encosta. Os espaçamentos listados na Tabela 9.1 são conservadores, isto é, são menores do que os espaçamentos equivalentes recomendados por Kraebel (1936), baseado em seu trabalho em taludes de aterro íngremes e erodíveis. Kraebel recomendava um espaçamento vertical de 90cm entre as trincheiras. Esse limite fixo de 90cm se traduz em distâncias variáveis no talude, que são algo em torno de 25% maiores do que os espaçamentos recomendados na Tabela 9.1.
- Fibras longas de palha ou *mulch* podem ser colocadas entre as linhas em taludes 1,5:1 (*Horizontal*: *Vertical*) ou mais suaves, conforme observado na Figura 9.10. Devem ser utilizadas redes de juta, ou coco, em encostas mais íngremes. A rede pode ser ancorada no local, estendendo-a dentro das trincheiras e estaqueando a caniçada viva sobre a rede (Figura 9.11).

Tabela 9.1 — Espaçamento recomendado para caniçadas vivas em encostas

Declividade da encosta (*H:V*)	Distância entre as trincheiras (m)	
	Em ângulo	Em curvas de nível
1:1 a 1,5:1	0,90 – 1,20	0,60 – 0,90
1,5:1 a 2:1	1,20 – 1,50	0,90 – 1,50
2:1 a 2,5:1	1,50 – 1,80	0,90 – 1,50
2,5:1 a 3:1	1,80 – 2,40	1,20 – 1,50
3,5:1 a 4:1	2,40 – 2,70	1,50 – 2,10
4,5:1 a 5:1	2,70 – 3,00	1,80 – 2,40

Fonte: Lewis (2000).

Figura 9.10 — A utilização de *mulch* de fibras longas entre as linhas de caniçadas vivas protege o solo exposto e, por conseguinte, impede a erosão.
Fonte: Gray e Sotir (1996).

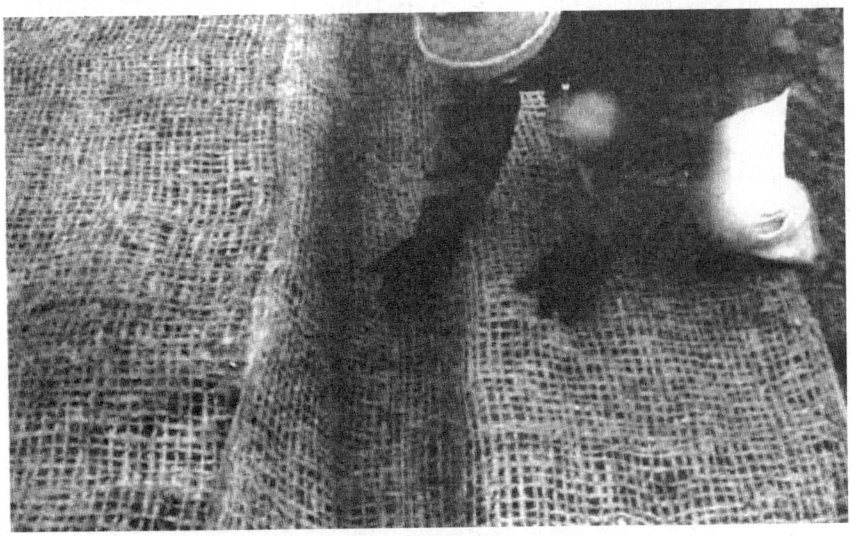

(*A*)

(*B*)

Figura 9.11 — Telas de juta ou coco utilizadas entre as linhas de caniçadas vivas. (*A*) As telas se estendem para dentro da trincheira abaixo dos feixes de caniçadas. (*B*) Instalação das caniçadas vivas em trincheiras forradas por telas.

Fonte: Gray e Sotir (1996).

9.4. Caniçadas Vivas Usadas como Drenos

9.4.1. Descrição

Filas de caniçadas vivas são instaladas em forma de V, conectando-se a um dreno central. Geralmente, as seções laterais do V são compostas de fardos de caniçadas vivas individuais, ao passo que o dreno central, que serve como dreno coletor primário, é construído com três fardos de caniçadas agrupados conforme a Figura 9.12. A visão geral de um sistema de drenagem com caniçadas, imediatamente após a construção e um ano depois, é apresentada na Figura 9.13.

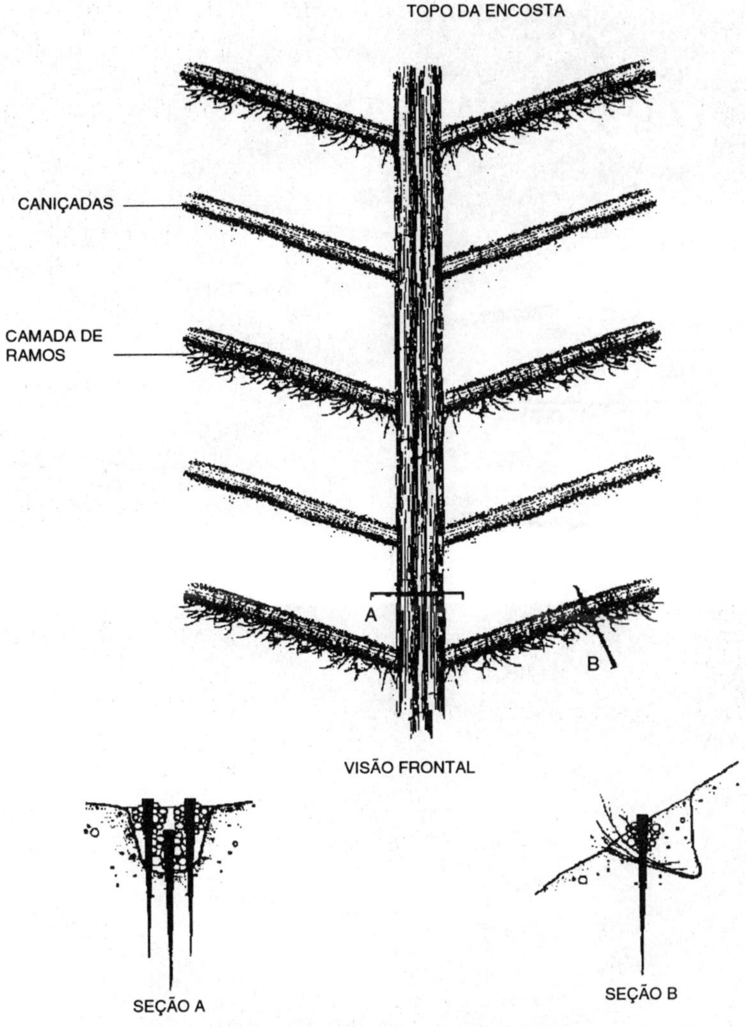

Figura 9.12 — Visão frontal e em perfil de caniçadas vivas usadas como um sistema de drenagem. O sistema de caniçadas central intercepta a infiltração subsuperficial e também age como um dreno coletor.

Fonte: Adaptada de Gray e Sotir (1996).

(*A*)

(*B*)

Figura 9.13 — Visão de um sistema de drenagem com caniçadas para facilitar a drenagem em uma encosta úmida. (*A*) Imediatamente após a construção. (*B*) Um ano depois. Fotos: Vertical Green do Brasil.

9.4.2. Usos

O sistema é utilizado em encostas úmidas, onde há evidências de insurgência d'água subsuperficial na encosta, causando desestabilização da mesma.

9.4.3. Instalação

As caniçadas vivas para as porções laterais do V são preparadas e instaladas convencionalmente, conforme descrito previamente.

- O sistema central e as trincheiras laterais são construídos primeiro. Começando-se de uma pequena distância do topo da encosta, escave a trincheira central em direção à base da encosta, ou para um sistema coletor, tal como um dreno de pedras. Esta trincheira deve ter o formato trapezoidal, 45 a 50cm de profundidade, 30 a 35cm de largura na base e 40 a 45cm de largura, no topo da trincheira.
- As laterais, ou trincheiras laterais, devem ser construídas começando-se no topo ou próximo a ele, e fazendo um ângulo de 20° a 45° para se conectar com a trincheira central. A primeira lateral deve se encontrar com a trincheira central, poucos centímetros abaixo do topo da trincheira. Essas trincheiras laterais devem ficar com um espaçamento de 1,0 a 2,5m, geralmente paralelas entre si, e com um comprimento de 3,0 a 8,0m.
- A primeira caniçada para o dreno central deve ter de 0,30 a 0,40m de diâmetro. Ela é colocada na base da trincheira e estaqueada no solo, a cada 1,0m ao longo de seu comprimento, com estacas de madeira. Esse fardo de caniçada é construído de materiais vivos, embora não se espere que se desenvolva por causa da profundidade da instalação.
- Os dois fardos de caniçadas vivas que serão colocados no topo do fardo previamente descrito são preparados de modo habitual. São colocados no topo do primeiro fardo de caniçada e presos no local, fazendo-se o estaqueamento no solo através dos fardos, devendo ser

estaqueados de uma forma balanceada a cada metro, ao longo de seu comprimento.

- Os fardos de caniçadas vivas laterais (que formam o V) são então instalados nas trincheiras previamente construídas. Eles devem ser longos o suficiente para coletar a água das seções onde ocorre a insurgência e devem se ligar ao dreno coletor central.
- Os fardos são aterrados como previamente descrito.

9.5. *Caniçadas com Dreno de Interceptação Subsuperficial*

9.5.1. *Descrição*

Linhas de caniçadas são instaladas ao longo das curvas de nível de uma encosta de forma convencional. Além disso, um dreno subsuperficial, orientado na direção encosta abaixo e perpendicular às caniçadas, é colocado em uma trincheira axial, abaixo das linhas de caniçadas, para interceptar e coletar a insurgência d'água, conforme ilustrado na Figura 9.14.

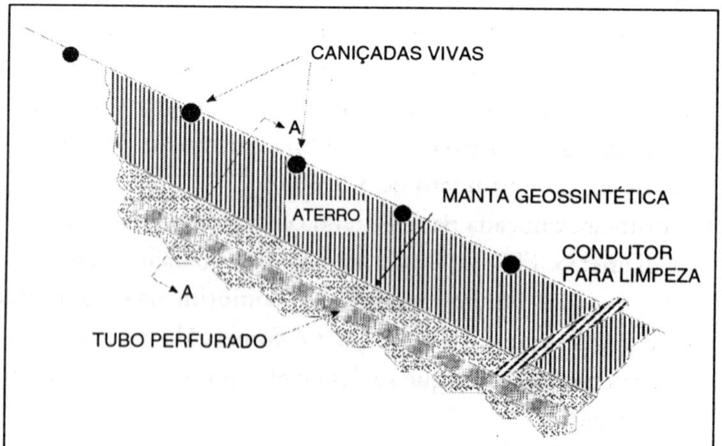

Figura 9.14 — Visão em perfil de um sistema de caniçadas construído sobre um dreno de interceptação subsuperficial.
Fonte: Adaptada de Gray e Sotir (1996).

9.5.2. Usos

Este sistema é utilizado em locais muito úmidos onde há evidências de insurgência d'água subsuperficial substancial, que esteja causando erosão subsuperficial (*piping*), desestabilizando a encosta. Pode-se considerar a sua utilização em áreas de voçorocas aterradas, ravinas ou depressões, onde a água subterrânea provavelmente será coletada e se concentrará.

9.5.3. Instalação

As caniçadas são preparadas e instaladas de forma convencional, conforme descrito previamente. A trincheira de coleta da insurgência d'água é escavada primeiro, e um tubo perfurado é colocado na base da trincheira. O tubo de drenagem deve ser embutido na brita que é colocada na trincheira e envolta em tecido geotêxtil. De forma alternativa, pode-se envolver o tubo perfurado com um composto "geodreno", conforme mostrado na Figura 9.15. O núcleo poroso do "geodreno" deve ficar voltado para o tubo com a parte do tecido que filtra voltada para fora. Esse esquema evita a necessidade de se trazer brita para o local. Todos os drenos devem ser construídos e instalados com os tubos de acesso vazios, conforme mostrado esquematicamente na Figura 9.14.

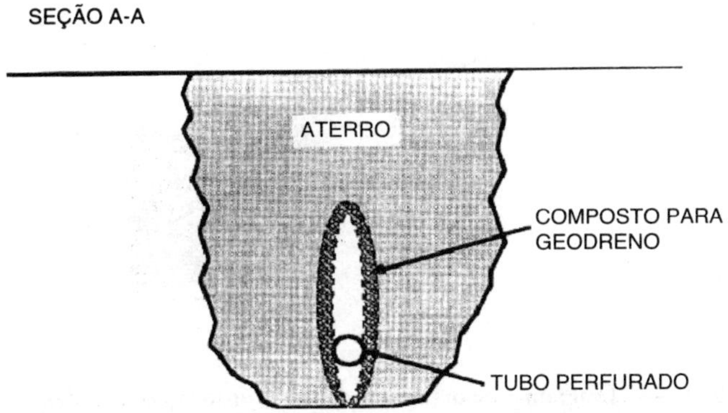

Figura 9.15 — Visão da seção transversal de um dreno de interceptação composto de geodreno/tubo perfurado instalado abaixo de um sistema de caniçadas.
Fonte: Adaptada de Gray e Sotir (1996).

9.6. Camadas de Ramos ou Vassouras (Brushlayering)

9.6.1. Descrição

A camada de ramos (*brushlayering*) consiste em ramos vivos podados intercalados entre camadas de solo, conforme mostrado nas Figuras 9.16 e 9.17. Os feixes são colocados em um modelo entrelaçado ou sobreposto, de forma que as extremidades dos ramos se projetem além da face do aterro, onde eles retardam a velocidade do escoamento superficial e filtram os sedimentos para fora do escoamento superficial da encosta. Os caules se estendem de volta para dentro da encosta, quase da mesma forma que reforços convencionais inertes, como, por exemplo, geotêxteis e geogrelhas. Entretanto, ao contrário de reforços convencionais, as camadas de ramos enraízam ao longo de seus comprimentos e também agem imediatamente como drenos horizontais.

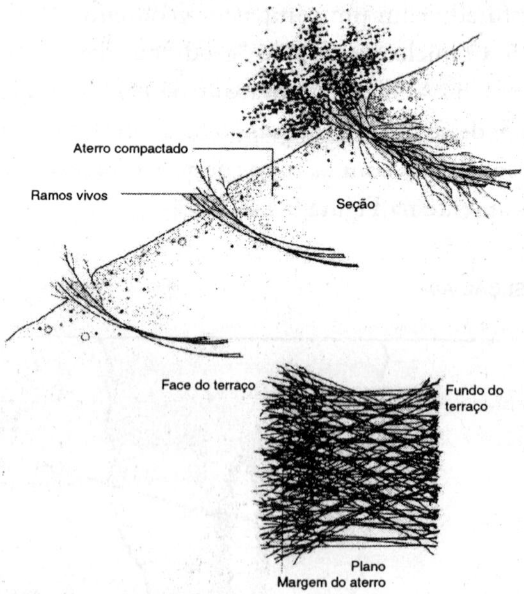

Figura 9.16 — Diagrama esquemático de uma instalação em desenvolvimento de camadas de ramos em um talude de aterro mostrando as camadas alternadas de ramos vivos inseridas entre leiras de solo.

Fonte: Adaptada de Lewis (2000).

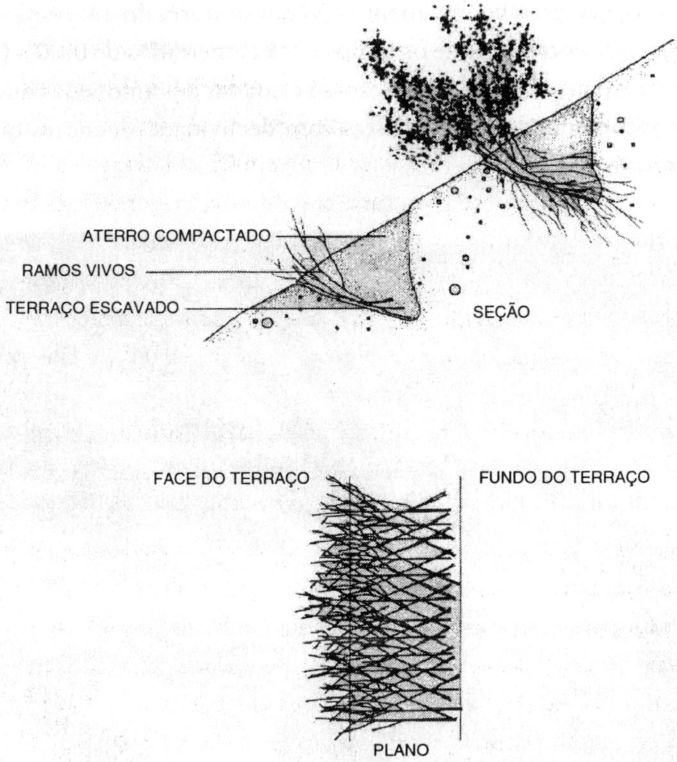

Figura 9.17 — Diagrama esquemático de uma instalação em desenvolvimento de camadas de ramos em um talude de corte mostrando as camadas alternadas de ramos vivos colocadas em terraços estreitos escavados na encosta.
Fonte: Adaptada de Lewis (2000).

Aterros. As camadas de ramos funcionam melhor quando realizados em conjunto com a construção de taludes de aterro convencionais. As camadas de ramos são embutidas entre camadas sucessivas de aterros na margem externa, conforme apresentado na Figura 9.16. Cada camada de feixes, ou ramos vivos, é coberta com terra e levemente compactada. As camadas de ramos vivos também podem ser combinadas com telas e mantas vegetais (como, por exemplo, mantas de fibras de coco) ou geogrelhas poliméricas e sintéticas, fornecendo um reforço adicional no início.

Taludes de Corte. Os feixes de ramos são colocados em terraços estreitos escavados na encosta, de acordo com o apresentado na Figura 9.17. Ao contrário dos aterros, o comprimento dos ramos normalmente é mais curto em taludes de corte, porque os ramos só são enterrados de 0,60 a 0,90m dentro da face da encosta. A utilização de camadas de ramos em taludes de corte só é recomendada para encostas com declividades menores que 2:1 (*Horizontal:Vertical*).

Figura 9.18 — Instalações de camadas de ramos (*brushlayering*).
Foto: Deflor Bioengenharia.

9.6.2. Usos

As camadas de ramos podem ser utilizadas para se estabilizar uma encosta contra deslizamentos superficiais, além de fornecer proteção contra a erosão. A Figura 9.19 mostra alguns exemplos de instalações de camadas de ramos vivos. A orientação dos ramos é mais eficiente do que a das caniçadas vivas do ponto de vista do reforço do solo e da estabilidade de massas de solo. A camada de ramos funciona melhor em aterros do que em taludes de corte, porque podem ser utilizados ramos mais longos no primeiro caso.

(*A*)

(*B*)

Figura 9.19 — Instalação de estacas vivas de ramos de forma entrelaçada ou sobreposta durante a construção de camadas de ramos (*brushlayering*). (*A*) Talude de aterro. (*B*) Talude de corte.

Fonte: Gray e Sotir (1996).

9.6.3. *Preparação*

Devem ser cortados ramos longos de árvores que se reproduzem vegetativamente (assexuadamente). O comprimento dos ramos irá variar com o tipo de feixe que será utilizado (para taludes de corte ou aterro) e a profundidade de reforço desejada. Ramos de até 3,5m de comprimento podem ser usados para a instalação de camadas de ramos vivos em taludes de aterro.

9.6.4. *Instalação*

A instalação de camadas de ramos vivos começa na base da encosta e prossegue encosta acima. O procedimento de instalação difere para taludes de corte (ou naturais) e aterro. As seguintes diretrizes e procedimentos são bem genéricas e gerais para ambos os métodos:

- A superfície (ou terraço) em que as camadas de ramos são colocadas deve ficar levemente inclinada para trás (aproximadamente 10 a 20°).
- Coloque as estacas de ramos vivos em trincheiras escavadas (taludes de corte ou naturais) ou em uma leira de solo (taludes de aterro ou represas) em uma configuração entrelaçada ou sobreposta, conforme mostrado na Figura 9.19.
- As gemas de crescimento dos ramos devem ficar alinhadas em direção à face externa da encosta.
- Coloque o aterro no topo dos ramos e compacte o solo para eliminar as entradas de ar. As gemas dos ramos devem se estender ligeiramente além da face da encosta, de forma a reduzir o escoamento superficial e filtrar os sedimentos.
- As fileiras de feixes de ramos devem ficar espaçadas umas das outras aproximadamente 1,0 a 3,0m ao longo da encosta, dependendo da sua declividade, das condições do solo e do local, e da posição na encosta. As diretrizes nominais de espaçamento são apresentadas na Tabela 9.2. O espaçamento entre as linhas deve ser reduzido na base de encostas altas e íngremes para uma maior segurança.

O espaçamento exato pode ser calculado usando-se métodos de equilíbrio de forças baseados em um fator de segurança desejado para a estabilidade de massas, nas propriedades de tensão do feixe de ramos, e outras variáveis do solo e do local.

Tabela 9.2 — Espaçamento da camada de ramos recomendado em encostas

Declividade da encosta (*H*:*V*)	Distância aproximada entre as linhas de ramos vivos	
	Em ângulo: encostas úmidas (m)	Em curva de nível: encostas secas (m)
1,5 a 2,0:1	0,90 – 1,20	1,20 – 1,50
2:1 a 2,5:1	0,90 – 1,20	1,50 – 1,80
2,5:1 a 3:1	1,20 – 1,50	1,80 – 2,40
3:1 a 4:1	1,50 – 1,80	2,10 – 3,00

Fonte: Lewis (2000).

- Geotêxteis ou geogrelhas naturais, tais como telas e mantas vegetais, também podem ser usados como invólucros em torno de camadas de solo, de forma a oferecer um maior reforço e contenção. De forma alternativa, geogrelhas poliméricas ou geotêxteis sintéticos podem ser utilizados se for necessária uma maior resistência e durabilidade.
- Fibras longas ou materiais similares (como *mulch*) devem ser colocados entre as fileiras, quando da instalação em encostas 3:1 (*H*:*V*) ou menos íngremes. Telas de juta, ou coco, ou redes de contenção devem ser utilizadas em encostas mais íngremes. O tecido pode ser ancorado no local, envolvendo-o em torno da face frontal de leiras de solo, quando da aplicação em um talude de aterro.

9.7. Geogrelhas Vegetadas

9.7.1. Descrição

Uma instalação de geogrelhas vegetadas consiste de estacas de ramos vivos ("escovas"), intercaladas entre camadas de solo e cobertas por materiais geotêxteis naturais ou sintéticos, conforme mostrado na Figura 9.20. O feixe é colocado de forma entrelaçada ou sobreposta, de modo que as extremidades dos ramos se prolonguem um pouco além da face do aterro, onde retardam a velocidade do escoamento superficial (*runoff*) e filtram os sedimentos para fora do fluxo do escoamento superficial. Os ramos se estendem de volta para dentro da encosta, praticamente da mesma forma que os reforços convencionais e inertes, como, por exemplo, geotêxteis e

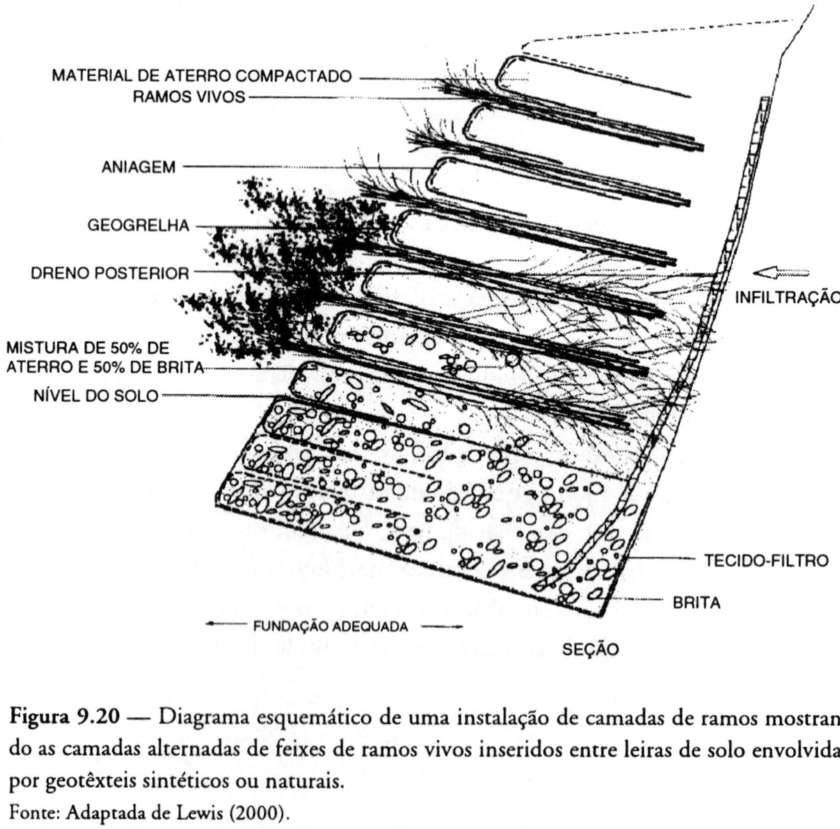

Figura 9.20 — Diagrama esquemático de uma instalação de camadas de ramos mostrando as camadas alternadas de feixes de ramos vivos inseridos entre leiras de solo envolvidas por geotêxteis sintéticos ou naturais.
Fonte: Adaptada de Lewis (2000).

geogrelhas. Ao contrário dos reforços convencionais, os feixes de ramos são materiais vivos e enraízam ao longo de seus comprimentos e também agem como drenos horizontais.

As estruturas de geogrelhas vegetadas são construídas quase da mesma forma que um aterro de solo mecanicamente estabilizado convencional. O feixe é encaixado entre sucessivas leiras empacotadas, ou camadas de aterro, na margem externa. Cada camada de ramos vivos é coberta com terra e levemente compactada. As geogrelhas fornecem um reforço adicional no início. Uma vez que as estacas vivas estejam estabelecidas, seus sistemas radiculares se tornam emaranhados com a grelha e unem todo o sistema em uma massa única e coesa.

9.7.2. USOS

As estruturas de geogrelhas vegetadas podem ser utilizadas para estabilizar encostas muito íngremes, além de fornecer proteção contra a erosão superficial. As geogrelhas vegetadas podem ser usadas para estabilizar e reforçar taludes de aterro com drenagem. Elas são uma alternativa às estruturas de contenção verticais e em situações em que se deseje evitar a invasão da base ou do topo das encostas. As geogrelhas vegetadas também podem ser usadas para proteger encostas que estão sujeitas à lavagem periódica ou situações de estresse (em relação à força de tração), tais como canais de drenagem ou as porções superiores de margens de rios, conforme apresentado na Figura 9.21.

(*A*)

(*B*)

Figura 9.21 — Talude protegido com geogrelhas vegetadas. (*A*) Após a construção. (*B*) Um ano depois.

Fotos: Vertical Green do Brasil.

9.7.3. Materiais e Preparação

Os materiais vivos consistem de ramos longos, que tenham de 0,01 a 0,05m de diâmetro, retirados de plantas que se reproduzem assexuadamente (vegetativamente). O comprimento dos ramos irá variar com o tipo de aplicação e a profundidade de reforço desejada; em condições ideais, eles devem ser longos o bastante para alcançar a parte posterior do aterro. O material de construção inerte consiste de geogrelhas sintéticas e poliméricas. As geogrelhas podem ser selecionadas de acordo com suas forças de tensão unitárias permitidas, tamanho em comprimento e espaçamento vertical que ofereça o principal reforço.

9.7.4. Instalação

Uma instalação de geogrelhas vegetadas se inicia na base da encosta e prossegue encosta acima. Uma estrutura de geogrelhas vegetadas deve ser sustentada pela base de uma rocha ou inclinada em um ângulo de, pelo menos, 10° a 20° para minimizar as forças laterais do solo. As seguintes diretrizes e procedimentos se aplicam ao uso de geogrelhas vegetadas para a construção de uma estrutura de aterro:

- Deve-se escavar uma trincheira em um horizonte adequado, bem como abaixo da provável profundidade da erosão. Essa trincheira é preenchida com pedras para fornecer uma base para a estrutura de geogrelha vegetada. A superfície superior das pedras deve ser inclinada com a horizontal para estabelecer o ângulo mínimo desejado de batimento da estrutura de geogrelha sobrejacente. Geralmente são incorporadas acima da base de rochas duas camadas ou leiras de rochas envoltas em geogrelhas, com o tamanho de 0,05 a 0,10m, conforme ilustrado na Figura 9.20.
- Uma estrutura de terra reforçada com geogrelhas sintéticas e ramos vivos é construída acima da base de rochas. Uma faixa de geogrelhas é colocada próximo à margem frontal do aterro e estaqueada na leira subjacente, com uma superposição mínima de 0,90m. São

utilizadas para esse objetivo estacas de madeira, espaçadas a cada 0,90m ao longo do comprimento da superposição.

- O material de preenchimento selecionado é colocado nas geogrelhas e compactado em leiras de 0,10m para uma espessura nominal que varia de 0,30 a 0,75m. Leiras mais finas são utilizadas na base da estrutura, onde a força de cisalhamento é maior. É necessária a colocação de placas temporárias na face frontal, para confinar o aterro selecionado durante o processo de instalação e para formar uma face plana. Tiras de aniagem de, pelo menos, 0,10m são inseridas entre o aterro e as geogrelhas, na face frontal, e estaqueadas no local (Figura 9.20) para conter os sedimentos finos.
- As seções expostas de geogrelhas são puxadas para cima e por sobre as faces das camadas de aterro e estaqueadas no local. As geogrelhas devem ser puxadas, da forma mais uniforme possível, antes de serem estaqueadas, utilizando-se alguma máquina para desenvolver uma tensão inicial na geogrelha. Um trator ou guincho puxando uma barra comprida, com ganchos ao longo de seu comprimento, funciona bem para esse fim. A geogrelha tensionada deve ser presa no local, utilizando-se estacas de madeira, a cada 0,90 – 1,00m.
- No topo de cada camada de aterro, embalada com geogrelha, é colocada uma camada de 0,05 a 0,10m do material selecionado para o aterro. Três camadas de ramos vivos com 0,60 a 1,20m de material de aterro são colocadas, então, entre cada camada.
- O processo é repetido com camadas sucessivas de aterro, ramos vivos e geogrelha até que a altura ou elevação desejada seja alcançada.
- A espessura da leira de aterro recomendada entre as camadas de geogrelhas depende das variáveis de solo e do local, das propriedades dos reforços e do fator de segurança desejado. O espaçamento entre as leiras de aterro deve ser reduzido nos sopés de encostas altas e íngremes para um maior reforço e segurança. O espaçamento vertical máximo e o comprimento de geogrelhas, ou de camadas de reforço sucessivas, são determinados a partir do fator de segurança especificado, do ângulo da encosta, da resistência ao cisalhamento do solo, da força de tensão unitária permitida e das propriedades de atrito na interface das camadas de reforço. Pode-se adotar para esse

fim as diretrizes convencionais para espaçamento e comprimento do invólucro, em reforços de geogrelhas em uma encosta (Thielen e Collin, 1993).

9.8. Empacotamento de Ramos (Branchpacking)

9.8.1. Descrição

O empacotamento de ramos consiste em se alternarem camadas de estacas de ramos vivos e aterro compactado para reparar cicatrizes e depressões em encostas. Também são colocadas longas estacas de madeira no solo intacto, ao fundo da depressão. A Figura 9.22 apresenta um desenho esquemático de um sistema de empacotamento de ramos.

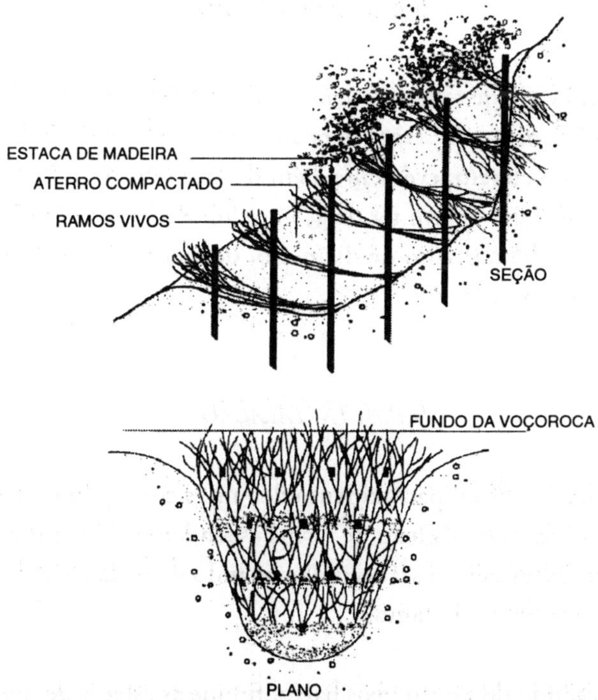

Figura 9.22 — Diagrama esquemático de uma instalação em desenvolvimento de empacotamento de ramos (*branchpacking*). Visão lateral e visão frontal.

Fonte: Adaptada de Lewis (2000).

9.8.2. Aplicações

O empacotamento de ramos é utilizado para o reparo e o preenchimento de pequenos movimentos de massa e voçorocas em encostas naturais e taludes de corte e aterros. Ele reforça o aterro usado para reparar o defeito e protege-o contra a "lavagem" e a erosão. Os reparos realizados com essa técnica, em áreas de voçorocas, devem ficar restritos a depressões menores do que 1,20m de profundidade e 1,50m de largura. Pode ser necessária a instalação de drenos de interceptação subsuperficiais, se quantidades significantes de infiltração subsuperficial entrarem na depressão. A causa do problema deve ser enfocada antes ou em conjunto com a instalação do empacotamento de ramos.

9.8.3. Preparação

As estacas vivas de ramos podem variar de 0,01 a 0,05m de diâmetro. Elas devem ser longas o bastante para alcançar o solo intacto do fundo da voçoroca e se projetarem levemente além da face reconstruída da encosta. As estacas de madeira devem ter de 1,5 a 2,5m de comprimento e ser feitas de varas de 0,08 a 0,10m de diâmetro, dependendo da profundidade da depressão ou da voçoroca.

9.8.4. Instalação

As instalações de empacotamento de ramos começam no ponto mais baixo da voçoroca e prosseguem de forma ascendente. As seguintes diretrizes e procedimentos devem ser seguidos quando da instalação de um sistema de empacotamento de ramos:

- Começando do ponto mais baixo, finque as estacas de madeira verticalmente no solo por, aproximadamente, 0,90m. Coloque as estacas de 0,30 a 0,45m de distância umas das outras.

- Uma camada de ramos vivos, com uma espessura de 0,10 a 0,15m, é colocada na base (fundo) da voçoroca, entre as estacas verticais, e perpendicular ao fundo. Algumas extremidades basais dos ramos devem tocar o fundo da voçoroca.
- Camadas subseqüentes de ramos vivos são colocadas com suas extremidades basais mais baixas do que as gemas de crescimento.
- Cada camada de ramos deve ser seguida por uma camada de solo compactado para assegurar um contato próximo com as estacas vivas dos ramos.
- A instalação final deve ser comparada com o perfil existente na encosta. Os ramos devem se projetar um pouco para fora da face aterrada. O solo utilizado para o aterro tem de estar úmido (ou levemente umedecido), de forma a assegurar que os ramos vivos não sequem. A aparência de um sistema de empacotamento de ramos recém-construído é apresentada na Figura 9.23.

(*A*)

(*B*)

Figura 9.23 — Instalação de um sistema de empacotamento de ramos durante a fase de construção. (*A*) Visão de cima. (*B*) Visão frontal.
Fonte: Gray e Sotir (1996).

9.9. Aterro Vivo para o Reparo de Voçorocas

9.9.1. Descrição

Um aterro vivo para o reparo de voçorocas consiste de camadas alternadas de estacas de ramos vivos e solo compactado. Esse aterro reforçado pode ser utilizado para recuperar ravinas e pequenas voçorocas. Este método é semelhante ao empacotamento de ramos (*branchpacking*), mas é mais apropriado para o reparo e o preenchimento de depressões alongadas, tais como as voçorocas. Os principais detalhes de um sistema de aterro vivo para reparo de voçorocas são apresentados esquematicamente na Figura 9.24.

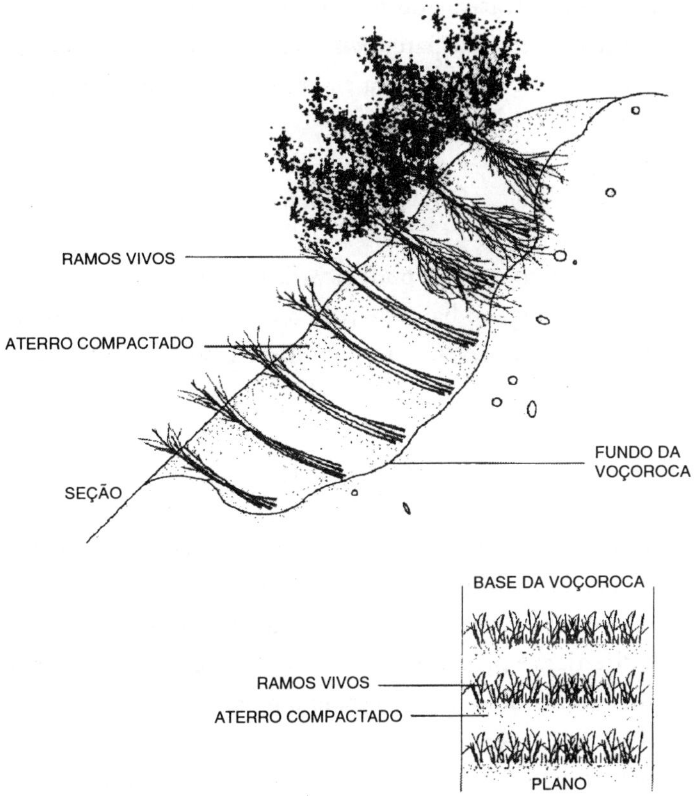

Figura 9.24 — Diagrama esquemático de um sistema de aterro vivo para o reparo de voçorocas em desenvolvimento. Visão lateral e visão frontal.
Fonte: Adaptada de Gray e Sotir (1996).

9.9.2. Aplicações

Essa técnica é utilizada no reparo e no preenchimento de ravinas e pequenas voçorocas em encostas naturais. Os ramos embutidos e as raízes secundárias reforçam o aterro utilizado para reparar a voçoroca e protegem-na contra futuras "lavagens" e erosões. Os reparos realizados com essa técnica devem ficar restritos a voçorocas com, no máximo, 0,60m de largura, 0,60m de profundidade e 4,50m de comprimento. Pode ser necessária a instalação de drenos de interceptação subsuperficiais, se quantidades significativas de infiltração subsuperficial entrarem na voçoroca pela sua cabeceira e paredes laterais. A água proveniente da cabeceira, ou topo, deve ser interceptada e redirecionada para fora da área.

9.9.3. Preparação

As estacas de ramos vivos podem variar de 0,01 a 0,05m de diâmetro. Elas devem ser longas o bastante para tocar o solo intacto do fundo da voçoroca e se projetarem levemente além da face reconstruída da encosta.

9.9.4. Instalação

As instalações de aterro vivo para o reparo de voçorocas começam no ponto mais baixo da voçoroca e prosseguem de forma ascendente. As estacas de ramos vivos são inseridas entre leiras sucessivas de solo compactado. As seguintes diretrizes e procedimentos devem ser seguidos quando da instalação de um sistema de aterro vivo para o reparo de voçorocas:

- Começando do ponto mais baixo da encosta, coloque uma camada densa (0,07 a 0,10m de espessura) de ramos na extremidade mais baixa da voçoroca e, aproximadamente, perpendicular à base da mesma (Figura 9.24).
- Cubra a camada de ramos com uma camada de solo de 0,15 a 0,20m de espessura e o compacte.
- Coloque os ramos vivos de forma entrelaçada.
- Cubra cada camada de ramos com uma camada de solo; trabalhe e compacte o solo, de forma a assegurar um contato próximo com os ramos e eliminar grandes vazios no aterro.

9.10. Critérios de Seleção

9.10.1. Seleção pelo Tipo da Encosta e Localização Geral

Os métodos de Bioengenharia de solo podem ser selecionados de acordo com a sua utilidade, ou adequação, para dois principais tipos de vertentes: encostas de morros e montanhas e margens de corpos d'água. A principal diferença nesses dois casos é a necessidade de algum tipo de proteção no sopé ou na margem, de forma a controlar a erosão e a escavação da encosta.

Métodos Adequados para Encostas: devem ser levados em consideração (Tabela 9.3) os seguintes métodos. Seus graus relativos de complexidade na construção também são indicados.

Tabela 9.3 — Grau de complexidade dos métodos de Bioengenharia

Método	**Complexidade**
• Estacas vivas	Muito baixa
• Caniçadas vivas	Moderada
• Camada de ramos	Moderada a alta
• Empacotamento de ramos	Moderada a alta
• Geogrelhas vegetadas	Alta

Fonte: Gray e Sotir (1996).

9.10.2. Seleção pelas Condições do Local e do Solo

Medidas adequadas de Bioengenharia de solo ou a combinação de medidas também podem ser selecionadas, baseadas nas condições do local e do solo. Devem ser levados em consideração os seguintes fatores:

- Altura e declividade da encosta
- Profundidade do solo
- Tipo de solo (erodibilidade e resistência ao cisalhamento)
- Talude de corte ou aterro
- Profundidade da ruptura
- Mecanismo de ruptura (erosão superficial ou movimento de massa)
- Necessidade de proteção do sopé da encosta
- Forças laterais
- Hidrologia local

As diretrizes de seleção baseadas nesses critérios são apresentadas na Tabela 9.4. Tais critérios devem ser avaliados por meio de um bom julgamento e experiência. A utilização de ensaios-piloto no campo para comparar e testar a eficiência de determinados sistemas também pode ajudar na seleção final.

Seleção com fins ambientais e de lazer: os métodos de Bioengenharia de solo também podem ser selecionados, de acordo com a meta ambiental e recreacional. Alguns métodos se adaptam melhor ao efeito visual desejado, proporcionando melhor acesso e mais benefícios à vida silvestre, conforme descrito na Tabela 9.5.

Tabela 9.4 — Adequação dos diferentes métodos de Bioengenharia baseados nas condições do local e do solo

		Métodos de Bioengenharia				
Fator ou processo de ruptura	**Intensidade ou tipo de condição**	**Estaquea-mento**	**Caniçadas vivas**	**Camada de ramos**	**Empaco-tamento de ramos**	**Geogrelhas vegetadas**
Declividade da encosta	Íngreme		X	X	NA*	X
	Moderada		X	X	NA	X
	Amena	X	X		NA	
Altura da encosta	Alta	X	X	X	NA	X
	Baixa	X	X	X	NA	X
Profundidade do solo	Profunda	X	X	X	X	X
	Rasa	X	X			
Erodibilidade do solo	Alta		X			X
	Moderada		X	X		X
	Baixa		X	X	X	X
Resistência do solo	Moderada	X	X	X	NA	NA
	Baixa	NA	X	X	NA	NA
Tipo de talude	Corte	X	X	X	X	
	Aterro	X	X	X	X	X
Erosão superficial		X	X		X	
Movimento de massa	Superficial	X	X	X	X	
	Moderado			X		X

* NA = Não se aplica
Fonte: Gray e Sotir (1996).

Tabela 9.5 — Adequação dos diferentes métodos de Bioengenharia com propósito ambiental ou de lazer

Metas e benefícios	Métodos de Bioengenharia				
	Estaqueamento	**Caniçadas vivas**	**Camada de ramos**	**Empacotamento de ramos**	**Geogrelhas vegetadas**
Recreação	Moderado a bom	Moderadas a boas	Boa	Insignificante	Moderadas
Habitat para a vida silvestre	Insignificante	Boas a muito boas	Boa a excelente	Moderado	Boas a muito boas
Valor estético	Bom a muito bom	Boas a muito boas	Excelente	Moderado a bom	Boas a muito boas

Fonte: Gray e Sotir (1996).

CAPÍTULO 10

NOVOS DESENVOLVIMENTOS E FUTURAS ORIENTAÇÕES NA ESTABILIZAÇÃO BIOTÉCNICA

10.1. INTRODUÇÃO

A estabilização biotécnica é um campo dinâmico e em pleno desenvolvimento. Novos avanços e desenvolvimentos continuam a transformar a gama de opções e possibilidades. Os sistemas biotécnicos de cobertura do solo, por exemplo, foram largamente desenvolvidos durante a década de 1980 e 1990. Novas formas de combinar materiais de construção inertes com materiais vivos (vegetação) para a proteção de encostas e o controle da erosão começam a surgir (Barker, 1994).

Ao mesmo tempo, velhas incertezas persistem sobre o desempenho de sistemas vivos construídos. As propriedades de materiais vegetais e as características de comunidades de plantas variam no tempo e no espaço. Não são fáceis de verificar, muito menos de prever, a distribuição e o comportamento de sistemas radiculares abaixo do solo, ao longo do tempo. Isso torna difícil analisar e quantificar a contribuição da vegetação para a estabilidade das encostas. Um seminário especial foi patrocinado pela *National Science Foundation* (1991) dos EUA para avaliar o estado-da-arte da estabilização biotécnica e Bioengenharia do solo e para identificar as áreas de pesquisa necessárias para esclarecer alguns desses problemas e incertezas.

Não existe razão para a estabilização biotécnica ser considerada somente a partir do uso conjunto de materiais vegetais. Microorganismos biológicos, ou seja, fungos e bactérias também são candidatos potenciais para a estabilização do solo (Muir Wood *et al.*, 1995). Um recife de coral é uma estrutura biotécnica perfeita — o equivalente marinho de uma cerca viva. Um recife é construído com restos e excreções de organismos marinhos microscópicos. As excreções aglutinantes dos organismos biológicos podem ser vistas como um tipo de "cola biológica" que tem uma função semelhante à das raízes vegetais.

10.2. O Estado-da-arte e as Áreas de Pesquisa Necessárias

A *National Science Foundation*, dos EUA, realizou no início dos anos 90 um seminário sobre a Estabilização Biotécnica. Este seminário se concentrou na função da vegetação natural e incorporação de fibras para o reforço dos solos e a estabilização de encostas. O principal objetivo do seminário foi oferecer um fórum para a troca de pontos de vista e informações, avaliar o estado-da-arte e identificar as necessidades de pesquisa. As principais informações e resultados desse seminário publicadas em seus anais (*National Science Foundation*, 1991) foram resumidas e assim apresentadas:

TÓPICO 1: DESENVOLVIMENTO TEMPORAL E ESPACIAL DO SISTEMA RADICULAR EM SISTEMAS DE BIOENGENHARIA COMPARADOS À VEGETAÇÃO DE ENCOSTAS NATURAIS

Informações sobre a Arquitetura das Raízes e Propriedades de Engenharia

A arquitetura/resistência radicular característica de determinadas espécies vegetais deve ser verificada em diferentes localidades, ou ambientes, e alguns fóruns devem ser estabelecidos para a troca de informações. Pesquisas *in situ* sobre o sistema radicular de determinadas espécies devem ser conduzidas em diferentes climas, tipos de solo e sob diferentes métodos de estabelecimento ou instalação.

Critérios Sistemáticos de Seleção das Plantas

A questão da utilização de espécies nativas, em contraste com as não-nativas, precisa ser discutida. É possível estabelecer plantas nativas, por exemplo, em encostas desnudas que têm pouco ou nenhum solo superficial e guardam pouca semelhança com os solos do entorno? Quais são as vantagens e limitações de se usarem plantas exóticas, que são geneticamente modificadas para ter propriedades e características específicas de enraizamento em relação a plantas endêmicas que só se desenvolvem no local?

Papel e Função da Gestão Local

Um local pode ser controlado de tal modo que incentive o crescimento de plantas, com hábitos de enraizamento desejáveis e características de engenharia? Qual a influência de práticas culturais, tais como irrigação, drenagem, poda e desbaste seletivo, brotação, aplicação de herbicidas, adubação, queimadas, consorciamento e outras?

Aspectos Positivos e Negativos da Competição entre Plantas

As monoculturas geralmente são vistas de forma desfavorável. Como podem ser maximizadas as vantagens de se ter uma comunidade vegetal variada e ainda assim limitar os efeitos adversos da competição? Que técnicas de monitoramento e instrumentação melhor se adaptam ao estudo do desenvolvimento das raízes/gemas de diferentes espécies em uma comunidade vegetal heterogênea?

Métodos de Estudo sobre a Arquitetura e o Desenvolvimento das Raízes

Várias técnicas diferentes são citadas na literatura para o estudo de sistemas radiculares vegetais, como, por exemplo, a escavação hidráulica, perfuração de poços e perfil de trincheiras. Cada um desses métodos tem certas vantagens e limitações. A adequabilidade desses vários métodos para o estudo do desenvolvimento e da arquitetura das raízes nos sistemas de Bioengenharia deve ser avaliada.

TÓPICO 2: MODELOS DE PREVISÃO E CRITÉRIOS DE AVALIAÇÃO DE DESEMPENHO PARA A ESTABILIZAÇÃO BIOTÉCNICA

Problemas ou Deficiências Existentes na Previsão e Avaliação

Não existem medidas claras do desempenho de construções biotécnicas e de Bioengenharia de solo. O estabelecimento de uma cobertura vegetativa é uma importante medida do sucesso, mas não é suficiente. Existe a necessidade de se determinar como a resistência de componentes vivos e inertes do sistema varia com o tempo e como eles interagem afetando o fator de segurança global do sistema ao longo do tempo. Não existem métodos-padrão para a condução de testes *in situ* em sistemas radiculares vegetais, tais como a resistência radicular, a tensão radicular e outros. Nem existem informações disponíveis suficientes sobre as mudanças nas propriedades em relação ao tempo e ao ambiente de enraizamento.

Recomendações para Futuras Pesquisas

(a) Monitorar encostas e instalações instrumentadas em ambientes e aplicações representativas.

(b) Desenvolver medições do desempenho de sistemas biotécnicos e de Bioengenharia.

(c) Avaliar vários métodos *in situ* de teste de resistência de incorporação de solo fibroso, incluindo-se a técnica da camada de ramos (*brushlayering*), caniçadas e outros, e desenvolver métodos-padrão para teste e interpretação.

(d) Aplicar métodos analíticos para avaliar várias metodologias de teste (*in situ*, escala natural, modelos de escala etc.).

(e) Desenvolver projetos práticos a partir dos resultados de (a) a (d) e torná-los disponíveis aos técnicos.

TÓPICO 3: PROBLEMAS DE COMPATIBILIDADE ENTRE OS COMPONENTES ESTRUTURAIS/MECÂNICOS E VEGETATIVOS

A Influência Recíproca entre os Componentes Vivos e Inertes

Até que ponto os componentes ou materiais não-biodegradáveis, tais como as geogrelhas e telas sintéticas, afetarão a vegetação de forma desfavorável e vice-versa? As plantas podem se adaptar à presença de materiais sintéticos, mas até que ponto isso pode enfraquecer o crescimento e o vigor vegetal é desconhecido. Materiais sintéticos (telas e redes tridimensionais) podem ser fabricados de forma a permitir a expansão das aberturas com o tempo, para acomodar melhor o crescimento do caule e das raízes sem comprometer o papel e a função do geotêxtil. Alguns sistemas biotécnicos empregam componentes metálicos que podem se desgastar e deteriorar ao longo do tempo. Que efeitos essa corrosão e/ou deterioração metálica terá sobre a vegetação?

Potenciais Áreas de Conflito

Quais os impactos negativos, se houver, de materiais vegetais vivos que são introduzidos em estruturas inertes, tais como gabiões e *crib walls*? Até que ponto o desempenho e a função de drenos projetados são afetados negativamente pelo crescimento da vegetação? Projetos de drenagem que empregam geotêxteis devem ser realizados com muito cuidado, de modo a garantir que as raízes das plantas não interfiram na função e eficiência do dreno, e, de forma recíproca, que a drenagem não retire a água excessivamente da vegetação. Como se podem estabelecer níveis apropriados de compactação do solo, de forma a contrabalançar a necessidade de melhores propriedades de engenharia (como, por exemplo, a resistência) contra as necessidades de um melhor ambiente de crescimento para as plantas?

Morte da Vegetação após a Deterioração dos Componentes Estruturais Inertes

A vegetação que foi estabelecida por meio mecânico persistirá e prosperará em ambientes de crescimento hostis quando os componentes mecânicos se deteriorarem? Essa questão é particularmente relevante para encostas que sofreram corte e são compostas por rochas intemperizadas. As áreas que necessitam de pesquisa específica incluem:

(a) Que espécies de plantas podem ser estabelecidas em ambientes muito hostis e sob quais condições elas podem ser estabelecidas?
(b) Que critérios devem ser aplicados a encostas hostis para avaliar a adequação de se utilizarem sistemas biotécnicos e para selecionar o melhor sistema?

Transições entre Estruturas de Engenharia e Sistemas de Bioengenharia

Como podem ser projetadas e construídas transições estáveis entre sistemas de Bioengenharia e paredes estruturais de retenção ou revestimentos rígidos (muros de contenção, cortinas atirantadas), de maneira que a interface entre os dois não se torne um local de fraqueza ou dê margem a outros problemas?

As respostas para muitas dessas questões surgirão conforme se ganhe experiência com a estabilização biotécnica e de Bioengenharia de solo. Algumas questões já foram enfocadas aqui neste livro; outras ainda esperam respostas. Os leitores deste livro podem tomar nota dessas questões levantadas no seminário da *National Science Foundation* e, eventualmente, contribuir com lições aprendidas de suas próprias experiências com a tecnologia da Bioengenharia.

10.3. Conclusões

Os métodos de Bioengenharia do solo expandem enormemente nossa variedade de opções para a estabilização e proteção de encostas, contra a erosão e movimentos de massa superficiais. Além do mais, eles nos permitem realizar essa missão de uma maneira economicamente viável, visualmente atrativa e ambientalmente correta. Algumas questões ainda permanecem com relação à quantificação e avaliação do desempenho; mas as respostas para essas questões surgirão conforme for se ganhando mais experiência com a estabilização biotécnica e a Bioengenharia. Este livro fornece as diretrizes para a instalação de uma variedade de métodos de estabilização biotécnica e de Bioengenharia do solo que ultrapassaram o teste do tempo e, em última análise, resultaram em encostas estáveis com uma diversidade de *habitats* e aparência natural.

A estabilização biotécnica também é um campo dinâmico e em evolução como pode ser atestado por uma breve revisão dos desenvolvimentos recentes neste capítulo conclusivo. A utilização de organismos biológicos para fins de estabilização biotécnica, quer dizer, fungos e bactérias, parece ser uma nova abordagem promissora.

Conforme Muir Wood *et al.* (1995) apontaram, "existe um espectro contínuo de influências biológicas na estabilidade de encostas, que passa pelos microorganismos em uma extremidade até aos efeitos das raízes vegetais, em outra". Permanece como nosso desafio explorar e aproveitar essas influências de uma maneira racional e produtiva.

BIBLIOGRAFIA

ABAG (1991). San Francisco Estuary Project: Status and Trends Report on Wetlands and Related Habitats in the San Francisco Bay Estuary. Prepared under cooperative agreement with U.S. EPA. Agreement Nº 815406-01-0. Association of Bay Area Governments, Oakland, Califórnia.

Abrahams, A.D. *Hillsope Processes.* Londres, Inglaterra: Allen and Unwin, 1986, 416pp.

Alexandratos, N. (ed.) *World Agriculture: Towards 2010.* Chichester, UK: FAO e John Wiley and Sons, 1995.

Almeida, F.G. e Guerra, A.J.T. Erosão dos Solos e Impactos Ambientais na Cidade de Sorriso (Mato Grosso). *In: Impactos Ambientais Urbanos no Brasil.* A.J.T. Guerra e S.B. Cunha (orgs.). Rio de Janeiro: Editora Bertrand Brasil, 2001, pp. 253-274.

Amaranthus, M.P.; Rice, R.M.; Barr, N.R. e Ziemer, R. Logging and forest roads related to increase debris slides in southwestern Oregon. *In: Journal of Forestry*, 1985; *83*(4):229-233.

Aubreville, A. *Climats, Forêts et Désertification de l'Afrique Tropicale.* Paris: Soc. d'Éditions Géographiques et Coloniales, 1949, 352pp.

Baccaro, C.A.D. Processos Erosivos no Domínio do Cerrado. *In: Erosão e Conservação dos Solos – Conceitos, Temas e Aplicações.* Guerra, A.J.T., A.S. Silva, A.S. e Botelho, R.G.M. (orgs.). Rio de Janeiro: Editora Bertrand Brasil, 1999, pp. 195-227.

Barker, D.H. The way ahead: continuing and future developments in vegetative slope engineering or ecoengineering. *In: Proceedings*, International Conference on Vegetation and Slopes, Institution of Civil Engineers, University Museum, Oxford, Inglaterra, 29-30 de setembro de 1994.

Barrow, C. *Land Degradation.* Cambridge, UK: Cambridge University Press, 1991.

Beer, C.E. e Johnson, H.P. Factors in gully growth in deep loess area of Western Iowa. *In: Transactions ASAE*, 1963; *6*(3):237-240.

Biddle, P.G. Patterns of soil drying and moisture deficit in the vicinity of trees on clay soils. *In: Geotechnique*, 1983; *33*(2):107-126.

Bilsborrow, R. *Rural poverty, migration and the environment in developing countries. Three case studies.* Washington: World Bank, 1992a.

Bilsborrow, R. e P. DeLargy (1991). Population growth, natural resource use and migration in the third world: the cases of Guatemala and Sudan. *In: Resources, environment and population* (Davis, K. e Bernstam, M.S. eds.), Supplement to Population and Development Review. Nova York: Population Council/Oxford University Press, 1991.

Blaikie, P. e H. Brookfield. *Land Degradation and Society.* Londres: Methuen, 1987.

Blum, W.E.H. The Role of Soils in Sustaining Society and the Environment: Realities and challenges for the 21st Century. *In: Keynote Lectures.* XVII World Congress of Soil Science, Bangcoc, Tailândia, 2002, pp. 67-86.

Bohm, W. Methods of Studying Root Systems. *In: Ecological Services*, Nº 33, Berlim: Springer-Verlag, 1979.

Boserup, E. *The conditions of agricultural growth: the economics of agrarian change under population pressure.* Londres: Allen & Unwin, 1965.

———. *Population and technological change.* Chicago: Chicago University Press, 1981.

Botelho, R.G.M. Planejamento Ambiental em Microbacia Hidrográfica. *In: Erosão e Conservação dos Solos – Conceitos, Temas e Aplicações.* Guerra, A.J.T., Silva, A.S. e Botelho, R.G.M. (orgs.) Rio de Janeiro: Editora Bertrand Brasil, 1999, pp. 269-300.

Brenner, R.P. A Hydrologic Model Study of a Forested and a Cutover Slope. *In: Bulletin Hydrologic Sciences*, 1973; *18*(26):125-143.

Brown, L. *et al. State of the World.* Nova York: W.W. Norton, 1990.

Burroughs, E.R. e Thomas, B.R. Declining root strength in Douglas for after felling as a factor in slope stability. *In: Research Paper INT-190, Intermountain Forest and Range Experiment Station.* Ogden, UT: US Forest Service, 1977, 27 pp.

Cahoon, D.R.; Clark, D.R.; Chambers, D.G. e Lindsey, J.L. Managing Louisiana's Coastal Zone: The Ultimate Balancing Act. *In: Proceedings of the Water Quality and Wetland Management Conference.* Nova Orleans, LA: Louisiana Environmental Professionals Association, 1983.

Cassell, D.K. Effects of soil characteristics and tillage practices. *In: Crop Reactions to Water and Temperature Stresses in Humid Climates.* Editado por Raper, C.D. e Kramer, P.J. Boulder, CO: Westview Press, 1983.

Chassie, R.G. e Goughnor, R.D. National Highway Landslide Experience. *In: Highway Focus,* 1976; *8*(1):1-9.

Chepil, W.S. Dynamics of wind erosion: 1. Nature of movement of soil by wind. *In: Soil Science,* 1945; *60*:305-320.

Chesapeake Bay Local Government Advisory Committee. *Recommendations of the Nonpoint Source Control Subcommittee to the Local Government Advisory Committee Concerning Nonpoint Source Control Needs.* A draft white paper for discussion at the Local Government Advisory Committee's First Annual Conference, 1988.

Clay, D.C.; Guizlo, M. e Wallace, S. Population and land degradation. *EPAT/MUCIA Working Paper Nº 14.* Madison: University of Wisconsin, 1994.

Cleaver, K.M. e Schreiber G. The population, agriculture and environment nexus in sub-Saharan Africa. *World Bank Working Paper Nº 6.* Washington, 1992.

Coelho, M.C.N. Impactos Ambientais em Áreas Urbanas — Teorias, Conceitos e Métodos de Pesquisa. *In: Impactos Ambientais Urbanos no Brasil.* Guerra, A.J.T.e Cunha, S.B. (orgs.) Rio de Janeiro: Editora Bertrand Brasil, 2001, pp. 1945.

Collins, J. Labour scarcity and ecological change. *In: Lands at risk in the third world: local level perspectives* (Little, P. e Horowitz, M. eds.), Boulder, CO: Westview Press, 1987, pp. 19-37.

Coppin, N.J. e Richards, I. *Use of Vegetation in Civil Engineering.* Sevenoaks, Kent (Inglaterra): Butterworths, 1990.

Crosson, P. *Degradation of Resources as a Threat to Sustainable Agriculture.* First World Congress of Professionals in Agronomy, Santiago, Chile, 1994.

Cruz, M.C.J. Population pressure and land degradation in developing countries. *In: Population, environment and development.* Nova York: Nações Unidas, 1994, pp. 135-147.

Cunha, S.B. Canais Fluviais e a Questão Ambiental. *In: A Questão Ambiental. Diferentes Abordagens.* Orgs.: Cunha, S.B. e Guerra, A.J.T. Rio de Janeiro: Editora Bertrand Brasil, 2003, pp. 219-238.

Cunha, S.B. e Guerra, A.J.T. Degradação Ambiental. *In: Geomorfologia e Meio Ambiente.* Guerra, A.J.T. e Cunha, S.B. (orgs.) Rio de Janeiro: Bertrand Brasil, 2000, 3ª ed., pp. 337-379.

Dickinson, A. e Collins, R. Predicting Erosion and Sediment Yield at the Catchement Scale. *In: Soil Erosion at Multiple Scales — Principles and Methods for Assessing Causes and Impacts.* Penning de Vries, F.W.T., Agus F. e Kerr, J. (orgs.) Wallingford, Inglaterra: CABI Publishing, 1998, pp. 317-342.

Drew, D. *Processos Interativos Homem-Meio Ambiente.* Rio de Janeiro: Editora Bertrand Brasil, 5ª ed., 2002, 206 pp.

Ellison, W.D. Erosion by raindrop. *Scientific American*, agosto de 1948, pp. 1-7.

Emerson, W.W. A classification of soil aggregates based on their coherence in water. *Australian Journal of Soil Research*, 1967; *2*:211-217.

Endo, T. e Tsuruta, T. The effect of tree roots upon the shearing strength of soil. *Annual Report of the Hokkaido Branch*, Tokyo Forest Experiment Station, Vol. 18, 1969, pp. 168-179.

FAO. *Natural resources and the human environment for food and agriculture.* Environment Paper Nº 1. Roma, 1980.

________. Keeping the land alive. *In: Soil erosion — its causes and cures.* Kelley, H.W.(orgs.) Soils Bulletin Nº 50. Roma, 1983.

________. *Land, food and people.* Roma, 1984.

________. *African agriculture: the next 25 years.* Roma, 1986a.

________. *Atlas of African agriculture.* Roma, 1986a.

________. *Protect and produce.* (Edição Revisada.) Roma, 1992.

________. *Sustainable development of drylands and combating desertification.* Roma, 1993b.

________. *Water policies and agriculture. Reprint of special chapter of the state of food and agriculture.* Roma, 1994.

Fernandes, N.F. e Amaral, C.P. Movimentos de Massa: Uma Abordagem Geológico-Geomorfológica. *In: Geomorfologia e Meio Ambiente.* Orgs. Guerra, A.J.T. e Cunha, S.B. Rio de Janeiro: Editora Bertrand Brasil, 3ª ed., 1996, pp.123-194.

Finney, K. *History of Soil Bioengineering.* Eugene, O.R. Tese de mestrado, University of Oregon, 1993.

Fratkin, E. *Surviving drought and development: Ariaal pastoralists of northern Kenya.* Boulder, CO: Westview Press, 1991.

Galli, J. e Dubose, R. *Water Temperature and Freshwater Stream Biota: An Overview.* Maryland Department of the Environment, Sediment and Stormwater Administration, Baltimore, 1990.

Geo-Rio. *Manual Técnico de Encostas: Análise e Investigação.* Vol. 1, 2ª ed., Rio de Janeiro, 2000.

Gerrard, J. *Soil Geomorphology — An Integration of Pedology and Geomorphology.* Londres: Chapman and Hall, 1992, 269 pp.

Goldman, S.J.; Jackson, K. e Bursztynsky, T.A. *Erosion and Sediment Control Handbook.* Nova York: McGraw-Hill, 1986.

Gonçalves, L.F.H. e Guerra, A.J.T. Movimentos de Massa na Cidade de Petrópolis (Rio de Janeiro). *In: Impactos Ambientais Urbanos no Brasil.* Guerra, A.T.J. e Cunha, S.B. (orgs.). Rio de Janeiro: Editora Bertrand Brasil, 2001, pp. 189-252.

Goudie, A. *The Enciclopaedic Dictionary of Physical Geography.* Oxford: Basil Blackwell Ltd., 1985, 528 pp.

________. *The Nature of the Environment.* Oxford: Basil Blackwell Ltd., 1989, 370 pp.

________. *The Human Impact on the Natural Environment.* Oxford: Basil Blackwell Ltd., 1990, 388 pp.

________. *The Changing Earth – Rates of Geomorphological Processes.* Oxford: Blackwell Publishers, 1995, 302 pp.

Goudie, A. e Viles, H. *The Earth Transformed – An Introduction to Human Impacts on the Environment.* Oxford: Blackwell Publishers, 1997, 276 pp.

Gorse, J.E. e D.R. Steeds. *Desertification in the Sahelian and Sudanian zones of West Africa.* World Bank Technical Paper Nº 61. Washington, 1987.

Gray, D.H. e Leiser, A.T. *Biotechnical Slope Protection and Erosion Control.* Nova York: VanNostrand Reinhold, 1982.

Gray, D.H. e Megahan, W.F. Forest vegetation removal and slope stability in the Idaho Batholith. *USDA Research Paper INT-271,* Ogden, UT, 1980, 23 pp.

Gray, D.H. e Ohashi, H. Mechanics of fiber reinforcement in sands. *In: Journal of Geotechnical Engineering* (ASCE), 1983; *109*(3):335-353.

Gray, D.H. e Sotir, R.B. *Biotechnical and Soil Bioengineering Slope Stabilization: A Practical Guide For Erosion Control.* Nova York: Wiley Interscience, 1996.

Greenway, D.R. Vegetation and slope stability. *In: Slope Stability.* Anderson, M.F. e Richards, K.S. (eds.) Nova York: Wiley, 1987.

Guerra, A.J.T. O Início do Processo Erosivo. *In: Erosão e Conservação dos Solos – Conceitos, Temas e Aplicações.* Guerra, A.J.T. e Botelho, R.G.M. Rio de Janeiro: Editora Bertrand Brasil, 1999, pp. 15-55.

________. Processos Erosivos nas Encostas. *In: Geomorfologia – Uma Atualização de Bases e Conceitos.* Guerra, A.J.T. e Cunha, S.B. (orgs.). Rio de Janeiro: Editora Bertrand Brasil, 4ª ed., 2001, pp. 149-209.

________. Processos Erosivos nas Encostas. *In: Geomorfologia – Exercícios, Técnicas e Aplicações.* Cunha, S.B. e Guerra, A.J.T. (orgs.). Rio de Janeiro: Editora Bertrand Brasil, 2ª ed., 2002, pp. 139-155.

________. Encostas e a Questão Ambiental. *In: A Questão Ambiental. Diferentes Abordagens.* Cunha, S.B. e Guerra, A.J.T. (orgs.). Rio de Janeiro: Editora Bertrand Brasil, 4ª ed., 2003, pp. 191-218.

Guerra, A.J.T. e Almeida, F.G. Propriedades dos solos e análises dos processos erosivos no município de Sorriso-MT. *In: Anais do IV Encontro Nacional de Estudos sobre o Meio Ambiente*, Cuiabá, Mato Grosso, 1993.

Guerra, A.J.T.; Mendonça, J.K.S.; Rêgo, M. e Alves, I.S. Gully Erosion Monitoring in São Luís City, Maranhão State, Brazil. *In: 17th Wold Congress of Soil Science: Soil Science Confronting New Realities in the 21st century*. Vol. IV. WASWO, Bangcoc, Tailândia. Paper 209, 2002, pp. 1-7.

Hadley, R.F.; Lal, R.; Onstad, C.A.; Waling, D.E. e Yair, A. *Recent Developments in Erosion and Sediment Yield Studies*. Technical Documents in Hydrology. International Hydrological Programme, UNESCO, Paris, 1985, 127 pp.

Harper, H.H.; Wanielista, M.P.; Fries, B.M. e Baker, D.M. *Stormwater Treatment by Natural Systems*. STAR project #84-026 - Final Report. Florida Department of Environmental Regulation, Tallahassee, 1986.

Harrison, P. *The Third Revolution. Environment, Population and a Sustainable World*. Londres: I.B. Tauris, 1992.

Hathaway, R.L. e Penny, D. Root strength in some Populus and Salix clones. *In: New Zealand Journal of Botany*, 1975; *13*:333-344.

Henderson, R. *et al.* Morphology of the structural root system of Sitka spruce 1: analysis and quantitative description. *In: Forestry*, 1983; *56*(2):122-135.

Hirschman, A. *The Strategy of Economic Development*. New Haven: Yale University Press, 1958.

Hjort af Orns, A. e Salih, M. Research and development issues for African drylands. *In: Ambio*, Vol. XX, Nº 8, 1991, pp. 388-394.

Howell, R.B. *et al.* Analysis of short and long term effects on water quality for selected highway projects. Report No. FHWA/CA/TL-79/17, Final Report to California Department of Transportation, 1979, 245 pp.

Huang, R. *Stability of Earth Slopes*. Nova York: Van Nostrand Reinhold, 1983.

Hutchinson, J.N. Assessment of the effectiveness of corrective measures in relation to geologic conditions and types of slope movement. *In: Bulletin at the International Association of Engineering Geologists*, 1978; *16*:131-155.

Hyden, G.; Kates, R. e Turner, B. Beyond intensification. *In: Population Growth and Agricultural Change in Africa*. Gainsville: University of Florida Press, 1993.

Israelson, E. Erosion control during highway construction — Manual on Principles and practices. *In: Transportation Research Program Report Nº 221*, NAS-NRC, Transportation Research Board, Washington, DC., 1980.

ISRIC/UNEP World map of the status of human-induced soil degradation. Oldeman, L.R.; Hakkeling, R.T.A. e Sombroek, W.G. (orgs.) *In: Global Assessment of Soil Degradation (GLASOD)*, 2nd revised edition. Wageningen/Nairóbi, 1991.

Jodha, N. Population growth and common property resources: micro-level evidence from India. *In: consequences of rapid population growth in developing countries*, pp. 209-230. Nova York: United Nations, 1991.

Jolly, C.L. e Torrey, B.B. (eds.) Introduction. *In: Population and land use in developing countries* (C.L. Jolly e B.B. Torrey, eds.). Washington: National Research Council/National Academy Press, 1993.

Kay, B.L. Straw as an erosion control mulch. *In: Agronomy Progress Report No. 140*, University of California Davis Agricultural Experiment Station, Davis, CA, 1983.

Kendall, H. e Pimentel, D. Constraints on the Expansion of the Global Food Supply. *In: Ambio*, Vol. 23, Nº 3, 1994.

Keown, M.P. *et al.* Literature survey and preliminary evaluation of streambank protection methods. *In: Technical Report H-77-9*, U.S. Army Waterways Experiment Station, Vicksburg, MS, 1977.

Kerr, J. The Economics of Soil Degradation: From National Policy to Farmers' Fields. *In: Soil Erosion at Multiple Scales — Principles and Methods for Assessing Causes and Impacts.* Penning de Vries, F.W.T.; Agus, F. e Kerr, J. (orgs.) Wallingford, Inglaterra CABI Publishing, 1998:21-38.

Kishk, M.A. Land degradation in the Nile Valley. *In: Ambio*, Vol. 15, Nº 4, 1986:226-230.

Klein, R.D. *Effects of Urbanization on Aquatic Resources*, draft. Maryland Department of Natural Resources, Tidewater Administration, Annapolis, MD, 1985.

Kozlowski, T.T. *Growth and Development of Trees.* Vol. 2, Nova York: Academic Press, 1971, 520 pp.

Lal, R. Erosion-Crop Productivity Relationships for Soils of Africa. *In: Soil Science Society of America Journal*, Vol. 59, Nº 3, 1995.

Lambe, T.W. e Whitman, R.V. *Soil Mechanics.* Nova York: Wiley, 1969.

Lane, E.W. The importance of fluvial morphology in hydraulic engineering. *In: Proceedings ASCE*, 1955; 81(745):1-17.

Lele, U. e Stone S.W. Population pressure, the environment and agricultural intensification: variations on the Boserup hypothesis. *MADIA Discussion Paper No. 4.* Washington: The World Bank, 1989.

Leopold, L.B. *Hydrology for Urban Land Planning*, Circular 559. U.S. Geological Survey, Washington, DC., 1968.

________. *A View of the River.* Cambridge, MA: Harvard University Press, 1994.

Lewis, L. *Soil Bioengineering. An alternative for roadside management. A practical guide.* United States Department of Agriculture Forest Service, Califórnia, 2000.

Liamine, N. *Desertification – The issues and challenges.* Ecoforum, Vol. 17, N.os 1/2 (abril), 1993:11-21.

Lima-e-Silva, P.P.; Guerra, A.J.T. e Dutra, L.E.D. Subsídios para Avaliação Econômica de Impactos Ambientais. *In: Avaliação e Perícia Ambiental.* Cunha, S.B. e Guerra, A.J.T. (orgs.). Rio de Janeiro: Editora Bertrand Brasil, 4ª ed., 2002:217-261.

Little, P. Land use conflicts in the agricultural/pastoral borderlands: the case of Kenya. *In: Lands at Risk in the Third World: Local-Level Perspectives* (Little, P. e Horowitz, M. (eds.) Boulder/Londres: Westview Press, 1987:195-212.

Little, P. e Horowitz, M. (eds.) *Lands at Risk in the Third World: Local-Level Perspectives.* Boulder/Londres: Westview Press, 1987.

Livingston, E.H. e McCarron, E. *Stormwater Management: A Guide for Floridians.* Florida Department of Environmental Regulation, Tallahassee, 1992.

Luk, S.H. Effect of soil properties on erosion by wash and splash. *In: Earth Surface Processes,* 1979, 4:241-255.

Mafra, N.M.C. Erosão e Planificação de Uso do Solo. *In: Erosão e Conservação dos Solos – Conceitos, Temas e Aplicações.* Guerra, A.J.T.; Silva, A.S. e Botelho, R.E.M. (orgs.). Rio de Janeiro: Editora Bertrand Brasil, 1999, pp. 303-322.

Maher, M. e Gray, D.H. Static responses of sand reinforced with randomly distributed fibers. *In: Journal of Geotechnical Engineering* (ASCE), 1990; *116*(11):1.661-1.677.

Maloney, C. Environmental and project displacement of population in India. Two parts. Field Staff Reports (Asia) N.os 14 e 19. Sausalito: Universities Field Staff International/Natural Heritage Institute, 1991.

Marçal, M.S. e Guerra, A.J.T. Processo de Urbanização e Mudanças na Paisagem da Cidade de Açailândia (Maranhão). *In: Impactos Ambientais Urbanos no Brasil.* Guerra, A.J.T. e Cunha, S.B. (orgs.). Rio de Janeiro: Bertrand Brasil, 2001, pp 275-303.

Marques, J.S. Ciência Geomorfológica. *In: Geomorfologia — Uma Atualização de Bases e Conceitos.* Guerra, A.J.T. e Cunha, S.B. (orgs.). Rio de Janeiro: Editora Bertrand Brasil, 4ª ed., 2001, pp. 23-50.

McLusky, D.S. *The Estuarine Ecosystem.* Nova York: Chapman and Hall, Inc., 1989.

Megahan, W.F. e Kidd, W.J. Effect of logging and logging roads on erosion and sediment deposition from steep terrain. *In: Journal of Forestry,* 1972; *70*: 136-141.

Morgan, R.P.C. *Soil Erosion and Conservation.* Londres: Longman Group, 1986, 298 pp.

Morgenstern, N.R. e Sangrey, D.A. Methods of Stability Analysis. *In*: *Landslides: Analysis and Control*. Schuster, R.L. e Krizek, R.J. (orgs.). *Transportation Research Board Special Report 176*, NAS-NRC, Washington, D.C., 1978, pp. 155-171.

Mortimore, M. Northern Nigeria: land transformation under agricultural intensification. *In: Population and land use in developing countries*. Jolly, C.L. e Torrey B.B. (eds.) Washington: National Research Council/National Academy Press, 1993 pp. 42-69.

Muir Wood, D.; Meadows, A. e Murray, J.H.M. Effect of fungal and bacterial colonies on slope stability. *In: Vegetation and Slopes*. Barker, D.H. (ed.) Institution of Civil Engineers, *Proceedings*, International Conference at the University Museum, Oxford, Inglaterra, 29-30 de setembro de 1995, pp. 46-51.

NAS-NRC. *Vetiver Grass: A Thin Green Line Against Erosion*. Washington, DC.: Board on Science and Technology for International Development, National Research Council/National Academy Press, 1993, 171 pp.

National Science Foundation. *Proceedings*, Workshop on Biotechnical Stabilization. Gray, D.H. (ed.) The University of Michigan, Ann Arbor, MI, agosto de 1991.

Nelson, R. Dryland management – The "desertification" problem. *World Bank Technical Paper Nº 116*. Washington, 1990.

Nilaweera, N.S. Effects of tree roots on slope stability: The case of Khao Luang Mountain area, So. Thailand. Dissertation No. GT-93-2. Asian Institute of Technology. Bangcoc, Tailândia, 1994.

Nolan, M.F. Vegetation on Corps of Engineering project levees in the Sacramento-San Joaquin Valley, California. *In: California Riparian Systems*, editado por Warner, R.E. e Hendrix, K.M. Berkeley, University of California Press, 1984:538-547.

Novotny, V. Urban Diffuse Pollution: Sources and Abatement. *In: Water Environment and Technology*, dezembro de 1991.

Oldeman, L.R. The Global Extent of Soil Degradation. *In: Soil Resilience and Sustainable Land Use*. Oxon, UK: CAB International, Oxon, UK, 1994.

Oliveira, M.A.T. Processos Erosivos e Preservação de Áreas de Risco de Erosão por Voçorocas. *In: Erosão e Conservação dos Solos – Conceitos, Temas e Aplicações*. Guerra, A.J.T., Silva, A.S. e Botelho, R.G.M. (orgs.). Rio de Janeiro: Editora Bertrand Brasil, 1999, pp. 58-99.

O'Loughlin, C.L. The effects of timber removal on the stability of forest soils. *In: Journal Hydrology (NZ)*, 1974; 13:121-134.

O'Loughlin, C.L. e Watson, A. Root-wood strength deterioration in Radiata Pine after clearfelling. *In: New Zealand Journal of Forestry Science*, 1979; *39*(3):284-293.

Ortigão, J.A.R. *Introdução à Mecânica dos Solos dos Estados Críticos.* 2ª ed. Rio de Janeiro: LTC-Livros Técnicos e Científicos, 1995, 368 pp.

Palmieri, F. e Larach, J.O.I. Pedologia e Geomorfologia. *In: Geomorfologia e Meio Ambiente.* Guerra, A.J.T. e Cunha, S.B. (orgs.). Rio de Janeiro: Bertrand Brasil, 3ª ed., 2000, pp. 59-122.

Parsons, A.J. *Hillslope Form.* Nova York: Routledge, 1988, 212 pp.

Patric, J.H. *et al.* Soil water absorption by mountain and piedmont forests. *In: Soil Science Society of America Proceedings*, 1965; 29:303-308.

Pavelis, G.A. Conservation capital in the United States, 1935-1980. *In: Journal of Soil and Water Conservation*, 1938; 38:455-458.

Peck, R. Stability of natural slopes. *Journal of Geotechnical Engineering* (ASCE), 1967; 93(4):437-451.

Pingali, P. e Binswanger, H.P. Population density and farming systems: the changing locus of innovations and technical change. *In: Population, Food and Rural Development* (Lee, R.D. *et al.*, eds.), 1988:51-76. Oxford: Clarendon Press.

Pinstrup-Andersen, P. e Pandya-Lorch, R. *Poverty, agricultural intensification and the environment.* Paper presented at the 10th Annual General Meeting of the Pakistan Society of Development Economists, Islamabad, 1994.

Renard, K.G.; Foster, G.R.; Weesies, G.A. e Porter, J.P. RUSLE Revised universal soil loss equation. *In: Journal of Soil and Water Conservation*, 1991; *46*:30-33.

Repetto, R. Population, resources, environment: an uncertain future. *In: Population Bulletin*, Vol. 42, Nº 2, julho de 1987.

Riestenberg, M.M. Anchoring of thin colluvium by roots of sugar maple and white ash on hillslopes in Cincinnati. *U.S. Geological Survey Bulletin* 2059-E, U.S. Government Printing Office, Washington, D.C., 1994.

Riestenberg, M.M. e Sovonick-Dunford, S. The role of woody vegetation on stabilizing slopes in the Cincinnati area. *In: Geologic Society of America Bulletin*, 1983; *94*:504-518.

Rustagi, S. e Desai, G.M. Fertilizers and environmental concerns. (Mimeo.) Washington: IFPRI, 1993.

Savini, J. e Kammerer, J.C. *Urban Growth and the Water Regime.* United States Geological Survey publication, 1591A, 1961.

Scherr, S. e Yadav, S. *Land Degradation in the Developing World: Implications for Food, Agriculture and the Environment to 2020.* Food, Agriculture and the

Environment Discussion Paper Nº 14. International Food Policy Research Institute, Washington, D.C., 1996.

________. *Land Degradation in the Developing World: Issues and Policy Options for 2020.* Vision Policy Brief Nº 44. International Food Policy Research Institute, Washington, D.C., 1997.

Schiechtl, H.M. *Bioengineering for Land Reclamation and Conservation.* Edmonton, Canadá: University of Alberta Press, 1980, 404 pp.

Schor, H. Landform Grading: Building nature's slopes. *In: Pacific Coast Builder,* junho de 1980, pp. 80-83.

________. Hills like nature makes them. *Urban Land,* março de 1992, pp. 40-43.

Schor, H. e Gray, D.H. (orgs.). Landform grading and slope evolution. *In: Journal of Geotechnical Engineering* (ASCE), 1995; 121 (6T10):729-734.

Schueler, T.R. *Controlling Urban Runoff: A Practical Manual for Planning and Designing Urban BMPs.* Washington, DC.: Metropolitan Washington Council of Governments, 1987.

________. The importance of imperviousness. *In: Watershed Protection Techniques.* Station General Technical Report RM-194, 1995; *1*(3):100-111.

Schuster, R.L. Recent advances in slope stabilization. Keynote paper, Session G.3 (Stabilization & Remedial Works), *Proceedings,* 6th Intl. Conference in Landslides. Christchurch, Nova Zelândia, 10-14 de fevereiro de 1992.

Schwab, G.O.; Frevert, R.K.; Edminster, T.W. e Barnes, K.K. *Soil and Water Conservation Engineering,* 3ª ed. Nova York: Wiley, 1981.

Selby, M.J. *Hillslope Materials and Processes.* Oxford: Oxford University Press, 1ª ed., 1990, 264 pp.

________. *Hillslope Materials and Processes.* Oxford: Oxford University Press, 2ª ed., 1993, 451 pp.

Sfeir-Younis, *A. Soil Conservation in Developing Countries – A Background Report.* Washington: The World Bank, 1986.

Sherard, J.L. *et al.* Pinhole test for identifying dispersive soils. *In: Journal of Geotechnical Engineering* (ASCE), 1978; *102*(GT1):69-85.

Shields, F.D. Woody vegetation and riprap stability along the Sacramento River mile 84.5 to 119. *In: Water Resources Bulletin,* 1991; *27*(3):527-536.

Shields, F.D. e Gray, D.H. Effects of woody vegetation on the structural integrity of sandy levees. *In: Water Resources Bulletin,* 1993; *28*(5):917-931.

Shrewbridge, S.E. e Sitar, N. Deformation characteristics of reinforced sand in direct shear. *In: Journal of Geotechnical Engineering* (ASCE), 1989; *115*(GT8):1.134-1.147.

________. Deformation based model for reinforced sand in direct shear. *In: Journal of Geotechnical Engineering* (ASCE), 1990; *116* (GT7):1.153-1.157.

Simon, J.L. *Theory of Population and Economic Growth.* Oxford: Blackwell, 1986.

Singh, A. Shear strength and stability of man-made slopes. *In: Journal of Soil Mechanics and Foundations Division* (ASCE), 1970; *96*(SM6):1.879-1.890.

Smith, T.W. e Stafford, G.V. Horizontal drains on California highways. *In: Journal of Soil Mechanics and Foundations Division* (ASCE), 1957; *83*:1.301-1.326.

Stiles, R. Engineering with vegetation. *In: Landscape Design*, 1988; *172*:57-61.

________. Re-inventing the wheel? *In: Landscape Design*, 1991; *203*:2-3.

Sutton, R.F. Form and development of conifer root systems. *Technical Communication Nº 7*, Commonwealth Agricultural Bureau, Inglaterra, 1969.

Swanston, D.N. Slope stability problems associated with timber harvesting in mountainous regions of the western United States. *In: USDA Forest Service General Technical Report* PNW-21, 1974, 14 p.

Talbot, L.Demographic factors in the resource depletion and environmental degradation in East African rangelands. *In: Population and resources in a changing world: current readings.* Davis, K. *et al.* (ed.). Stanford: Morrison Institute for Population and Resource Studies, 1989.

Thielen, D.L. e Collin, J.G. Geogrid reinforcement for surficial stability of slopes. *In: Proceedings,* Geosynthetics '93 Conference, Vancouver, 1993:229-244.

Tiffen, M.; Mortimore, M. e Gichuki, F. Population growth and environmental recovery: policy lessons from Kenya. *Gatekeeper Series* Nº 45. Londres: International Institute for Environment and Development, 1994.

Tschantz, B.A. e Weaver, J.D. *Tree Growth on Earthen Dams: a Survey of State Policy and Practice.* Civil Engineering Department, University of Tenessee, 1988, 36 pp.

Tsukamoto, Y. e Kusuba, O. Vegetative influences on debris slide occurrences on steep slopes in Japan. *In: Proceedings, Symposium on Effects of Forest Land Use on Erosion and Slope Stability,* Environment Policy Institute, Honolulu, Havaí, 1984.

Turmanina, V.I. On the strength of tree roots. *In: Bulletin Moscow Society Naturalists,* 1965; *70*(5):36-45.

Turner II, B.L.; Clark, W.C.; Kates, R.W.; Richards, J.F.; Mathews, J.T. e Meyer, W.B. *The Earth as Transformed by Human Action.* Cambridge: Cambridge University Press; caps. 7, 14 e 15, 1990.

Umale, D.L. Irrigation-induced salinity: a growing problem for development and the environment. *World Bank Technical Paper,* Nº 215. Washington, 1993.

UNEP [United Nations Environment Programme]. *United Nations Conference on Desertification: Roundup, Plan of Action and Resolutions.* Nova York: Nações Unidas, 1978.

________. *Status of Desertification and Implementation of the United Nations Plan of Action to Combat Desertification.* Nairóbi: UNEP, 1992.

________. *Global Environment Outlook.* Nova York: Oxford University Press, 1997.

USDA Soil Conservation Service. Lake bluff erosion control. Open File Report prepared by USDA Soil Conservation Service, Michigan State Office, Lansing, MI, 1940, 81 pp.

________. Predicting rainfall erosion losses: a Guide to Conservation Planning. *USDA Agricultural Handbook*, nº 537, Washington, DC., 1978.

USEPA. Comparative Costs of Erosion and Sediment Control Construction Activities. EPA-430/9-73-016, U.S. Government Printing Office, Washington, DC., 1973.

________. Nonpoint Source-Stream Nutrient Level Relationships: A Nationwide Study. United States Environmental Protection Agency, Washington, DC., 1977. NTIS No. PB-276 600.

________. Final Report of the Nationwide Urban Runoff Program. U.S. Environmental Protection Agency, Water Planning Division, Washington, DC., 1983.

________. Final Report of the Nationwide Urban Runoff Program. U.S. Environmental Protection Agency, Water Planning Division, Washington, DC., 1990.

Vanicek, V. The soil protective role of specially shaped plant roots. *In: Biological Conservation*, 1973; *5*(3):175-180.

Varnes, D.J. Landslide, types and processes. *In:* "Landslides and Engineering Practice", editado por Eckel, *Highway Research Board Special Report Nº 29*, NAS-NRC, Washington, DC., 1958, pp. 20-47.

________. Slope movements, types and processes. *In:* "Landslides, Analysis and Control", editado por Schuster R.L. e Krizek R.J., *Transportation Research Board Special Report No. 176*, NAS-NRC, Washington, DC., 1978, pp. 11-33.

Waldron, L.J. The shear resistance of root-permeated homogeneous and stratified soil. *In: Soil Science Society of America Proceedings*, 1977, 41:843-849.

Waldron, L.J. e Dakessian, S. Soil reinforcement by roots: calculation of increased soil shear resistance from root properties. *In: Soil Science*, 1981; *132*(6): 427-435.

Watson, A.J. e O'Loughlin, C.L. Morphology, strength and biomass of Manuka roots and their influence on slope stability. *In: New Zealand Journal of Forestry Science*, 1985; *15*(3):337-348.

________. Structural root morphology and biomass of three age classes of Pinus radiata. *In: New Zealand Journal of Forestry Science*, 1990; *20*(1):97-110.

Weaver, W.E. e Madej, M.A. Erosion Control Techniques Used in Redwood National Park. *In:* Davies, T.R.H. e Pearce, A.J. (eds.) *Erosion and Sediment Transport in Pacific Rim Steeplands.* Washington, D.C.: International Assoc. Hydrological Sciences: IAHS-AISH Pub. 132, 1981, pp. 640-654.

Whalen, P.J. e Cullum, M.G. *An Assessment of Urban Land Use/ Stormwater Runoff Quality Relationships and Treatment Efficiencies of Selected Stormwater Management Systems.* South Florida Water Management District Resource Planning Department, Water Quality Division. Technical Publication Nos 88-89, 1989.

Wischmeier, W.H. e Smith, D.D. Predicting rainfall erosion losses: a guide to conservation planning. *In: USDA Agricultural Handbook No. 537*, Washington, DC., 1978.

Wischmeier, W.H.; Johnson, C.B. e Cross, B.V. A soil erodibility nomograph for farmland and construction sites. *In: Journal of Soil and Water Conservation*, 1971; *26*(5):189-193.

Woodward-Clyde. *Urban Targeting and BMP Selection, An Information and Guidance Manual for State Nonpoint Source Staff Engineers and Managers.* Prepared for the U.S. Environmental Protection Agency, Region 5, Water Division, Chicago, IL, and the Office of Water Regulations and Standards, Washington, DC., 1990.

WRI — World Resources Institute. *World Resources 1992-93.* In collaboration with the UNEP and UNDP. Nova York: Oxford University Press, 1993.

Wu, T.H. Investigation of landslides on Prince of Wales Island, Alaska. *Geotechnical Engineering Report Nº 5*, Department of Civil Engineering. Columbus, OH: Ohio State University, 1976, 94 pp.

Wu, T.H.; McKinell, W.P. e Swanston, D.N. Strength of tree roots and landslides on Prince of Wales Island, Alaska. *In: Canadian Geotechnical Journal*, 1979; *16*(1):19-33.

Wu, T.H.; Macomber, R.M.; Erb, R.T. e Beal, P.E. Study of soil-root interactions. *In: Journal of Geotechnical Engineering* (ASCE), 1988a; *114*(GT12): 1.351-1.375.

Wu, T.H.; Beal, P.E. e Lan, C. In-situ shear test of soil-root systems. *In: Journal of Geotechnical Engineering* (ASCE), 1988b; *114*(GT12):1.376-1.394.

Yamanouchi, T. The use of natural and synthetic geotextiles in Japan. Proceedings, IEM-JSSMFE Joint Symposium on Geotechnical Problems. Kuala Lumpur, Malásia, março de 1986, pp. 82-88.

Yorke, T.H. e Herbe, W.J. *Effects of Urbanization on Streamflow and Sediment Transport in the Rock Creek and Anacostia Basins, Montgomery County Maryland, 1962-1974*. Professional Paper 1003. U.S. Washigton, D.C.: Geological Survey, 1978.

Zaruba, Q. e Menel, V. *Landslides and their control.* Nova York e Praga: Elsevier e Academia, 1969.

Ziemer, R. Roots and shallow stability of forested slopes. *In: International Association of Hydrological Sciences*, Publication Nº 132, 1981, pp. 343-361.

Ziemer, R. e Swanston, D.N. Root strength changes after logging in southeast Alaska. *In: Research Note PNW-306*, Pacific Northwest Forest and Range Experiment Station, US Forest Service, Portland, OR, 1977, 9 pp.

Índice Remissivo